U0378540

刘鹏飞
徐乃楠
王　涛
　　编著

怀尔德 的 数学文化研究

清华大学出版社
北京

内 容 简 介

20 世纪以来,数学文化研究蔚然兴起,美国著名数学家雷蒙德·路易斯·怀尔德作为美国著名的拓扑学家,美国国家科学院院士、曾任美国数学会主席、美国数学协会主席,同时他也是数学文化研究领域的先驱者之一。他把文化人类学的研究方法应用到对数学的历史思考中,毕生致力于把数学描绘成一个"不断进化的文化体系"。怀尔德的数学文化研究对美国数学界、教育界有着重要的影响。本书详细介绍了数学文化研究领域诞生的历史背景,怀尔德的数学研究、数学教育研究、数学基础研究、数学进化论研究和数学文化研究,以期给我国的数学文化研究、数学教育研究带来有益的启示和借鉴。本书可作为数学专业、数学教育专业、科学技术史专业学生和教师的参考书,也可作为社会公众了解数学文化的科普读物。

图书在版编目(CIP)数据

怀尔德的数学文化研究/刘鹏飞,徐乃楠,王涛编著.—北京:清华大学出版社,2021.2
ISBN 978-7-302-56882-7

Ⅰ.①怀… Ⅱ.①刘… ②徐… ③王… Ⅲ.①数学—文化研究 Ⅳ.①O1

中国版本图书馆 CIP 数据核字(2020)第 228056 号

责任编辑:佟丽霞　王　华
封面设计:傅瑞学
责任校对:王淑云
责任印制:沈　露

出版发行:清华大学出版社
　　　　　网　　址:http://www.tup.com.cn,http://www.wqbook.com
　　　　　地　　址:北京清华大学学研大厦 A 座　　　邮　　编:100084
　　　　　社 总 机:010-62770175　　　　　　　　邮　　购:010-62786544
　　　　　投稿与读者服务:010-62776969,c-service@tup.tsinghua.edu.cn
　　　　　质量反馈:010-62772015,zhiliang@tup.tsinghua.edu.cn
印 装 者:小森印刷霸州有限公司
经　　销:全国新华书店
开　　本:170mm×240mm　　**印　张**:11.5　　　　**字　　数**:229 千字
版　　次:2021 年 3 月第 1 版　　　　　　　　**印　　次**:2021 年 3 月第 1 次印刷
定　　价:69.00 元

产品编号:087094-01

谨以此书致敬数学文化研究领域的先驱

雷蒙德·路易斯·怀尔德①

(Raymond Louis Wilder,1896.11.3—1982.7.7)

---

① 图片来源：RAYMOND F. Raymond Louis Wilder 1896—1982[M]//National academy of sciences biographical memoirs：Vol. 82，Washington，D. C.：The National Academy Press，2002.

感谢

国家自然科学基金数学天元基金资助

（11726404/11826401）

序 言

在国内"数学文化"研究与教学热情高涨之时,面前这本《怀尔德的数学文化研究》令笔者眼睛为之一亮。这是一本有深度的数学文化研究专著,主题直切数学文化研究的先驱人物怀尔德的著述与思想。全书详细介绍了怀尔德的数学研究、数学教育研究、数学基础研究、数学进化论研究和数学文化研究,可谓数学文化的探源之作。笔者初步研读,感到有以下两方面的启示。

1. 怀尔德的"数学文化"非无源之水

作为一本讨论怀尔德数学文化论的著作,本书作者们没有就文化论文化,而是花费了很大的功夫去分析怀尔德在数学、数学基础、数学教育、数学进化论等方面的工作,从而揭示出怀尔德数学文化论的基础与根源,应该说这是理解怀尔德数学文化论的正确途径。怀尔德是在专门领域卓有成就的数学家,同时又是为数不多能跳出个人的专业范围放眼整个数学的进化规律和数学的文化价值,并且具备足以开创现代数学文化研究的知识见地与学术功底的数学家。因此,只有综合考察其数学、数学基础、数学教育、数学进化论等方面的根源,才能给出怀尔德数学文化论的完整、科学的图景。"问渠哪得清如许,为有源头活水来",在更广泛的意义上,这也应该是理解一般数学文化的正确途径。

2. 怀尔德的"数学文化"非无的之矢

作为一个在自己的专业领域里已享有名望声誉的数学家,怀尔德为什么要竭力倡导数学文化研究呢? 这首先要了解他所提倡的"数学文化"的内涵。事实上怀尔德并没有明确定义其"数学文化",正如 M. 克莱因所指出的:"很难定义文化的特性。就像'光''生活'和'艺术','文化'概念更易于应用而非定义。"本书作者的研究同样并没有纠结于此,而是着力介绍了怀尔德将数学看作一种"不断进化"的"超有机"文化体系的观点。在笔者看来,对这个"不断进化的超有机文化体系"的诠释正是理解怀尔德数学文化论的关键所在。循着本书作者的介绍,读者被引向数学的本质、数学进化的动力(内部压力和环境压力)与规律、数学与社会的相互作用及数学文化教育等的讨论。这就不难看出怀尔德数学文化论的目的与意义了。怀尔德本人在《数学的文化基础》中就说道："对数学的文化基础的认识可能驱散笼罩着数学基础的大多数神秘模糊的哲学论证的迷雾，同时为未来的研究提供指导和动力。"而本书作者们援引的评论则更明确地指出：怀尔德数学文化论"更大的价值应该是对数学家，不管他们是否同意怀尔德的观点，这都将有助于他们了解数学的历史，并使他们进一步了解自己当时关注的一些问题。"另一方面，对"那些从事数学子文化启蒙教育的数学家"而言，"在更大文化背景下成长起来的众多学生被数学吸引，是因为他们知道掌握数学子领域技能的人容易找到工作。教他们什么，怎样教他们，使他们对数学子文化变得有意识，对数学持续感兴趣，并有能力参与到持续的数学活动中去，这是数学家们（不管他们是否意识到）与其他少数群体应该共享的"。

综上所述，笔者认为怀尔德的数学文化，是以数学思想为内核，涉及数学的本质、数学的历史发展和进化规律、数学的社会作用以及文化教育意义等内涵丰富的体系；怀尔德的数学文化研究绝非为文化而文化，而是有着明确的科学与教育的目的。正因为如此，怀尔德的研究与观点一经公布，便受到普遍的关注和主要是正面的评价。他于 1950 年国际数学家大会上作以数学文化为主题的一小时大会邀请报告，也充分说明了其数学文化论的影响及数学界的高度重视。

当前，数学文化的研究与教学正在国内广泛开展。什么是数学文化？为什么和怎样进行数学文化教学？这些是人们必然面临和需要思考的问题。当然，我们不能等待理论的结果（也不会有终极的解答）或陷入概念与名词的迷宫，但应该认识到数学文化理论探讨的重要性。没有理论指导与明确目标的数学文化行动将成为盲目的赶场和肤浅的时髦。在这种形势下，刘鹏飞、徐乃楠、王涛三位年轻学者花费了整整三年的时间，完成了这部论述怀尔德数学文化论的研究专著，值得嘉许点赞。怀尔德的数学文化论对我们可以说是他山之石，具有重要的参考价值和借鉴意义。诚然，任何个人的研究都会带有时代与文化环境的局限。笔者注意到本书中也援引了一些对怀尔德数学文化论的质疑意见，质疑与讨论恰恰可以加深我们对数学文化的认识。本书三年的写作是以作者们此前多年的数学文化研究积累为基础，因此本书也是包含了作者们自己的见地的学术专著。

感谢作者寄稿托序，让我得以先读为快，谨以初步阅读体会代序致贺，希望本书的出版能为推进、提高当前数学文化的研究与教育提供理论借鉴和实践指南。

中国科学院数学与系统科学研究院

李文林

前　言

20世纪初,梁启超在为《申报》创刊五十周年纪念文集《最近之五十年》撰写的《五十年中国进化概论》一文中指出,中国人知道自己的不足,第一期先从器物上感觉不足,从鸦片战争后发动,曾国藩、李鸿章一班人觉得外国的船坚炮利确是我们所不及;第二期是从制度上感觉不足,因为败于日本所以拿"变法维新"做大旗,康有为、梁启超、严复一班人是急先锋;第三期便是从文化根本上感觉不足,拿旧心理运用新制度,决计不可能,要求全人格的觉悟,许多新青年冲上前线,可以证明思想界的体气,实已渐趋康强。

这种对西方学习和认知的过程符合文化人类学的基本理论,美国文化人类学家A.怀特曾在《文化的科学》一书中,把文化系统分为技术系统、社会系统和思想意识系统三个文化子系统,其中技术系统处于底层,是基本的、原初的系统,是决定整个文化存在的条件。社会系统则是集体与个人关系和制度等。思想意识系统则由思想、信念、价值观等构成,是一个文化系统的核心成分,也是文化传播交流过程中最难学习和理解的内容。

20世纪80年代的"文化热"思潮中,庞朴教授指出,中国近代所发生的中西文化冲突,无异于文化结构的逻辑展开:从鸦片战争,经洋务运动,至甲午战争,是在器物上"师夷之长技"的时期;从甲午战争,经戊戌变法,至辛亥革命,是在制度上进行变法的时期;从辛亥革命,至"五四"新文化运动,是从文化深层进行反思的时期。近代以来中国对西方整体文化的学习认知过程如此,对数学的学习也大致经历类似认识和发展历程。

中国文化传统曾创造出极为独特的筹算数学,并在宋元时期达到发展巅峰。但从明末徐光启、李之藻等人开始译介西方数学直迄洋务运动时期,近代中国开始了从器物层面(知识方法)上学习西方数学、汇通中西数学的进程;辛亥革命之后西方留学归来的数学家纷纷组建大学数学系,开始从制度层面(教育形式)全面学习西方数学;从思想意识层面(数学文化)反思西方数学在民国时期也已萌芽,如陈省身先生的老师数学家孙鎕就曾在1932年撰文《算学与近代文化》指出"二十世纪之文化,其算学之文化乎?"

　　然而直到 20 世纪 80 年代末,以齐民友教授的《数学与文化》等论著为代表,对西方数学的系统性文化反思才开始形成一股洪流,并在 21 世纪初新课程改革运动中,演变为一股势不可挡的"数学文化热"思潮。"数学文化"进入国家基础教育数学课程标准,郑毓信、王宪昌等教授的《数学文化学》论著,顾沛教授的《数学文化》教材,刘建亚教授、汤涛院士创办的《数学文化》杂志,严家安院士领衔的"全国数学文化论坛"等,都已成为具有历史性意义的数学文化标志,这一系列事实无异于中国数学教育改革进程中的一次"数学文化启蒙运动"。

　　笔者第一次接触怀尔德及其数学文化理论是 21 世纪初通过王宪昌老师介绍《数学文化学》一书时得知,在后续学习深造和学术交流过程中细致了解并深入研究了其人、其著、其述。怀尔德是 20 世纪著名的拓扑学家,他当过美国国家科学院院士、普林斯顿高等研究院早期研究员、美国数学会和美国数学协会的双料主席即为明证。他还是将文化人类学用于数学历史进化研究的第一位数学家,给出了数学进化的动力与规律,提出"数学是一种不断进化的子文化体系"的"数学人文主义"(mathematical humanism)哲学观,他将自己定义为一个"文化进化主义者"。怀尔德称自己的研究为"数学文化学"(culturology of mathematics),博耶和塞维斯则称其为"数学人类学"(anthropology of mathematics),巴顿称之为"数学文化史"(culturological history of mathematics),无论怎么称呼都不妨碍怀尔德及其理论在 20 世纪数学史上所产生的影响。

　　英国当代数学史家格雷认为,只有博耶、库里奇、伊夫斯、斯特洛伊克、莫里斯·克莱因和怀尔德六位数学史家,对现代数学发展史的描述做出了重要贡献,他尤其强调了怀尔德注重把数学史研究与数学哲学联系在一起。博耶、伊夫斯、斯特洛伊克、莫里斯·克莱因的数学史著作在国内早已广为流传,库里奇是姜立夫先生的老师,其对几何学的历史研究享誉世界。好像只有怀尔德在国内学界、教育界没能像其他几位数学史家那样被广为了解,与大、中、小学数学教育领域轰轰烈烈的"数学文化热"是极不匹配的,这也是笔者要撰写本书的初衷。

　　本书在撰写过程中得到众多学者和朋友们的帮助,请恕不能一一列名致谢。感谢美国得州大学奥斯汀分校硕士研究生张溢同学的热情帮助,在他读书期间曾多次到得州大学奥斯汀分校"多尔夫·布里斯科美国史研究中心"帮忙申请扫描怀尔德遗留下来的英文手稿原件。感谢澳大利亚阿德莱德大学崔波博士帮忙查阅扫描相关英文书籍。

　　感谢中国科学院数学与系统科学研究院李文林教授为本书倾情作序。

　　感谢中国科学院院士、北京师范大学—香港浸会大学联合国际学院校长汤涛教授,国际科学史研究院院士、西北大学科学史高等研究院院长曲安京教授,中国数学会数学史分会(中国科学技术史学会数学史专业委员会)理事长、东华大学徐泽林教授,全国数学教育研究会理事长、北京师范大学曹一鸣教授,为本书热情撰写了荐读语。

感谢国家自然科学基金数学天元基金(11726404/11826401)对本研究给予的资金支持。

感谢清华大学出版社王定、佟丽霞、王华等编辑为本书出版付出的辛勤汗水,没有他们的努力,本书不可能这么顺利与读者见面。

由于作者水平所限,本书定会存在瑕疵,欢迎读者批评指正!

目　录

绪论

数学文化研究的历史背景

托马斯·库恩(Thomas Kuhn,1922—1996)所言的科学革命不会突然爆发,都需要经过长时期的科学积累和孕育。任何学科研究范式的转换也都不是突然发生的,需要经过长期的孕育、发展和学术共同体对范式和问题域的认同与接受。任何学科的发展也都不是孤立的,都会受到其他相关学科发展的影响。20 世纪以来,数学文化研究蔚然兴起,其发展深受历史学、哲学、科学史、科学哲学、数学史和数学哲学学科的影响。[①]

1. 历史学的启示

西方从古代到 20 世纪的大部分历史著作是"通史"型的,或者称之为一种"普遍史"或"整体史"的历史观念,这是西方历史编纂学的经典传统,历史学家主张通过对历史的分期、解释概括和分析因果关系,探讨人类历史演变,经典的著作如爱德华·吉本(Edward Gibbon,1737—1794)的《罗马帝国衰亡史》,奥波尔德·冯·兰克(Leopold Von Ranke,1795—1886)的《教皇史》等。兰克所坚持的"如实直书"作为一史学种传统在西方盛行已久,他也被誉为"科学史学之父"。19 世纪末,"兰克史学"传统达到了顶峰,以洛德·阿克顿(Lord Acton,1834—1902)主编的《剑桥近代史》为标志。

"文化史"研究早在 18 世纪的德国就已经出现,尤其是关于人类文化或某一地区和民族的历史研究。19 世纪在英国和德国之间开始的"文化"与"文明"的历史研究,引发了历史上著名的"文化之战"(cultural wars)。而对传统史学范式发起挑战的恰恰是兰克的学生、瑞士历史学家雅各布·布克哈特(Jacob Burckhardt,1818—1897),他率先向兰克及其学派竖起反叛的旗帜,他的名著《意大利文艺复兴

---

① 刘鹏飞,徐乃楠. 数学与文化[M].北京:清华大学出版社,2015:1-15.

时期的文化》引发了"文化史运动"。布克哈特认为:"在通常情况下,文化史(kulturgeschichte)即从总体上来考察的世界史,而历史则意味着事件的发展和它们之间的联系……对我们来说,这个标准包含:是什么推动世界、什么具有贯穿始终的影响。"①人类历史表现为人类文化的新陈代谢这一观念,在很大程度上支配了布克哈特的文化史研究,具有从总体上考察世界历史的宏观视野。

20世纪"新文化史"出现,新旧文化史的区别在于"旧文化史"希求解释文化的时代变迁,而"新文化史"则倾向于描述一个孤立的、微小的事件和人物,也即所谓的"微观史"(microhistory)。西方历史学家们逐渐开始避免讨论宏观的历史趋向问题,他们也不再愿意写作"通史"型著作,当代西方史学企图"解构"(deconstruct)原来的解释框架,可以看到这种发展趋势深受后现代主义的影响。可以说,"文化转向"(culture turn)成为20世纪历史书写中一个非常宽广的运动,它横扫了整个人文科学领域,并且囊括各种形式的文化。在新形式的理论与新类型的史学关系中,文化的概念居于核心地位。它被植入到作为一种独特思考方式的文化理论的定义中,而且同样地,它既构成20世纪80年代后期以来成形的"新文化史"的灵感源泉,也成为它的研究对象。②

所谓"新文化史"源于1989年出版的《新文化史》一书,该书主编是有着新文化史"旗手"之誉的美国历史学家林·亨特(Lynn Hunt,1945—　),"新文化史"一词概括了20世纪70年代后西方史学的主要研究取向,将原本诸如社会文化史、历史人类学等名目统一于其下。但正如"新文化史"旗帜性人物彼得·伯克(Peter Burke,1937—　)所指出的,文化史的发展很不平衡,甚至有些参差不齐。文化史具有民族风格或民族传统,人类学也是这样,甚至自然科学也是如此,只不过程度上轻一些而已。近年来,几乎所有的事情都被写成了文化史。仅2000年以来出版的著作包含文化史标题的就有历法文化史、因果文化史、气候文化史、咖啡馆文化史、内衣文化史、考试文化史、美发文化史、恐惧文化史、疲软文化史、失眠文化史、自慰文化史、民主主义文化史、怀孕文化史、烟草文化史等。③

1999年,林·亨特对10年前提出的"新文化史"进行了反思和总结,新的文集以《超越文化转向》做书名,说明了新文化史10年中出现的新变化。此时她已不再提"新文化史",而代之以"文化转向",指出我们现在将(这些)趋势归在了"语言学转向"或"文化转向"的总体标题之下。相比而言"文化转向"比"新文化史"更强调动态的变化,其标志是海登·怀特(Hayden White,1928—2018)的《元史学》和克利福德·格尔茨(Clifford Geertz,1926—2006)的《文化的解释》的出版。正如被尊为"文化转向守护神"的海登·怀特为《超越文化转向》一书所撰的后记所言:"文

①　张广智,张广勇. 史学,文化中的文化:文化视野中的西方史学[M]. 杭州:浙江人民出版社,1990:323-325.

②　冈恩. 历史学与文化理论[M]. 韩炯,译. 北京:北京大学出版社,2012:61.

③　伯克. 什么是文化史[M]. 蔡玉辉,译. 北京:北京大学出版社,2009:151.

化转向在历史学和社会科学中的意义在于,它提出在'文化'中我们可以认识到社会现实中的一个适当位置,由此出发,任何特定的社会都能够被解构并表明它只是众多可能性中的一种必然。"他强调历史学"文化转向"的后现代"解构性"特点,并且为了弥补这种结构的不完美性,他提出一种所谓的"后现代主义的文化主义"(postmodernist culturalism),其中包括"语言主义"(linguisticism)、"文本主义"(textualism)、"结构主义"(constructivism)和"话语主义"(discoursivism)。①

2. 哲学的启示

文化哲学是 20 世纪西方哲学发展的重要思潮,从其启蒙时期分化为自然主义和唯心主义两大学派,到 19 世纪中叶后期出现了新康德(伊曼努尔·康德,Immanuel Kant,1724—1804)主义学派。其后相继出现各种体系的文化哲学,如生命的文化哲学(亨利·柏格森,Henri-Louis Bergson,1859—1941)、历史的文化哲学(奥斯瓦尔德·斯宾格勒,Oswald Spengler,1880—1936;阿诺尔德·约瑟·汤因比,Arnold Joseph Toynbee,1889—1975)、知识的文化哲学(伯兰特·罗素,Bertrand Russell,1872—1970)、逻辑主义的文化哲学(保罗·鲁道夫·卡尔纳普,Paul Rudolf Carnap,1891—1970)、语言分析的文化哲学(路德维希·维特根斯坦,Ludwig Wittgenstein,1889—1951)、存在主义的文化哲学(马丁·海德格尔,Martin Heidegger,1889—1976;卡尔·雅斯贝尔斯,Karl Jaspers,1883—1969)、功能主义的文化哲学(马林诺夫斯基,Malinowski,1884—1942)和人类符号的文化哲学(恩斯特·卡西尔,Ernst Cassirer,1874—1945)等。从总体上看,哲学与文化的结合造就了科学主义文化哲学和人文主义文化哲学两大思潮,并在不同程度上实现了从现代向后现代的转折。②

无论是文化学视域、哲学史视域、哲学人类学视域、现象学视域的文化哲学,还是其他视域下的文化哲学,都不仅预示着文化哲学的可能性,而且在一定程度上展现了文化哲学的现实性。在这个过程中数学文化视域也是不可缺少的部分,为数学和文化两者的交融提供了可能。在文化哲学的演变历程中,我们可以看到卡尔·波普尔(Karl Popper,1902—1994)、弗里德里希·弗雷格(Friedrich Frege,1848—1925)等科学哲学家和数学家的努力,也可以清晰地看到逻辑主义、结构主义等哲学流派和数学哲学流派的相互影响。后现代主义文化哲学运动虽然消解了科学主义思潮和人本主义思潮的对立,打破了"欧洲中心论""西方文化中心主义"的幻想,也让中国学者们注意到中西文化和哲学的差异,开始中西文化哲学的比较与会通,同时也造就了 20 世纪 80 年代中国学界的"文化热"思潮。

3. 科学史的启示

科学史中所谓"内部主义者"(internalists)与"外部主义者"(externalists)之间

---

① 周兵. 新文化史:历史学的"文化转向"[M].上海:复旦大学出版社,2012:.177-183.
② 洪晓楠. 20 世纪西方文化哲学的演变[J].求是学刊,1998(5):14-19.

的争论由来已久。早期的科学哲学家一直拒绝社会学的介入,主要注重的是"思想史的理性编年史"。① 亚历山大·柯瓦雷(Alexandre Koyré,1892—1964)的《伽利略研究》成为内史编史学传统的典型代表,他主张科学的进步体现在概念的进化上,它有着内在和自主的发展逻辑。伊姆雷·拉卡托斯(Imre Lakatos,1922—1974)在他的著名论文《科学史及其理性重构》中指出,科学哲学首要的任务是选择一些方法论原则,以构成科学史研究的解释性框架,历史学家的任务是把科学史展示为体现这些方法论原则的过程,他称为"理性重构"或"内在的历史"。当历史与它的理性重构不同时,"外史"提供了一个关于它为什么不同的经验解释。但是,科学知识增长的理性方面完全由人们的科学发现的逻辑来说明。当然,他开篇即引用了康德的名言"没有科学史的科学哲学是空洞的,没有科学哲学的科学史是盲目的"。②

　　从 20 世纪 30 年代开始,以罗伯特·金·默顿(Robert King Merton,1910—2003)的博士论文《十七世纪英格兰的科学、技术与社会》等为代表,科学史研究开始重视外部社会因素对科学发展的影响,开始了从"内史"研究向"外史"研究的转向。正如著名科学史家乔治·萨顿(George Sarton,1884—1956)所言,"简言之,按照我的理解,科学史的目的是,考虑到精神的全部文化和文明进步所产生的全部影响,说明科学事实和科学思想的发生和发展。从最高的意义上说,它实际上是人类文明的历史。"③1982 年,史蒂文·夏平(Steven Shapin,1943—　)发表的文章《科学史及其社会学重构》与拉卡托斯针锋相对,标志着科学史从"理性重构"开始转向"社会重构"。

　　20 世纪 80 年代之后,"科学知识社会学"(sociology of scinetific knowledge,SSK)的粉墨登场,使得内、外史之争逐渐有了被消解、融合的趋势。当时"最有影响的科学史家,以及那些与他们接近的医学史家,承认思想和社会关系的二分法使得人们不可能把任何历史的境遇作为一个整体来看待"。④ 科学史学者沃尔特·佩格尔(Walter Pagel,1898—1983)、艾伦·G. 狄博斯(Allen G. Debus,1926—2009)和帕拉利·拉坦西(Pyarally Rattansi,1930—　)组成的新科学史思想流派(PDR 学派)强调要用"史境进路"(contextual approach)深入范围广泛的历史材料之中,这样所发现的历史本来面貌要比用直线透视式方法所显示出来的图景复杂得多。他们认为,在一定的历史时期,在某些科学家身上,科学思想与非科学思想不是简单并列或者彼此无关地存在着的,而是一个相互支持、相互确证的有机整

① 科恩. 科学革命的编史学研究[M].张卜天,译.长沙:湖南科学技术出版社,2012:7.
② LAKATOS I. History of science and its rational reconstructions[M]//PSA. Proceedings of the biennial meeting of the philosophy of science association,Chicago:The University of Chicago Press,1970:91-136.
③ 萨顿. 科学的生命[M].刘珺珺,译.北京:商务印书馆,1987:29.
④ 刘兵,章梅芳. 科学史中"内史"与"外史"划分的消解:从科学知识社会学的立场看[J].清华大学学报(哲学社会科学版),2006(1):132-138.

体。东西方文明的界线也并不如传统科学史研究者认为的那样分明。[①]

科学史的研究也进一步表明,所谓的内、外史之间的争论意义并不大,只有二者的论争消解、走向融合才能带来科学观和科学史观上的新拓展,才能给予科学与社会之间的互动关系以更为深入的分析和诠释。正如苏联著名科学史家 C. P. 米库林斯基(С. Р. Микулинский,1919—1991)所言,内史论与外史论之争根本不应该成为问题,新科学知识的产生"既不是通过科学概念的逻辑交织(这是内史论要求我们做的)形成的研究基本范围能够解释的,也不是通过把科学史的因果关系缩小为排他性的社会和经济条件(这是外史论者徒劳无功想做的)能够解释的,只有通过在认识到它们的辩证统一和社会历史实践对科学的客观内容、社会经济文化历史条件和个性因素之间相互关系发展的决定性影响的过程中分析这种相互关系才能够进行解释"。[②] 科学史家开始注重对内史和外史关系的革新,在这一过程中,科学史家得到了人类学、文化学和社会学借用来的工具和洞察力的帮助,最明显的例子就是,文化的观念提供了一种对概念、价值和社会相互作用的整体看法。[③]

科学史的研究者选择不再站在内史、外史二元对立的立场研究科学史,而是从社会文化史的角度开展多样性研究。例如,杰弗里·劳埃德(Geoffrey Lloyd,1933—)在研究古希腊科学时提出的社会学问题,大多不是那种把社会的"外部因素"与科学的"内在逻辑"对立起来并探讨前者对后者的影响问题,而更多的是从认识论、知识价值观、知识的获取与证明及传播方式等多方面来提出问题。这是一种知识社会学取向的科学史研究,即把科学当作一种特殊的社会活动来理解。这样所谓社会因素就不仅指在科学活动之外的经济、宗教、政治等因素,而且指科学活动本身所具有的社会性因素,如学术争论、知识证明、知识表述、学术评价等。这种研究是社会史和思想史兼而有之,或者可以说是社会文化史。[④]

2002 年,劳埃德和席文(Nathan Sivin,1931—)在《道与名》一书中把"文化簇"(cultural manifold)作为一种概念工具应用到科学史研究中,他们通过对公元前 400—前 200 年古代中国和古希腊的比较研究,揭示了在两个不同文明中,科学知识活动是如何与各自的社会、经济、文化、思想等方面,构成了各自的"文化多样性"。[⑤] 后期研究中劳埃德又通过"研究风格"(styles of enquiry)和"现象的多维性"(multidimensionality of the phenomenon)等概念,阐明"不存在一条科学必须如此发展的唯一道路。相反,不同的文化传统发展出了不同的研究风格,有着形成

① 狄博斯. 科学革命新史观讲演录[M]. 任定成,周雁翎,译. 北京:北京大学出版社,2011:10-15.

② 米库林斯基. 根本不应成为问题的内史论与外史论之争[M]// 钮卫星,江晓原. 科学史读本. 上海:上海交通大学出版社,2008:377-386.

③ 刘兵. 克丽奥眼中的科学:科学编史学初论[M]. 上海:上海科技教育出版社,2009:214.

④ 劳埃德. 早期希腊科学:从泰勒斯到亚里士多德[M]. 孙小淳,译. 上海:上海科技教育出版社,2004:译者序.

⑤ LLOYD G,SIVIN N. The way and the word:science and medicine in early China and Greece[M]. New Haven:Yale University Press, 2002.

鲜明对照的各自研究目标和研究方法"。① 例如,李约瑟(Joseph Needham,1900—1995)把自己对中国科技史的研究进路比喻成"百川归海",中华文明的涓涓细流终究汇入近代科学这个大海,毫无特别文化印记。李约瑟使用近代科学的尺码来衡量中国文明的科技发展,其出发点显然是"欧洲中心主义"和"辉格主义"的,不具有客观性和公正性。

拉卡托斯、李约瑟的"理性重构"源于科学实证主义,是一种"见物不见人"的研究路向。但我们不能否认社会和人的因素在科学史中的作用,"在科学研究活动中,研究主体的意向性不仅参与语境的重构,同时也要受到语境的影响,从而构成了动态的、发展的、变化的、复杂的研究活动。"②而绝对的"社会重构主义"又容易陷入"见人不见物"的藩篱。因此,席文指出科学史研究的"文化簇"进路,就是要注重事件和认知形态的原始整体状况,从内史和外史结合上研究科学史问题。不是以直线走向现代科学的观点重建历史,而是在"语境"中尽可能多地从相关智识维度、社会维度和知识建制维度考虑不同的科学事件和研究对象,强调科学史事件和现象的整体性。③ 当然,席文等人的"文化簇"概念还有待进一步系统推广应用、逐渐完善,有学者指出其所举的案例过分强调"社会因素",不过是用外史去取代内史、用背景去取代前台、用社会去占据自然,应当用历史的内在生成与演化的观点去考察中国科学技术史。④

从科学史方法论上来说,"文化簇"范式既强调科学史是复杂多面的,同时又认为科学史是综合一体的,也就是"多"与"一"的结合。科学的历史进程实际上是处在一张由自然的、科学的、社会的、经济的、政治的、军事的、宗教的、文化的、思想的、价值观的、智力的、心理的、组织的、制度的、团体的、家族的、个人的等各种因素共同组成的自然、社会、文化网络之中,这诸多因素与科学交织在一起,不仅与科学之间互动影响,而且各因素(内在的和外在的)之间也交互作用,共同形成科学的历史,造就了科学的今天,并将继续塑造科学的未来。"文化簇"概念正是强调要开放、平等地探讨各种因素对科学的影响,探讨它们与科学,以及它们自身之间的互动关系、发展动力,从而能够尽可能全面地了解当时"语境"下的科学发展状况,还原生动真实的科学历程。

从这个角度说,有学者建议 cultural manifold 不妨译成科学史研究的"文化网络法"。⑤ 无论 cultural manifold 翻译成什么,"文化多样性""文化整体"还是"文化网络",这种研究路向已然表明科学史学者开始强调把科学历史上丰富多彩的多面

① LLOYD G. Ancient worlds, modern reflections: philosophical perspectives on Greek and Chinese science and culture[M]. New York: Oxford University Press, 2004: 76-92.

② 成素梅,郭贵春. 语境论的真理观[J]. 哲学研究,2007(5): 73-78,128.

③ 席文. 科学史方法论讲演录[M]. 任安波,译. 北京: 北京大学出版社,2011.

④ 蔡仲,郝新鸿. "百川归海"与"河岸风光":对当代中国科学史的方法论反思[J]. 科学技术哲学研究,2012(5): 74-78.

⑤ 朱效民. 科学史的"多面"与"一体"[N]. 科学时报,2009-05-22(A4).

性和不同文化的多元性,与综合整体的统一性联结在一起。这样使我们不但对不同文明中科技发展的昨天、今天和明天有一个"横看成岭侧成峰,远近高低各不同"的了解和把握,而且是以多元、开放、客观、平等的研究态度得到的。而这种无论称之为"文化转向""文化多样性",抑或是"文化整体""文化网络"的范式也给予数学史研究、数学哲学研究一定的启示和借鉴。①

4. 科学哲学的启示

20世纪西方科学哲学的文化转向有着科学史和科学社会学根源,是经过逻辑经验主义受到挑战、历史主义和后现代主义的兴起实现的。其独特立场大致是文化学和人类学的立场,即一种广义的文化哲学立场。其根本标志是对科学哲学的人文理解,力求纠科学主义之偏,实现科学主义与人文主义的融合。科学哲学必须溢出自然科学子文化的范围而面向整个科学文化,走向科学文化哲学才是真正的出路。② 科学哲学的这种范式转变使得科学文化哲学关注的不再是单一的知识,而聚焦于创造知识的人;不再是对知识进行逻辑重建,而是试图探寻知识背后的文化背景和文化根源;不再看重关于科学知识和科学知识史的抽象的逻辑模式,而是人创造科学知识的鲜活的文化过程;不再局限于就科学而研究科学,而主张不仅要在整个人类文化背景中来考察科学,更要从人(创造者)和人性的高度来研究科学;不再满足于自我封闭的学院哲学的逻辑体系,而强调面向社会现实。对于中国的科学文化哲学而言,将不再沿袭西方科学哲学的老路,致力于走中国自己的科学哲学道路。③

科学哲学历来与数学哲学的发展密不可分。如果具体着眼于20世纪上半叶,应当说数学哲学对科学哲学产生了十分重要的影响。特别是逻辑主义等学派的数学基础研究为维也纳学派(逻辑实证主义)提供了直接的范例或样板。但是,由于20世纪40年代后数学哲学进入了一个"悲观和停滞的时期",而科学哲学却摆脱逻辑实证主义传统进入了一个新的、欣欣向荣的发展时期。正如数学哲学家所指出的那样,"科学哲学看来确实处在前进之中,数学哲学为什么不前进呢?"④致力于科学哲学现代发展的哲学家中不乏波普尔、拉卡托斯等对数学哲学有一定影响的科学哲学家。尤其是拉卡托斯的历史主义范式的科学哲学对数学拟经验主义影响深远。其他的科学哲学家如托马斯·库恩的科学革命与科学共同体研究,也使数学家们获得了方法论上的教益。正如数学家鲁本·赫什(Reuben Hersh, 1927—)指出的:"库恩的名著(《科学革命的结构》)是深入这类科学哲学问题的典范,它只有基于对历史的研究才能成为可能,这类工作必须在数学史和数学哲学

① 刘鹏飞,徐乃楠. 文化簇:数学史研究的一条新进路[J].自然辩证法通讯,2013(5):71-77.
② 洪晓楠. 20世纪西方科学哲学的文化转向[J].求是学刊,1999(6):31-37.
③ 孟建伟. 科学哲学的范式转变:科学文化哲学论纲[J].社会科学战线,2007(1):13-21.
④ TYMOCZKO T. New directions in the philosophy of mathematics: an anthology[M]. Princeton: Princeton University Press, 1998:127.

领域开展下去。"①正是科学哲学摆脱实证主义传统的后现代发展,为数学哲学的后现代发展提供了启示和巨大的动力,从简单的移植、推广到自觉地批判与反思,都不可避免地受到科学哲学研究的影响,尤其是科学哲学的历史主义、文化主义范式对数学哲学的文化转向影响巨大。

5. 数学史的启示

数学史研究范式的转向除受科学史研究范式的影响外,更重要的是数学史学科自身的内驱动力。由于数学在科学中的基础性学科地位,决定了数学史研究在科学史研究中的特殊性,与物理、化学、医学等学科的科学史研究相比有着独特的发展趋势。长期以来,在数学史学者心中数学是受社会影响最小的一门科学,数学史的研究也主要是讨论数学自身的发展历程(内史),而对数学与社会关系的研究(外史)则起步较晚。直到20世纪中叶,数学史"外史"研究才开始逐渐得到重视。

20世纪40年代,美国数学史学者德克·扬·斯特洛伊克(Dirk Jan Struik, 1894—2000)把数学发展与社会因素结合起来,提出"数学的社会学,要考虑社会组织对数学概念和方法的起源及其形成的影响,以及数学在某一时期内对社会与经济结构所起的作用"。②萨顿也曾以数学为例,来说明外部社会因素的影响。"无疑,数学发现受各种外部事件,即政治、经济、科学、军事事件的制约,受战争与和平的技术的持续不断的需求的制约。数学从来不是在政治与经济的真空中发展的。"③现代数学发展表明有些数学理论是可以单纯凭借内在力量得到发展的,具有一定的"超前性",即表现出一定的相对独立性,具有自己特殊的价值标准和发展规律。但我们也应看到外部因素对于数学发展的重大作用,外部因素不仅为数学的发展提供了重要的动力,而且也提供了必要的调节因素和检验标准。④莫里斯·克莱因(Morris Kline,1908—1992)开始从数学的社会、文化因素(外史)等对数学的发展做出解释。数学史和社会学的联姻,或者说数学社会学、数学文化史的研究更加强调数学作为社会、文化的产物,是人类文化的重要组成部分和不可缺少的文化力量。克莱因在《西方文化中的数学》中指出,数学从来不是独立于文化而存在的,数学在西方文明进程、科学进程中发挥了巨大作用。当然,克莱因等人还是站在西方文化价值立场上,没能充分考虑其他文化传统,良好的思维方式并不仅限于西方文化传统。⑤

---

① 郑毓信. 数学哲学与数学教育哲学[M]. 南京:江苏教育出版社,2007:120.

② STRUIK D J. On the sociology of mathematics[J]. Science and society, 1942, 6(1):58-70.

③ 孟建伟. 论科学的文化价值[M]. 北京:中国社会科学出版社,2000:194.

④ 郑毓信,王宪昌,蔡仲. 数学文化学[M]. 成都:四川教育出版社,1999:113-115. 注:该书实际交稿并获得中图 CIP 数据号的年限为 1999,出版社出版发行年限为 2001 年.

⑤ PINXTEN R. MULTIMATHEMACY:anthropology and mathematics education[M]. Ghent:Springer,2016:78.

　　国外很多著名的数学史学者开始开展非西方文明数学文化史的研究。[①] 在此基础上还诞生了民族数学(ethnomathematics)的研究领域,[②]开展特定文化族群中独特的数学在不同民族文化中的发展史的比较研究。当认识到中西方传统数学在理论建构上的差异后,数学史学者开始了中西方数学史比较研究,值得称道的是李约瑟博士的贡献,他关于中西方数学史的比较研究,改变了西方学术界长期以来对待中国古代数学根深蒂固的偏见,其中李约瑟对中西方数学成果和数学科学范式都做了比较,尤其是对于数学发展的社会背景的比较。但是,根据库恩"范式"的不可通约性,中西方数学史比较研究的很多方面都存在着范畴、时间和评判等的差异,导致很多结果具有较强的主观性和随意性,同时也存在辉格主义和反辉格主义的各种问题。中国数学史研究要想走向世界,一个重要的理论问题就是要在哲学的方法论层面建立一个没有西方数学价值观影响的,或者称之为超越西方模式的评价模式。文化差异不应该成为抹杀中国古代数学成就的条件,而应当成为不同民族数学有不同贡献的有利说明。[③] 无论是历史学家还是人类学家,对于不同文化的相似性研究明显压倒差异性研究;而对于身处一种文化内部的人来说,差异性研究可能要超过相似性研究。从不同的视角来关注差异性的研究观点可能更适于研究不同文化间的碰撞问题。关注文化碰撞的文化史不能从单一视角来处理,用历史学家巴赫金(Михаил Михайлович Бахтин,1895—1975)的话来形容,这样的历史必须也应该是"众声喧哗的"(polyphonic)。[④] 事实上,文明多样性是人类文化存有的基本形式,不同国家和民族的起源、地域环境和历史过程各不相同,而色彩斑斓的人文图景,正是不同文明之间互相解读、辨误、竞争、对话和交融的动力。[⑤]

　　中国数学史家李迪(1927—2006)先生曾在 20 世纪 50 年代指出中国数学史研究存在问题:一是存在严重的厚古薄今现象;二是对于历代数学成就的评价有些是不适当的;三是对于历代遗留下来的一些错误观点没有进行应有的批评;四是还没摆脱传统的研究方法。[⑥] 中国数学史研究中很多问题需要从"大历史"的观念下去进行研究,例如,"为何唐代国家数学教育没能培养出高水平的数学家?""王孝通《缉古算经》之后为何没有高水平的数学著作出现?"等问题就需要我们开展多维度的研究与分析。另外,中国与印度,以及与阿拉伯和欧洲各国家间数学的交流、

　　① SELIN H, D'AMBRÒSIO U. Mathematics across cultures: a history of non-western mathematics [M]. Dordrecht: Springer, 2001.

　　② ASCHER M, ASCHER R. Ethnomathematics[J]. History of science, 1986(24): 125-144.

　　③ 王宪昌,刘鹏飞,耿鑫彪. 数学文化概论[M]. 北京:科学出版社,2010:8.

　　④ 伯克. 文化史的风景[M]. 丰华琴,刘艳,译. 北京:北京大学出版社,2013:212.

　　⑤ 杜维明. 二十一世纪的儒学[M]. 北京:中华书局,2014:102-110.

　　⑥ 李迪,沈康身,白尚恕. 三十四年来的中国数学史[M]// 吴文俊. 中国数学史论文集:一,济南:山东教育出版社,1985:9.

比较研究,都需要我们开展多维度、多元文化视角的系统分析。[①] 应"把中国数学史作为一个整体而进行全面而综合的研究,既包括自身的,也包括与外国比较的和社会等几大方面"。"外史研究还有大量的问题等待人们去探讨;中外数学史比较研究也是大方向。"[②]2001 年,李迪先生指出要扩大数学史研究领域,主张研究"大数学史""不是流行的说法——'外史',是把数学放在整个社会中,把数学和社会结合在一起,而不是把社会历史拿出来作为背景考虑。这样,所谓的'内史'和'外史'是一个整体,本来就不能分开。也就是把社会史作为一个系统,而数学史为其子系统,研究时不能脱开大系统,这样才能解释中国数学发展中的许多现象和事实。"[③]为此,李迪先生、钟善基(1923—2006)先生与日本数学史学者横地清从 1990 年开始举办中日"数学文化史"会议,出版了 5 期《数学文化史杂志》(*Journal of the Cultural History of Mathematics*),横地清也在日本出版了著作《数学文化史》(日本森北出版社,1991 年)。

曲安京(1962—　)教授曾指出,中国数学史研究早期由李俨(1892—1963)、钱宝琮(1892—1974)二老所领导的范式是以"发现"为主旨,主要是让世人知道中国古代"有什么"样的数学。通过他们的研究工作,使西方世界认识到了中国古代数学的杰出成就。而吴文俊(1919—2017)院士则在此基础上将旧的研究范式转换为"复原"中国历史上的数学是"如何做"出来的。吴先生的工作让西方世界认识到中国古代筹算与古希腊数学在方法、概念、构造上是完全不同的。当前,数学史研究应该转向第三种范式,即"为什么做数学"的问题。[④] 这种范式更强调社会、文化、政治、经济等外部因素对数学发展的影响研究,也即"外史"研究。正如法国数学家安德烈·韦伊(André Weil,1906—1998)在 1978 年国际数学家大会上的报告《数学史为谁而写》中说的,"我们最初提出的'为什么要研究数学史'的问题最终化为'为什么要研究数学'"的问题。[⑤] 显然,这种数学史研究范式的取向更关注不同社会、不同文化、不同数学家共同体对数学的追求取向问题,而这也正是"文化转向"的数学史研究范式转换。[⑥]

6. 数学哲学的启示

1890—1940 年的 50 年时间里,著名的数学家大卫·希尔伯特(David Hilbert,1862—1943)领导的形式主义、鲁伊兹·布劳威尔(Luitzen Brouwer,1881—1966)

①　李迪. 中国数学史中的未解决的问题[M]//吴文俊. 中国数学史论文集:三. 济南:山东教育出版社,1987:10-27.

②　李迪. 中国数学史研究仍是一个广阔的领域[M]//李迪. 数学史研究文集:第一辑. 呼和浩特:内蒙古大学出版社,1990:1-5.

③　李迪. 中国数学史研究的回顾与展望[M]//林东岱,李文林,虞言林. 数学与数学机械化. 济南:山东教育出版社,2001:421.

④　曲安京. 中国数学史研究范式的转换[J]. 中国科技史杂志,2005(1):51-58.

⑤　曲安京. 中国历法与数学[M]. 北京:科学出版社,2005:20.

⑥　刘鹏飞,徐乃楠. 文化簇:数学史研究的一条新进路[J]. 自然辩证法通讯,2013(5):71-77.

领导的直觉主义、罗素领导的逻辑主义学派围绕着数学哲学基础问题进行了深入的研究,发展出了逻辑主义、直觉主义和形式主义等影响深远的数学哲学观。20世纪20年代,弗雷格与希尔伯特一直在辩论着定义的性质,罗素与阿弗烈·诺夫·怀特海(Alfred North Whitehead,1861—1947)试图为一切数学寻找一个普遍的基础。布劳威尔发表了一篇关于神秘主义及其与数学基础关系的文章,使他成为数学哲学方面的第一流专家,而且当希尔伯特圈子里的赫尔曼·外尔(Hermann Weyl,1885—1955)也成为布劳威尔的门徒时,希尔伯特意识到一种挑战,于是提出与布劳威尔相对立的形式主义哲学,并制定了实施这一哲学主张的宏伟规划。然而,库尔特·哥德尔(Kurt Godel,1906—1978)不完备定理打破了数学家想为数学建立牢固基础的梦想,数学哲学的基础研究也一度进入悲观停滞时期。这一尴尬局面使得一大批数学家和数学哲学家感到不安,数学哲学研究的"黄金时代"已经过去了,而作为这一时代已经终结的标志就是关于基础研究在总体上的反思。例如,这种反思是以下的一系列论文的主要论题:拉卡托斯的《无穷回归与数学基础》,拉兹洛·卡尔马(László Kalmár,1905—1976)的《数学的基础——今在何方?》,希拉里·普特南(Hilary Putnam,1926—2016)的《没有基础的数学》,埃德加·斯莱尼斯(Edgar Sleinis)的《数学需要基础吗?》,斯拉姆·沙克尔(Shreeram Shankar,1930—2012)的《数学基础的基础》等。[①] 也有一些数学哲学家主张必须寻找新的出路,提出"复兴数学哲学的一些建议"。于是,模式(结构)主义、拟经验主义、社会建构主义、数学人文主义哲学观念纷纷登场、异彩纷呈。[②]

　　拉卡托斯受波普尔"证伪主义"科学哲学影响,将科学哲学推广到数学的领域。从对数学知识的判定转向数学知识的生成,提出"拟经验主义"的数学哲学观。虽然近代经验主义有复兴趋势,但人们也认识到数学的特殊性。拟经验主义逐步得到大家的肯定,将数学从柏拉图主义宝座上拉了下来,不再把数学的发展看成绝对真理在数量上的简单积累。相反,作为一种人类的创造性活动,数学的发展被看作一个包含猜测和尝试、证明和反驳、检验与改进的复杂过程。显然,这个过程也必然要受到社会、文化等多种因素的影响,拉卡托斯用"证明和反驳"来阐释数学发现的逻辑,主张数学的历史和哲学两个方面不应该也不能区分开,否则数学哲学就变成了空洞的哲学,将历史主义途径引入数学哲学中的思想为数学哲学研究的文化转向埋下了伏笔。拉卡托斯虽然将数学史和数学哲学结合,给出了数学发展动态的历史图景,但他主要还是从数学自身的发展史(内史)来解释数学证明的严格性、数学真理和数学知识增长等随着历史进程发生的变化。

　　保罗·欧内斯特(Paul Ernest,1944—　　)提出"数学知识本质上就在于社会建

---

　　① 徐利治,郑毓信. 数学哲学现代发展概述[J]. 数学传播,1994(1):1-8.

　　② HERSH R. Some proposals for reviving philosophy of mathematics[J]. Advances in Mathematics, 1979,31:31-50. 中文详见:HERSH R. 复兴数学哲学的一些建议[J]. 数学译林,1981(1):52-58.

构"的观点,①引发了一场社会建构主义的数学哲学革命。他认为数学知识的基础是语言知识、约定和规则,而语言知识是一种社会建构,个体的主观数学知识经发表后转化为客观数学知识,这需要社会性的交往与交流,客观性本身应该理解为社会性的认同。② 数学创造在本质上不是一种孤立的活动,而应是一个"数学共同体"的社会活动。社会建构主义数学哲学吸取了拉卡托斯的拟经验主义数学哲学、维特根斯坦的约定主义数学哲学以及建构主义心理学理论,使数学哲学摆脱了绝对主义的束缚,恢复数学的社会性、易缪性面目,使数学从令人生畏的象牙塔重新回到真实生动的社会文化生活中。数学归根结底是一种人类活动,它具备人类社会所创造的文化的一切特征。③

　　人文主义的数学家们开始从文化、历史和人类学中去探寻数学发展的根源和动力。美国数学家怀尔德与拉卡托斯、库恩几乎同时以自己独特的方式,探讨了数学和科学思想的进化在其文化背景中扮演的角色和功能。④ 在 1950 年国际数学家大会上,怀尔德做了题为《数学的文化基础》的演讲,指出数学文化是由文化传统和数学本身所组成。⑤ 怀尔德认为"数学有一个进化的过程,而且,与生物的进化一样,数学的进化也受到各种力量的作用"⑥。怀尔德深受人类学家莱斯利・怀特(Leslie Alvin White,1900—1975)和他自己研究人类学的女儿影响,开始把数学作为一种文化现象考察,认为数学是一个由其内在力量与外在力量共同作用且处于不断发展和变化之中的文化子系统。⑦ 数学家克来格・阿兰・斯瑞摩恩斯基(Craig Alan Smorynski)对怀尔德把数学作为一种"子文化"体系的观点给予了高度的评价,认为其是 1931 年以后第一个成熟的数学哲学观。⑧

①　ERNEST P. Social constructivism as a philosophy of mathematics[M]. New York: State University of New York Press, 1998.

②　ERNEST P. The philosophy of mathematics education[M]. Lodon: The Falmer Press, Taylor & Francis Inc. , 1991. 或见: ERNEST P. Mathematics, education and philosophy: an international perspective [M]. Lodon: The Falmer Press, Taylor & Francis Inc. , 1994. 中文版参见: 欧内斯特. 数学教育哲学[M]. 齐建华,译. 上海: 上海教育出版社,1998: 51-52.

③　徐乃楠,王宪昌,孔凡哲. 试论数学哲学的文化转向及其影响[J]. 自然辩证法通讯,2011(1): 89-92, 119,128.

④　GRUGNETTI L, ROGERS L. Philosophical, multicultural and interdisciplinary issues[M]// FAUVEL J, MAANEN I. History in Mathematics Education: the ICMI study. New York: Kluwer Academic Publishers, 2002: 39-62.

⑤　WILDER R L. The cultural basis of mathematics[C]// GRAVES L M, SMITH P A, HILLE E, et al. Proceedings of the international congress of mathematicians, Cambridge, Massachusetts, U. S. A. August 30-September 6,1950: Vol 1. Providence: American Mathematical Society, 1952: 258-271. 中文可见: 怀尔德. 数学的文化基础[J].肖运鸿,译. 科学文化评论,2015(2): 20-33.

⑥　WILDER R L. Evolution of mathematical concepts: an elementary study[M]. New York: Wiley & Sons, Inc. ,1968: 10-20.

⑦　WILDER R L. Mathematics as a cultural system[M]. New York: Peragmon Press, 1981: 18.

⑧　SMORYNSKI C. Mathematics as a cultural system[J] The Mathematical Intelligencer, 1983, 5(1): 9-15. 中文可见: 斯瑞摩恩斯基. 数学: 一种文化体系[J]. 蔡克聚,译. 数学译林,1988(3): 47-48.

英国当代著名数学史研究者格雷(Jeremy Gray, 1947—　)认为,美国城市大学约瑟夫·沃伦·道本(Joseph Warren Dauben, 1944—　)教授等人主编的《数学史文献集》中提及了一大串数学史学者和他们的著述,[①]但格雷认为只有卡尔·博耶(Carl Boyer, 1906—1976)、朱利安·库里奇(Julian Coolidge, 1873—1954)、霍华德·伊夫斯(Howard Eves, 1911—2004)、斯特洛伊克、克莱因和怀尔德6位数学史家,对现代数学发展史的描述做出了重要的贡献,他尤其强调了怀尔德注重把数学史研究与数学哲学联系在一起。[②]

怀尔德的数学文化研究对美国数学界、数学教育界有重要的影响,被美国数学家誉为数学哲学人文主义转向的标志性人物。数学被看作人类文化的一部分,一种人类活动、社会现象和历史的进化,只有在社会背景下才能理解它,这些数学哲学家自称为"人文主义者"。[③]在经历了20世纪初数学哲学三大主义的论争、失望和沉寂之后,"人文主义的数学哲学"研究范式蔚然成风,被誉为"数学哲学中的一阵清风",[④]也影响并导致了基于人类学和文化学的"民族数学"(ethnomathematics)研究领域的诞生。[⑤]怀尔德由于基于文化人类学视角的"数学文化史"(culturological history of mathematics)研究,[⑥]被民族数学研究者誉为民族数学研究的先驱。[⑦]不同文化中数学的人类学研究,也改变了人们对数学学习的跨文化理解,[⑧]对西方数学教育领域中的人文主义复兴,以及数学文化研究、数学文化史

---

① DAUBEN J W, SCRIBA C J. Writing the history of mathematics: its historical development[M]. Boston: Birkhäuser Verlag, 2002.

② GRAY J. Histories of modern mathematics in English in the 1940s, 50s, and 60s[M]// REMMERT V R, SCHNEIDER M R, SØRENSEN H K. Historiography of mathematics in the 19th and 20th centuries. Boston: Birkhäuser, 2016: 161-184.

③ HERSH R. What is Mathematics, Really? [M]. Oxford: Oxford University Press, 1997: xi-182.

④ HERSH R. Fresh breezes in the philosophy of mathematics[J]. The American mathematical monthly, 1995, 102(7): 589-594. 中文可见: 赫什. 数学哲学中的一阵清风[J]. 吕航, 译. 数学译林, 1996 (4): 314-318.

⑤ ASCHER M. Ethnomathematics: a multicultural view of mathematical ideas[M]. San Francisco: Brooks/Cole, 1991: 196.

⑥ BARTON B. Ethnomathematics: exploring cultural diversity in mathematics[D]. New Zealand: The University of Auckland, 1996. 或见: BARTON B. Anthropological perspectives on mathematics and mathematics education[M]// BISHOP A J. International handbook of mathematics education. Part 1. Boston: Kluwer Academic Publishers, 1996: 1035-1053.

⑦ GERDES P. Ethnomathematics and mathematics education[M]// BISHOP A J. International handbook of mathematics education. Part 1. Boston: Kluwer Academic Publishers, 1996: 909-944. 或见: GERDES P. Survey of current work in ethnomathematics[M]// POWELL A B, FRANKENSTEIN M. Ethnomathematics: challenging eurocentrism in mathematics education. New York: State University of New York, 1997: 331-372.

⑧ GREER B, MUKHOPADHYAY S, POWELL A B, et al. Culturally responsive mathematics education[M]. New York: Routledge Taylor & Francis Group, 2009: 88-89.

研究领域的兴起起到积极的推动作用。①

中国近百年学习西方数学的历史进程,决定了中国的数学哲学研究也是从介绍西方数学哲学开始的。民国时期哲学领域的学者张申府(名崧年,1893—1986)在翻译、介绍和研究哲学家罗素的哲学时就开始探讨数学哲学。② 新中国成立后,南京大学的哲学学者夏基松(1925—2018)、林夏水(1938—　)、郑毓信(1944—　)等人开展了这方面的工作,数学哲学研究的范畴在中国逐渐演化为本体论、认识论和方法论等领域。③ 随着现代数学的结构化、模式化发展,以及布尔巴基学派在数学结构主义方面的研究尝试,西方学者提出了"数学是模式的科学"的观点。④ 该观点得到中国数学家的认同,数学家徐利治(1920—　)先生和郑毓信教授做出了独立的工作,对数学抽象开展定性分析,对"什么是数学"的问题给出了"数学即是量化模式的建构和研究"的回答。在此基础上,发展了系统的"模式论"的数学哲学观,包括模式观的数学本体论、模式观的数学认识论和数学真理的层次理论,⑤这是中国数学家、哲学家对现代数学哲学研究的积极尝试。⑥ 其中模式观的认识论认为一个数学模式建立以后,如果被证明是十分有效的(这取决于实践——社会实践和数学实践的检验),就会为大多数人所接受并成为整个思维模式的有机组成部分。既要肯定数学的经验性,也要肯定数学的拟经验性。数学即对于模式的研究,而思维活动又总是按照一定的模式进行的,因此,我们也应当充分肯定数学研究的普遍的认识论意义,这也就是促使人们去谈及"数学文化"的一个重要原因。⑦

怀尔德把数学看作人类文化的一个子文化,以及他所阐述的数学发展动力与规律等思想,在国内最早见于 1988 年《数学译林》中翻译的斯瑞摩恩斯基对怀尔德的书评文章。⑧ 郑毓信教授后来在这个方向上也进行了系统的研究工作,⑨特别是从整体上对数学的文化功能,也即数学与真、善、美的关系进行了深入分析。他将数学哲学的研究拓展到数学教育哲学研究领域,⑩出版了一系列数学哲学、数学教育哲学研究的专著,从理论层面对新世纪义务教育数学课程改革给予了指导。他

① BISHOP A J. Mathematical enculturation: a cultural perspective on mathematics education[M]. Dordrecht: Kluwer Academic Publishers, 1988: 6-8. 或见: BROWN S I. Towards humanistic mathematics education[M]// BISHOP A J. International handbook of mathematics education. Part 1. Boston: Kluwer Academic Publishers, 1996: 1289-1321.

② 张崧年. 哲学数学关系史论引[J]. 新潮,1919,1(2): 305-314.

③ 夏基松,郑毓信. 西方数学哲学[M]. 北京: 人民出版社,1986.

④ STEEN L A. The science of patterns[J]. Science, 1988,240(4852): 611-616.

⑤ 徐利治,郑毓信. 数学模式论[M]. 南宁: 广西教育出版社,1993.

⑥ 王宪昌. 中国数学哲学的兴起: 评《数学模式论》[J]. 科学技术与辩证法,1997(1): 57-61.

⑦ 徐利治,郑毓信. 数学模式观的哲学基础[J]. 哲学研究,1990(2): 74-81.

⑧ 斯瑞摩恩斯基. 数学: 一种文化体系[J]. 蔡克聚,译. 数学译林,1988(3): 47-48.

⑨ 郑毓信. 数学的文化观念[M]. 自然辩证法研究,1991(9): 23-32.

⑩ ZHENG Y X. Philosophy of mathematics, mathematics education, and philosophy of mathematics education[J]. Humanistic Mathematics Network Journal, 1994,1(9): 32-41.

联合王宪昌(1950—　　)等学者在国内首次尝试探讨把"数学文化学"作为一个研究领域的可能性。[①]

可以说,怀尔德的数学文化研究思想,成为 21 世纪初中国数学课程改革中提出"数学文化"教学思想和学习内容之滥觞。作为 21 世纪高中数学课程改革组长的张奠宙(1933—2018)教授在《20 世纪数学经纬》中就介绍过怀尔德等人的"人文主义数学哲学"。[②] 他于 2001 年主编的《现代数学家传略词典》也收录了怀尔德的条目。2003 年,教育部《普通高中数学课程标准(实验)》将"数学文化"作为课程的内容纳入高中课程体系之后,"数学文化"研究与教学在国内高校和中小学广泛开展起来,各类课程、教材和研究著作不断涌现,但数学教育界对怀尔德的数学文化思想研究,还仅限于少量学术研究。当前,怀尔德的数学文化理论仍被西方数学家、哲学家和教育家在数学文化研究中置于重要的不可逾越的地位,西方学者在介绍"数学文化"概念和理论的时候必然要提及怀尔德的数学文化研究工作。[③④]而且在怀尔德的影响下,后续从事人文主义数学哲学研究的学者(如赫什等)还组织成立了专门的研究组织和学术刊物《人文主义数学杂志》。[⑤] 鉴于怀尔德的数学文化研究思想对数学、数学史、数学哲学和数学文化等研究的重要影响,深入挖掘和传播怀尔德数学文化研究思想非常有必要,对于丰富中国的数学哲学、数学文化理论研究体系和指导大、中、小学数学文化教学具有重要的理论意义和实践价值。

①　郑毓信,王宪昌,蔡仲. 数学文化学[M].成都:四川教育出版社,1999:113-115.

②　张奠宙. 20 世纪数学经纬[M].上海:华东师范大学出版社,2002:393-394.

③　LARVOR B. What are mathematical cultures? [C] // SHIER J, LÖWE B, MÜLLER T. Cultures of mathematics and logic: selected papers from the conference in Guangzhou, China, November 9-12, 2012. Basel: Birkhäuser, 2016: 1-22.

④　LARVOR B. Mathematical cultures: the London meetings, 2012—2014[M]. Basel: Birkhäuser, 2016: 2-6.

⑤　WHITE A M. Essays in humanistic mathematics [M]. Washington, D. C.: Mathematical Association of America, 1993: 9-20.

第一章

怀尔德的生平概述

雷蒙德·路易斯·怀尔德作为美国著名的拓扑学家、数学文化研究的奠基人，曾经担任美国国家科学院(National Academy of Sciences，United States，NAS)院士、美国数学会(American Mathematical Society，AMS)主席和美国数学协会(Mathematical Association of America，MAA)主席。他一生在数学拓扑学研究、数学文化研究以及教学传播方面贡献卓著，值得后人深入学习和铭记。

一、出身与家庭

怀尔德于 1896 年 11 月 3 日出生于美国马萨诸塞州(Massachusetts)中西部的汉普登县(Hampden City)下面的城市帕尔默(Pilmer)，少年的时候曾在那里上学。他的父亲约翰·路易斯·怀尔德(John Louis Wilder)是个印刷工，母亲名叫马丽·简·尚利(Mary Jane Shanley)。怀尔德喜爱音乐并曾在家庭舞会和聚会上演奏过短号。他在钢琴上的天赋使得他曾经受雇于当地电影院给无声电影伴奏。他从未远离对音乐创作的热爱，而且常常沉迷于古典音乐(图 1-1)。

怀尔德于 1921 年与尤娜·格林(Una Maude Greene)结婚，他们共同育有 4 个子女，有 23 个孙子和 14 个曾孙。他的 3 个女儿分别是玛丽·简·杰索普(Mary Jane Jessop)、科米特·沃特金斯(Kermit Watkins)和本·迪林厄姆(Beth Dillingham)。他们还有一个儿子是大卫·E.怀尔德(David E. Wilder)。怀尔德于

图 1-1　怀尔德在弹钢琴①

1982 年 7 月 7 日在加利福尼亚州圣巴巴拉逝世,他的妻子尤娜于 100 岁的年龄逝于美国加州南部的长滩市。②

二、求学与工作

　　怀尔德于 1914 年进入布朗大学学习,他原本想要成为一名保险精算师,但是第一次世界大战爆发后,他作为一名美国海军少尉服役了两年(1917—1919)。他回到布朗大学后于 1920 年获得学士学位,然后从事教学工作(1920—1921),并继续学习,于 1921 年获得保险精算数学的硕士学位。怀尔德决定去以保险精算数学而闻名的得克萨斯州立大学(简称"得州大学")奥斯汀分校继续开展保险精算数学方面的研究与教学(1921—1924)。

　　在得州大学奥斯汀分校,怀尔德就像一个本科生一样享受着"纯粹数学"带来的乐趣,他请求著名数学家罗伯特·李·莫尔(Robert Lee Moore,1882—1974)(图 1-2)允许他参加一门当时开设的称为"位置分析"(analysis situs)的课程(拓扑学的旧称)。莫尔曾说他,"对精算数学感兴趣的人根本做不了拓扑,更不可能真正对此产生兴趣"。在莫尔的质疑中,怀尔德一直坚持着,直到莫尔因为怀尔德对"什么是公理"的回答感到有一点惊讶,才准许他加入课程学习,却一直对他视而不见。

---

　　①　图片来源：https：//en. wikipedia. org/wiki/Raymond_Wilder.
　　②　RAYMOND F. Raymond Louis Wilder 1896—1982［M］//National Academy of Sciences Biographical Memoirs：Volume 82. Washington，D. C. ：The National Academy Press，2002.

图 1-2   怀尔德的博士生导师罗伯特·李·莫尔[1]

　　莫尔著名的教学方法是从几个有限的公理和定义开始，然后提出定理，让参与者来寻求证明。[2] 莫尔的这种教学方法曾让很多数学家受益，据美国著名拓扑学家约翰·米尔诺(John Milnor，1931—　　)回忆自己的博士生导师拉尔夫·福克斯(Ralph Fox，1913—1973)时说：我很喜欢他以莫尔的方式教我们点集拓扑课程，他告诉我们定理，我们必须提供证明。我想不出比这更好的方法来学习如何证明，学习拓扑学的基本事实——这真是奇妙的教学。[3] 莫尔的教学方法不仅影响了当时美国的大学教学，而且通过其学生对中小学教学也有影响。[4] 莫尔当时习惯于以作业为幌子提出一些未解决的数学研究问题给学生。他提出的有些命题难度非常大，当怀尔德解决了一个比较难的命题证明后，莫尔才开始注意到他。怀尔德对于莫尔本人及其在宾夕法尼亚大学的博士生、美国数学家约翰·罗伯特·克莱因(John Robert Kline，1891—1955)正在着手解决的一个关于连续曲线的数学问题，[5]给出了更为简洁的证明方案，莫尔邀请怀尔德赶紧把它写成博士学位论文。

　　①　图片来源：https：//celebratio. org/Moore_RL/viewer/133/.

　　②　BURTON J F. The Moore method[J]. American mathematical monthly，1977，84：273-77.

　　③　米尔诺. Milnor 眼中的数学和数学家[M]. 赵学志，熊金城，译. 北京：高等教育出版社，2017：145.

　　④　HERSH R，STEINER V J. Loving + hating mathematics：challenging the myths of mathematical life[M]. Princeton：Princeton University Press，2011：296. 注：该书有中译本，赫什，约翰-斯坦纳. 爱＋恨数学：还原真实的数学[M]. 杨昔阳，译. 北京：商务印书馆，2013. 不过该译本中第50页对数学家怀尔德的个人介绍是错误的，特此说明.

　　⑤　MOORE R L. On the foundations of plane analysis situs[J]. Trans. Amer. Math. Soc. ，1916，17：131-164.

怀尔德于 1923 年 6 月完成博士论文答辩,论文题目为《关于连续曲线》(*Concerning Continuous Curves*),全文总计 62 页,答辩后在论文上签名的有罗伯特·李·莫尔、希曼·约瑟夫·艾特林格(Hyman Joseph Ettlinger,1889—1986)、阿尔伯特·阿诺德·贝内特(Albert Arnold Bennett,1888—1971)、哈里·杨德尔·本尼迪克特(Harry Yandell Benedict,1869—1937)和米尔顿·布罗克特·波特(Milton Brockett Porter,1869—1960)。该文的精简版后来于 1925 年发表在波兰国家科学院数学研究所杂志《基础数学》(*Fundamenta Mathematicae*)上。[①] 至此,怀尔德放弃了原来追求的保险精算事业,成为莫尔在得州大学奥斯汀分校培养的第一位拓扑学博士,也是他终生的朋友。怀尔德的后续发展也证明他是莫尔全部学生中成就最为卓越的,在得州大学奥斯汀分校收藏的莫尔纪念档案中,在与怀尔德有关的档案盒中可以发现莫尔的手稿,他是这样评价怀尔德的:"在得州大学我所有获得博士学位的学生中,怀尔德博士是最优秀的一个。他确实表现出不寻常的学术产出能力,我认为他有根本性兴趣去准备解决确定的数学问题。"[②]

怀尔德在得州大学奥斯汀分校作为教员又度过一年,并于 1924 年与家人一起搬到俄亥俄州立大学并担任助理教授。在得州大学奥斯汀分校美国史档案馆里保存的莫尔生前资料中有二人交流的信件,讨论怀尔德的研究、教学以及他如何不情愿在俄亥俄州立大学签署终生忠诚于国家政治与道德的宣誓。怀尔德对没有头脑的爱国主义的敌意和对自由主义思想的渴望伴随着他的一生。

1926 年,怀尔德转到了密歇根大学,开始了跟密歇根大学持续长达 41 年的聘用关系,直到 1967 年他从教学岗位上退休为止(图 1-3)。退休后他于 1969 年搬到加利福尼亚州圣巴巴拉,并以名誉退休助理研究员身份参加加州大学圣巴巴拉分校的教学活动,而且利用假期在南加州高级研究所、加州理工学院、科罗拉多大学、加州大学洛杉矶分校以及佛罗里达州州立大学等地方工作。

三、老师与学生

怀尔德是美国著名数学家罗伯特·李·莫尔在得州大学奥斯汀分校的第一个博士生,莫尔的前三个博士生都是在宾夕法尼亚大学指导的。[④] 莫尔于 1898 年进入得州大学学习,自学微积分并在 1901 年提前获得学士学位。毕业后他教过一年高中(1902—1903)。时任芝加哥大学数学系主任的 E. H. 莫尔(E. H. Moore,

---

① WILDER R L. Concerning continuous curves[J]. Fund. Math. 1925(7):340-377.

② WHYBURN L R R L. Moore's first doctoral student at texax[M]// MILLETT K C. Algebraic and geometric topology:proceedings of a symposium held at Santa Barbara in honor of Raymond L. Wilder,July 25-29,1977. Berlin Heidelberg:Springer Verlag,1978:33.

③ 图片来源:https://www.maa.org/press/periodicals/convergence/whos-that-mathematician-paul-r-halmos-collection-page-56.

图 1-3   数学家保罗·哈尔莫斯（Paul Halmos，1916—2006）于 1958 年为怀尔德拍的照片 [1]

1862—1932）听说他证明了一个希尔伯特几何公理，邀请他来芝加哥大学读博士。1905 年他以"几何猜想的度量集合"（*Sets of Metrical Hypotheses for Geometry*）为题目获得博士学位，指导教师中还包括当时赫赫有名的数学家奥斯瓦尔德·维布伦（Oswald Veblen，1880—1960）。

莫尔曾经在田纳西大学教学 1 年，在普林斯顿大学教学 2 年，在西北大学教学 3 年；1911 年在宾夕法尼亚大学获得教职；1920 年，作为助理教授回到得州大学奥斯汀分校任教，并在 3 年后成为全职教授（图 1-4，图 1-5）；1931 年，当选美国国家科学院院士；1936—1938 年任美国数学会主席。直到 1969 年退休，莫尔在得州大学奥斯汀分校共培养了 4 个硕士、47 个博士。1973 年，得州大学奥斯汀分校为纪念他，将物理、数学和天文学楼以他的名字命名。

怀尔德一生保持着跟导师莫尔的亲密关系，有很多二人之间的通信证明这一点，他也曾参与整理过莫尔的手稿等资料，现存于得州大学奥斯汀分校的多尔夫·布里斯（Dolph Briscoe，1923—2010）美国史中心档案馆里面。[2] 怀尔德还写过纪念

---

① 详见：https：//www. genealogy. math. ndsu. nodak. edu/id. php? id＝286.

② R. L. Moore Papers，1875，1891—1975［A］. Archives of American Mathematics，Dolph Briscoe Center for American History，University of Texas at Austin. 资料详单可见网站：https：//legacy. lib. utexas. edu/taro/utcah/00304/cah-00304. html 或见：R. L. Moore Legacy Collection，1890—1900，1920—2013［A］Archives of American Mathematics，Dolph Briscoe Center for American History，University of Texas at Austin. 资料详单可见网站：https：//legacy. lib. utexas. edu/taro/utcah/00310/cah-00310. html♯series1.

图 1-4　20 世纪 20 年代得州大学的数学家们①

照片由 G. E. 格林伍德(R. E. Greenwood)于 1975 年提供,照片中间者为莫尔,从左至右分别为:诺曼·罗特(Norman Rutt),G. T. 怀伯恩(G. T. Whyburn),露西尔·怀伯恩(Lucille Whyburn),J. H. 罗伯特(J. H. Roberts),R. L. 莫尔(R. L. Moore),R. G. 鲁本(R. G. Lubben),C. M. 克利夫兰(C. M. Cleveland),J. L. 多洛(J. L. Dorroh),W. T. 里德(W. T. Reid)。

图 1-5　怀尔德和莫尔参加美国科学促进会 1930 年年会②

照片由左至右分别为:威尔弗里德·威尔逊(Wilfrid Wilson),J. W. 亚历山大(J. W. Alexander),W. L. 艾尔斯(W. L. Ayres),G. T. 怀伯恩(G. T. Whyburn),R. L. 怀尔德(R. L. Wilder),P. M. 斯温格尔(P. M. Swingle),C. N. 雷诺兹(C. N. Reynolds),W. W. 弗莱克斯纳(W. W. Flexner),R. L. 莫尔(R. L. Moore),T. C. 本顿(T. C. Benton),K. 门格尔(K. Menger),S. 莱夫谢茨(S. Lefschetz)。

---

①　图片来源:http://celebratio. org/Moore_RL/viewer/138/.

②　图片来源:http://celebratio. org/Moore_RL/viewer/138/.

导师莫尔的文章,文中指出莫尔一生总共写过 67 篇文章和 1 部专著《点集理论基础》(*Foundations of Point-Set Theory*,1932),[①]莫尔以在数学上的点集拓扑(point-set topology)和一般拓扑学(general topology)理论研究的贡献而在美国乃至世界数学界闻名。[②]

　　1934 年怀尔德曾给当时美国数学的领袖人物 R. G. D. 理查森(R. G. D. Richardson,1878—1949)写信申诉不进行暑期课程教学,以便于做好自己的数学研究工作,他获得最终的胜利并因此对后来其他美国数学家来说影响深远。[③] 怀尔德于 1947 年在密歇根大学成为该校第一位数学方面的"研究教授",这在那个时代是很难得的,因为 20 世纪 30 年代的美国大学中"教学"和"研究"之间的矛盾还是非常尖锐的。怀尔德在密歇根大学共培养了 26 个博士,包括弗兰克·雷蒙德(Frank Raymond)[④]、里昂·科恩(Leon Cohen)、保罗·斯文格(Paul Swingle)、萨缪尔·卡普兰(Samuel Kaplan)、莫顿·L. 柯蒂斯(Morton L. Curtis)、艾丽丝·迪金森(Alice Dickinson)、约瑟夫·休恩菲尔德(Joseph Shoenfield)[⑤]、托马斯·布拉哈纳(Thomas Brahana)、约翰·罗斯(John Roth)、昆恩·夸恩(Kyung Kwun)等。

　　怀尔德的高级研究生班和研讨会气氛既融洽又振奋人心。他很喜欢谈论他人,其中许多人跟他私交甚好,谈论他们的思想和理论(图 1-6)。他和学生之间的对话开始于课程中的一些基本问题,但很快就会转到他自己所熟悉的领域。他是美洲西南部土著文化的忠实爱好者,他曾经告诉他的学生雷蒙德,退休后想在亚利桑那州或新墨西哥州的一个农村地区当一名调酒师,因为他发现在这些酒吧遇到的民间故事非常令人着迷。

　　怀尔德在其开设的"数学基础"课程课上有非常广泛的讨论,这个课程不仅仅局限于数学圈,而是成为密歇根大学校园里最为流行的课程。学生们从这个课程学到了数学概念的发展史以及数学是文化的重要组成部分。课程出现了多样化的听众,学生们经常能在他的课后发掘自己、获得教益。他的学生雷蒙德曾评价:"在我所知道的所有伟大数学家中,怀尔德是最平易近人的。他有一种幽默感,他的

---

　　① WILDER R L. Robert Lee Moore(1882—1974)[J]. Bulletin of the AMS, 1976, 82: 417-427. 该文文末包含莫尔公开发表著述的完整目录.

　　② WILDER R L. The mathematical work of R. L. Moore: its background, nature and influence[J]. Arch. Hist. Exact Sci. 1982, 26 (1): 73-97. 这是怀尔德 1981 年底为美国数学会撰写的,转年发表在《精密科学史档案》杂志上的,详见:DUREN P. A century of mathematics in American: Part Ⅲ [M]. New York: American Mathematical Society, 1989: 265-291.

　　③ WILDER R L. R. L. Wilder to Richardson[J]. American mathematical monthly, 1934, 41: 612-613.

　　④ 怀尔德的学生雷蒙德也曾是普林斯顿大学高等研究院的成员。详见 IAS 网站介绍:https://www.ias.edu/scholars/frank-raymond.

　　⑤ 休恩菲尔德在杜克大学指导的学生中有一个是台湾中研院数学研究所的李国伟教授。详见:https://www.genealogy.math.ndsu.nodak.edu/id.php? id=5126.

图 1-6　数学家哈尔莫斯 1964 年拍摄的怀尔德与罗伯特·里奇[①]

智慧使许多同事将他奉为神父一样。他和妻子尤娜把他们家变成一个好客的去处。我的孩子始终称呼他们为怀尔德爷爷和怀尔德奶奶。每年圣诞节,怀尔德太太仍然为我们的孩子们做袜子挂在烟囱上,这样做已经有 30 多年了。"[②]

　　怀尔德还在密歇根大学的发展中发挥了非常积极的作用。1927 年,他和数学家 G. Y. 阮里希(G. Y. Rainich,1886—1968)创立了一个有点神秘的研究俱乐部,名为"小 C"俱乐部(The Small Club)。他们认为,每月才会面一次的学院大俱乐部(Large Club)在研究兴趣的发展上并没有取得很大的成效。"小 C"俱乐部每个星期二晚上举行会面,每次由俱乐部成员提交一篇科学论文。这些论文通常是关于成员自己的研究领域,但有时也是关于新数学成果的重要性报告。起初成员有 8 名来自数学系,1 名来自哲学系,3 名来自物理学系。后来,其他有兴趣的研究人员,包括一些研究生也被邀请加入。直到 1947 年,"小 C"俱乐部被解散,因为当时所有研究人员都必须做自己的研究。

　　怀尔德还非常善于发现和鼓励有潜质的青年数学人才。他在 20 世纪 30 年代

---

　　①　该照片由数学家哈尔莫斯 1964 年拍摄于密歇根。罗伯特·里奇(Robert Ritchie,1935—2019)1960 年博士毕业于普林斯顿大学,指导教师为数学家阿朗佐·丘奇(Alonzo Church,1903—1995)。https://www. maa. org/press/periodicals/convergence/whos-that-mathematician-paul-r-halmos-collection-page-43.

　　②　RAYMOND F. Raymond Louis Wilder 1896—1982［M］// National Academy of Sciences Biographical Memoirs:Volume 82. Washington, D. C. :The National Academy Press,2002.

注意到诺曼·厄尔·斯廷罗德(Norman Earl Steenrod,1910—1971)的代数拓扑领域非常感兴趣。斯廷罗德在怀尔德的指导下做了他的第一次研究。当斯廷罗德完成他本科学业后,返回俄亥俄州立大学工作了一年半,然后怀尔德安排他在哈佛大学学习,之后又到普林斯顿大学追随著名数学家所罗门·莱夫谢兹(Solomon Lefschetz,1884—1972)学习代数拓扑。

怀尔德还曾设法在密歇根为年轻的华沙拓扑学家塞缪尔·艾伦伯格(Samuel Eilenberg,1913—1998)找到容身之地,尽管在 20 世纪 30 年代后期有一些人还因政治原因非常反对这么做。艾伦伯格和斯廷罗德的著名合作始于怀尔德为斯廷罗德在密歇根谋到任职之时,后来二人才有机会合作完成同调论的公理化。[①] 艾伦伯格也得以有机会跟桑德斯·麦克兰恩(Saunders Mac Lane,1909—2005)公理化了同调代数,并创立了范畴论。[②] 怀尔德甚至影响了著名数学家斯蒂芬·斯梅尔(Stephen Smale,1930—   )以及莱夫谢兹的学生、美国著名数学教育改革家爱德华·贝格尔(Edward Begle,1914—1978)等名人。

四、职位与荣誉

怀尔德主要的职业生涯都在密歇根大学(助理教授 1926—1929、副教授 1929—1935、教授 1935—1947、研究教授 1947—1967),他是密歇根大学第一个数学研究教授、第一个大学研究主席(1947—1967),并因其在学校展现出正直的知识分子影响力而备受敬仰,他带领密歇根大学的数学进入世界一流数学中心(图 1-7)。1959 年密歇根大学授予他"亨利·罗素讲席"(Henry Russel Lecturer),这是密歇根大学授予教工的最高荣誉。他还参与创办了《密歇根数学杂志》(*The Michigan Mathematical Journal*)。为了纪念他在拓扑学上的贡献,1966 年 3 月 17—19 日在密歇根大学召开学术会议纪念怀尔德 70 岁生日,会议的全部学术论文发表在《密歇根数学杂志》1967 年的第 2 期、第 3 期上。1975 年,密歇根大学为他创立了"怀尔德数学教授奖金"。为纪念他 80 岁生日,1977 年 7 月 25—29 日在圣巴巴拉召开"代数与几何拓扑国际学术会议",并出版了文集。[③]

---

① EILENBERG S, STEENROD N E. Axiomatic approach to homology theory[J]. Proc. Nat. Acad. Sci. U. S. A. 1945(31): 117-120.

② EILENBERG S, MACLANE S. Relations between homology and homotopy groups of spaces[J]. Ann. of Math. , 1945(46): 480-509.

③ MILLETT K C. Algebraic and geometric topology: proceedings of a symposium held at Santa Barbara in honor of Raymond L. Wilder, July 25-29, 1977[C]. Berlin Heidelberg: Springer Verlag, 1978.

图 1-7   怀尔德 1946 年在普林斯顿周年纪念大会①

　　怀尔德曾是 1933 年组建的普林斯顿大学高等研究院成员(1933—1934);②
1958 年辛辛那提大学"塔夫脱纪念讲席"(Taft Memorial Lecturer);1947 年南加
利福尼亚大学访问教授;加利福尼亚技术研究所研究员(1949—1950);佛罗里达
州立大学访问教授(1961—1962)(图 1-8);曾获克奈尔大学名誉博士(1953)、布朗
大学名誉博士(1958);1980 年获得密歇根法学名誉博士学位。怀尔德退休后曾任
加州大学圣巴巴拉分校讲席(1970—1971)。

　　怀尔德曾是美国数学会会员(1935—1937);1938 年做数学会 50 周年报告;
1942 年数学会做专题学术报告,担任副主席(1950—1951)、主席(1955—1956)、吉
布斯讲席(J. W. Gibbs Lecturer,1969);美国数学协会主席(1965—1966)及获得福
德服务贡献奖(Lester R. Ford Prize,1973);③1950 年,世界数学家大会的邀请报
告;1963 年入选美国国家科学院院士;曾获得约翰·西蒙·古根海姆基金(John
Simon Guggenheim Memorial Foundation,1940—1941);曾任美国国家科学与公
共政策委员会成员、美国空军高等委员会(科学基金办公室)数学顾问、美国国家研
究委员会福布莱特项目顾问。图 1-9 为怀尔德分别在美国数学会和美国数学协会
的纪念照。

　　① 图片来源:DUREN P. A century of mathematics in American:Part Ⅱ[M]. New York:American
Mathematical Society,1989:332-333. 第三排左 2 站立黑衣者为怀尔德;第一排左 8 为黎斯、左 9 为莱夫谢
兹、左 10 为维布伦、右 1 为华罗庚;第二排左 5 为哥德尔、左 10 为艾伦伯格、左 12 为维纳;第二三排间右 5
为冯·诺依曼;第三排右 5 为麦克莱恩;第四排右 4 为赫尔曼·外尔;最后一排左 6 为斯汀罗德、右 2 为贝
格尔、右 7 为埃米尔·阿廷。
　　② 详见普林斯顿大学高等研究院网站介绍:https://www.ias.edu/scholars/raymond-louis-wilder.
　　③ BING R H. Award for distinguished service to professor Raymond L. Wilder[J]. American
mathematical monthly,1973,80(2):117-119.

图 1-8　怀尔德 1961 年与凯尼斯·梅一起在会议中①

图 1-9　怀尔德分别在美国数学会和美国数学协会的纪念照②

五、回忆与反思

　　怀尔德生前的回顾与反思类文章与报告中关于自己导师莫尔的有两篇,关于自己的有 3 篇。一是为麦克劳·希尔出版社的《现代科学家与工程师》所写的

---

　　①　图片来源:WILDER R L. Material and method[C]// MAY K O,SCHUSTER S. Undergraduate Research in Mathematics:Report of a conference held at Carlelon College,Northfield,Minnesota June 19 to 23,1961. Minnesota:Carleton Duplicating Northfield,1962:8. 注:图中与怀尔德并立的数学家凯尼斯·梅(Kenneth O. May,1915—1977)是此次会议的组织者之一,他是美国著名数学家和数学史学家,他于 1974 年创建了《国际数学史杂志》(Historia Mathematica),数学史界最高奖即以他名字命名的"凯尼斯·梅奖",用来授予在数学史方面有杰出贡献的数学史家。

　　②　图片分别来源于 AMS 网站:http://www.ams.org/about-us/presidents/33-wilder 和 MAA 网站:http://www.maa.org/about-maa/governance/maa-presidents/raymond-louis-wilder-1965-1966-maa-president.

自传,①仅有一页半,怀尔德主要记述了从经典的若尔当曲线定理(1887 年)开始的拓扑学历史,阐述了自己如何将平面曲线拓扑学推广到高维情形,如何统一了集合理论拓扑学与代数拓扑学,这些重要的成果都收录在他的《流形的拓扑学》一书中。他谈到自己 1952 年出版的《数学基础简介》的讲义,把自己引向了数学进化论和数学文化研究领域。最后,怀尔德还简述了自己各个时间段的学业、教职、任职、荣誉等具体情况。

二是怀尔德于 1976 年 7 月 24 日应时任密歇根大学数学系主席 P. S. 琼斯(P. S. Jones)教授和 A. 希尔德斯(A. Shields)教授之邀所做的演讲《密歇根大学数学的复兴》,②演讲中怀尔德详细回忆了从 1926 年秋天来到密歇根后的教学、研究生涯,以及他与密歇根众多数学家之间的交流与合作。他也简要地回顾了区别于学院大俱乐部的"小 C"研究俱乐部的发展史和组成人员;回忆了"二战"期间数学系的发展及其与军方之间的关系,《密歇根数学杂志》的创立过程,当时数学系课程与教学安排情况,尤其是拓扑学课程的教学,密歇根大学数学系三个历史时期的发展状况;最后,详细回答了琼斯教授于 1976 年 2 月 4 日写给他的信中关于密歇根大学数学系发展的一些问题。

三是怀尔德于 1972 年 3 月 11 日在加利福尼亚州理工学院举办的美国数学协会午餐会上的演讲《回顾与反思》,③怀尔德强调,他一直试图在课程教学过程中向学生们传达一些关于数学是如何创造出来的,而创造者和他们一样是人类的想法。他回顾自己学数学的年代,美国数学甚至世界数学普遍处于一个低谷,主要原因是没有什么"应用"。当时很少有人意识到抽象和更一般的数学概念可能会被证明 50 年后在科学中的重要性。他提到阿尔伯特·爱因斯坦(Albert Einstein,1879—1955)对基础数学有很高的评价,他经常引用爱因斯坦 1921 年在普鲁士科学院的著名演讲《几何学与经验》(*Geometrie und Erfahrung*)中的陈述:"公理是人类心灵的自由创造……公理化所带来的进步在于逻辑形式和直观的内容……对于这一几何解释,我非常重视,因为如果我不熟悉它的话,我将永远无法发展相对论。"怀尔德还回顾了普林斯顿大学高等研究院最初建立的过程和聘用的相关人员,以及第一任所长亚伯拉罕·弗莱克斯纳(Abraham Flexner,1866—1959)所强调的"不能忽视数学的核心作用"。

六、女儿与怀特

怀尔德正是通过他的女儿、辛辛那提大学教授贝丝·怀尔德·迪林厄姆(Beth

---

① WILDER R L. Wilder, Raymond Louis[C]// PARKER S P. McGraw-Hill Modern Scientists and Engineers: Vol. 3. New York: McGraw-Hill, 1980: 318-319.

② WILDER R L. Reminiscences of mathematics at Michigan [C]//DUREN P. A century of mathematics in American: Part Ⅲ. New York: American Mathematical Society, 1989: 191-204.

③ WILDER R L. Recollections and reflections[J]. Math. Mag. 1973, 46: 177-182.

Wilder Dillingham)博士结识了她的导师、美国著名人类学家莱利斯·怀特,才引起对人类学的兴趣并将之运用到数学哲学思考中。因此,怀尔德在 1981 年出版的著作《数学作为一种文化体系》的扉页上,特别标记了"To my daughter Beth Diilingham"(给我的女儿贝丝·迪林厄姆)。怀特是在美国以主张文化进化论、社会文化进化理论而闻名于世的,是新进化论的代表性人物。他创建了美国密歇根大学的人类学系,曾任美国人类学会主席(1964)。[①]

　　怀尔德的女儿迪林厄姆是怀特最优秀的博士毕业生之一,可以说继承了怀特的衣钵,是怀特的人类学、文化学思想的主要传承人之一。[②] 1973 年,二人合作出版过《文化的概念》一书。[③] 美国人类学会(American Anthropological Association,AAA)下属核心机构中心州人类学学会(Central States Anthropological Society,CSAS)在 1983 年以怀特的名字设立了"莱利斯·A. 怀特基金"(The Leslie A. White Award),就是怀尔德生前想要设立的,由他的女儿完成了遗愿。迪林厄姆的后人尤娜·怀尔德女士(Mrs. Una G. Wilder)和克莱·迪林厄姆(Clay Dillingham)于 1989 年设立了以她名字命名的基金"贝丝·怀尔德·迪林厄姆基金"(The Beth Wilder Dillingham Award),作为青年学者开展人类学研究的基金。[④] 图1-10 为怀尔德 1973 年在得州大学奥斯汀分校。

图 1-10　怀尔德 1973 年在得州大学奥斯汀分校[⑤]

　　① SERVICE E. Leslie Alvin White, 1900—1975[J]. American Anthropologist, 1976(78): 612-617.
　　② DILLINGHAM B. Bibliography of Leslie Alvin White[J]. American Anthropologist, 1976, 78: 620-629.
　　③ WHITE L A, DILLINGHAM B. The concept of culture[M]. Minneapolis: Burgess Pub. Co., 1973.
　　④ 详见 CSAS 网站介绍: http://csas. americananthro. org/awards/.
　　⑤ 图片来源: http://www. cah. utexas. edu/db/dmr/gallery_lg. php? s=62&gallery=math_moore_legacy.

　　莱利斯·怀特在美国人类学和文化学领域地位非凡,影响深远。怀特认为文化学(Culturology)是解释人类文化本身术语的一门学科,同心理学无关,如对氏族的起源、外婚和因男女性别不同而有明显的分工等,不是单独从动机方面去探索,而是从相互影响的其他文化因素中去研究。文化意味着地球上所有人类正在进化的文化活动总和。怀特将文化分为三部分:技术的、社会的和意识形态的。他认为,技术部分起了主要作用,或者是决定文化进化的主要因素,这种技术成分可以描述为材料、机械、物理和化学仪器,以及人们使用这些技术的方式。怀特的唯物主义方法是显而易见的。①

　　怀特的文化人类学思想对怀尔德影响很大,他的很多演讲、论文和专著中都提到了怀特的人类学、文化进化论思想,或者也可以说二人之间相互影响。怀特逝于1975年3月31日,当时他的著作《文化体系的概念》正在哥伦比亚大学出版社编辑过程中,怀尔德的女儿迪林厄姆负责帮助编辑。在该书的扉页上怀特单独标注了"To R. L. Wilder, Mathematician, Culturologist, Friend"(献给怀尔德:数学家、文化学家、朋友),序言中也感谢怀尔德劝说他抽出更多的时间,来写这份关于文化体系的手稿,并把这本书献给他用来感激二人之间的友谊。②

　　在怀特的经典数学哲学文章《数学实在的轨迹:一个人类学的视角》标题脚注里他也写道,非常感谢怀尔德教授阅读了他的这篇手稿,且推荐他阅读参考著名数学家雅克·阿达玛(Jacques Hadamard,1865—1963)的名著《数学领域的发明心理学》一书。但怀特也强调文责自负,该文如有不当之处则与怀尔德教授无关。③ 该文后来收录在怀特的文集《文化的科学》当中。④

　　关于对数学的看法,早在1943年怀特就曾写文章指出:"今天的某些社会学家对所谓的精确科学怀有钦佩之情,甚至可能是嫉妒之情,并渴望仿效它们。然而,并非所有的科学都充斥着数学;一些非常受人尊敬的科学在性质和行为上实际上是非数学的。数学适用于社会学中的许多问题。但社会学最重要和最基本的

　　① WHITE L A. The evolution of culture: the development of civilization to the fall of Rome[M]. New York: McGraw-Hill, 1959.

　　② WHITE L A. The concept of cultural systems: a key to understanding tribes and nations[M]. New York: Columbia University Press, 1975.

　　③ WHITE L A. The locus of mathematical reality: an anthropological footnote[J]. Philosophy of Science, 1947, 14(4): 289-303.

　　④ WHITE L A. The science of culture: a study of man and civilization[M]. New York: Grove Press, Inc., 1949: 282-302. 怀特的这本文集在"文化热"的20世纪80年代被中国学者们翻译出版,最早版本详见:怀特.文化科学:人和文明的研究[M].曹锦清,译.杭州:浙江人民出版社,1988.怀特.文化的科学:人类与文明的研究[M].沈原,译.济南:山东人民出版社,1988.数学家严加安院士主持的"数学概览"丛书,翻译了数学家 J. R. 纽曼《数学的世界》系列,其中纽曼在"作为文化线索的数学"栏目选用过这篇文章,详见:纽曼.数学的世界Ⅳ[M].王作勤、陈光还,译.北京:高等教育出版社,2018:77-94.本书后续研究选用的这部分内容综合参考了上述3个不同的中文翻译。

问题本质上是非数学的；它们更多的是与社会的有机结构和运作有关。"①在《数学实在的轨迹：一个人类学的视角》一文中，怀特详细阐述了他认为数学是人类文化的一部分等相关观点，我们可以看到这些观点对怀尔德的数学文化进化论和数学作为一种文化体系的思想影响非常深刻。

怀特认为数学现实有其独立于人类头脑的存在，并不比认为神话现实能脱离人类而存在更有道理。数学真理存在于个人降生于其中的文化传统之中。因此，是由外部进入个人意识的。但是，脱离了文化传统，数学概念就既不存在，亦无意义，而文化传统离开了人类物种自然也不能存在。数学现实因此独立于个人头脑而存在，但却完全依赖于人类的意识。或者，用人类学术语来表达这个问题，整个数学的真理及其现实乃人类文化的一部分，如此而已。每个人都降生在一种文化中，这一文化早已存在，而且是独立于个人的，文化特质在个人意识之外存在并独立于它。个人通过学习其群体的习俗、信念和技术而获得他的文化。但文化自身脱离人类物种就不会而且也不可能存在。因此，就像语言、制度、工具和艺术等一样，数学也是人类物种若干世纪以来努力积累的产物。数学是文化的一个组成部分，每个民族的数学行为都是受他们的数学文化所支配的。数学以及科学概念也是如此。它们确确实实都有自己的生命，这个生命就是文化的生命，文化传统的生命。数学只是全部文化中的一条小溪，它在不同程度上影响着个人，人们则根据其构成而对它做出反应，数学就是对数学文化的心理反应。在数学文化本体之中，存在着诸因素的作用与反作用。概念作用于概念，各种思想混合与交融起来，形成了新的综合。

怀特认为在数学文化进化的过程中个人就像催化剂，任务是各不相同的，某个人、某副头脑，对于数学文化的成长而言，可能会较之其他人和其他头脑是更好的媒介。某个人的神经系统对于文化进程来说，可能是比其他神经系统更好的催化剂。数学文化过程因而可能选择某一副头脑，而非其他的头脑，以作为它的表达媒介。一个数学或其他方面的天才，也必是一位在其神经系统中发生了重要文化综合的人，他是文化历史中划时代的事件的神经轨迹。如果人类进化进程中没有能力赋予数学观念以符号形式的公开表达，把它们从一个人传递给另一个人，从而形成新的综合，以及在一个互动和积累的连续过程中将这些新的综合世代传续下来，那么，除了在数学观念的初始阶段之外，人类物种便不会取得任何数学上的进步。数学思想从个人传递给个人，概念从一代人传递给另一代人，在人们的头脑及其接受刺激的神经系统中置入各种观念。它们经由相互作用而形成新的综合，而这种综合自身又被传递给他人。

　①　WHITE L A. Sociology, physics, and mathematics[J]. American sociological review, 1943(8): 373-379.

　　怀尔德在 1950 年世界数学家大会的报告《数学的文化基础》中引用了怀特的上述观点，所谓数学的国际性特征，在很大程度上归结于业已实现的符号标准化，由此也促进了传播。如果没有符号工具用来彼此交流思想，并把我们的成果传给后代，就绝不会有数学这样的事物。事实上，也根本不会有任何的文化。因为，除了几种简单工具的可能例外，文化是以符号的使用为基础的。数学作为我们文化的一部分，如此特别地依赖于符号以及符号之间的相互关系，因此它可能是人类之外的动物最不能理解的。[①]

　　怀特认同英国数学家戈德福里·哈罗德·哈代（Godfray Harold Hardy，1877—1947）在《一个数学家的辩白》中的观点："数学现实是外在于我们而存的"。如果他所谓"我们"是指"我们这些单个的数学家"，那么，他是完全正确的。怀特主张"数学现实的确存在于我们每个人之外，它们是我们降生于其中的文化的一个部分"。数学的确有其客观现实性，然而正如哈代所坚持的，这种现实性不同于物理世界的现实性。当然，它也毫无神秘之处，它的现实性就是文化的现实性。数学就像语言系统、音乐系统和刑事法典一样，是特殊种类灵长目动物的基本行为。数学概念与道德价值、交通规则和鸟笼一样，都是人类创造的。数学现实的轨迹存在于文化传统之中，即存在于符号行为的连续统一体之中。数学概念独立于个人头脑，但却完全存在于物种意识即"文化"之中。

　　怀尔德在 1981 年出版的《数学作为一种文化体系》一书中指出，自己的数学文化体系理论是根据已故人类学家怀特的《文化体系的概念》中的理论，进一步修订改编的理论方法。[②] 在怀特的"将文化表示为一个文化体系"的文化人类学理论里，文化实体被构思为一个向量系统，包含各种各样的子系统。怀尔德仿照他，认为"数学是我们一般文化的一个子文化"[③]，并将数学表示为一棵大树，将其视为一个向量系统。从而，几何构成一个向量，代数构成另一个向量，拓扑又是一个向量，如此等等。同时，他也指出自己的"文化进化"术语取自于怀特著作中所介绍的赫伯特·斯宾塞（Herbert Spencer，1820—1903）的运用于社会与文化理论的"进化"概念，而非查尔斯·罗伯特·达尔文（Charles Robert Darwin，1809—1882）生物学

　　① 　WILDER R L. The cultural basis of mathematics[C]// GRAVES L M, SMITH P A, HILLE E, et al. Proceedings of the international congress of mathematicians, Cambridge, Massachusetts, U. S. A. August 30-September 6,1950：Vol 1. Providence：American Mathematical Society, 1952：258-271.

　　② 　WILDER R L. Mathematics as a cultural system[M]. New York：Peragmon Press, 1981：17-20.

　　③ 　怀尔德所用的英文单词 subculture，中文习惯性翻译为"亚文化""副文化"或"次文化"，但在中文中"亚""副"和"次"都有第二的意思，而怀尔德认为数学是整体文化（general culture）或主体文化（host culture）这个大文化体系的一个组成部分，与政治、军事、科学、艺术等其他向量系统是并行关系，而且数学自身亦构成一个小的数学文化体系。因此，本书将 subculture 翻译成"子文化"，而 host culture 中文也有翻译成"宿主文化"的，但宿主一词的语境一般在生物学领域，表示一种寄生关系。另外，怀尔德书中也出现了 parents culture（母文化），因此 host culture 在本书引用过程中翻译为"主体文化"。

上的"进化"概念。①

　　总之，怀尔德后来的数学文化研究理论借鉴了怀特的文化学、人类学理论，"数学作为一种文化实在"的观念在他心中根深蒂固。数学作为人类文化的一个子系统，不断发展进化的历程也值得我们后人不断反思。数学作为人类最古老的创造之一，从懵懂的符号到简单的运算，都是人类对世界认知过程中抽象思维的表现形

---

　　① 怀尔德所使用的英文单词 evolution，在中文翻译时应该翻译成"进化"还是"演化"在学界是有一些争议的，当然争论更主要是在生物学界。evolution 源自拉丁语 evolvere，含义是"展开、展示和揭开"的意思。有学者认为将 evolution 翻译成"进化"，本身带有"方向、目的和计划"的含义。生物演化本身并没有任何目的和方向，自然界也不存在由低级到高级、由简单到复杂、物种由少到多样的发展过程和规律。进化是单向的，演化是多维的。进化也不意味着就是"进步，前进"。"演化"在字面上的意义比较中性，可表达连续与随机的意思；"进化"除了带有进步的含意外，由于汉语中"进"与"退"是代表相反意义的两个字，既然有"进化"自然就有"退化"。将 evolution 翻译为"演化"比"进化"表达要准确些，但如果我们理解了 evolution 的含义，无论"演化"还是"进化"在生物学领域都是可以接受的，也不会产生混乱。我们现在和以前教科书、学术著作、科普著作、学术论文、新闻媒体等，用"进化"这么多年，一旦更改为"演化"，也会有一些具体的表述问题。具体的讨论详见：王德华的博文，《"进化"还是"演化"？evolution 我们翻译错了吗？》（http://blog.sciencenet.cn/home.php? mod=space&uid=41757&do=blog&id=273972）

　　本书将在后续内容中把 evolution 译成"进化"，除了考虑以往的学术习惯多是翻译成"进化"之外，主要是考虑到中国近代史上严复（1854—1921）虽然将托马斯·亨利·赫胥黎（Thomas Henry Huxley,1825—1895）的《进化论与伦理学》翻译为"天演论"，但他主要阐述的还是斯宾塞的"社会达尔文主义"思想，严复在《天演论》译述中强调人为作用，反对听任天演之自然。他译述《天演论》的出发点，正是要用"物竞天择"的事实与道理，去激励甲午战败后的中国人民团结奋斗，以求救亡图存、保国保种。正如胡适在他的《四十自述》中所言："《天演论》出版之后，不上几年，便风行到全国，竟做了中学生的读物了。……在中国累次战败之后，在庚子辛丑大耻辱之后，这个'优胜劣败，适者生存'的公式确是一种当头棒喝。"翻译界最著名的"信、达、雅"三原则就是严复在这本书的"译例言"里提出来的，尽管他本人也没能做到。（详见：史华兹. 寻求富强：严复与西方[M]. 叶凤美，译. 南京：江苏人民出版社,1995：90-100.）严复的影响在近代中国是巨大的，梁启超（1873—1929）在《新史学》一文中清晰地显示出，他已经接受达尔文进化论作为历史进化的基本模式。他说："历史者，叙述人群进化之现象，而求得其公理公例者也。……历史者，以过去之进化，导未来之进化者也。"表明了梁启超相信人的世界和自然世界一样，也是受客观规律支配的。所以，史学的主要任务便是怎样去探索并建立"历史规律"（historical laws）。（详见：梁启超. 新史学[M]. 北京：商务印书馆,2014：92-97.）由此可知，梁启超所向往的"新史学"其实便是当时在西方风行的"科学的史学"（scientific history）。因为受到牛顿科学革命的启发，西方史学界早在 18 世纪便有人主张用牛顿的方法来研究人文和社会现象，但到 19 世纪才发展成一种极其普遍的信仰，如奥古斯特·孔德（Auguste Comte,1798—1857）、卡尔·马克思（Karl Marx,1818—1883）、赫伯特·斯宾赛等人都是有力的推动者。

　　读者可在我们后续关于怀尔德相关理论的介绍中，清楚地看到他关于"数学概念进化论"的思想，如数学进化的动力、规律等。这里笔者当然也充分考虑了数学学科发展的特殊性，数学发展史表明数学概念发展确实遵循徐利治、郑毓信所提出的"数学抽象度"理论，经历了从低级到高级、从直观到抽象、从弱抽象到强抽象的一个"进化"过程，因此，用"进化"来刻画数学概念、数学理论的发展历程一点儿都不为过。同时，这里也包含笔者的一份美好愿景，我们当然希望"数学文化"，乃至整个人类社会、文化和文明能如我们所愿，在人类的积极努力下能向着更好的方向"进化"，而不是任由它随机地、漫无目的地、自由地"演化"。正如英国的数学家、历史学家雅各布·布伦诺斯基（Jacob Bronowski,1908—1974）所言："人都会对我们的信心、对未来、对这个世界产生恐惧。此乃人类想象力的本质。然而，每个人、每个文明都会因其抓住了自己决心要解决的问题而实现进步。每个人都能共同承担其自身技能、智识、情感的义务，就一定能实现人类的进步。"（详见：BRONOWSKI J. The ascent of man[M]. London：British Broadcasting Corporation,1981：150. 中文可参见：布伦诺斯基. 科学进化史[M]. 李斯，译. 2002：486. 这里我们修改了这段话的翻译。）

式。数学从具体的符号运演,构造成为一种有演绎规律的公理化体系,代表了人类理性思维的不断进步。数学学科所构造的符号、方法、理论,是人类的一种高度抽象的形式化追求,代表了人类思维的最高理性模式,它以其公理化演绎体系的表现形式,成为人类文明进程中自然科学构建学科体系的标准理论模式,同时,也为社会科学、人文学科构造自己的学科理论体系建立了理性模式。现代数学固然抽象,但也是一个从远古走来,从实践、经验中逐渐生长、升华起来的巨大理性模式,构成这种模式的表现形式是数学理论和方法,用来表现理论和方法的是演绎与运算的合理化规则,在这些形式化规则之后是代表人类最高智慧的数学家的发现和发明。[①] 而数学的发现和发明正如怀特所形容的:"不过是文化传统和一个或多个人类神经系统中同时产生的一个事件的两个侧面。在这两个因素中,文化是更为重要的方面。数学进化的决定因素寓于其中,而人类神经系统则可能只是使文化进程成为可能的催化剂。"[②]

① 刘鹏飞,徐乃楠. 文化簇:数学史研究的一条新进路[J].自然辩证法通讯,2013(5):71-77.

② WHITE L A. The locus of mathematical reality:an anthropological footnote[J]. Philosophy of Science,1947,14(4):289-303.

第二章

怀尔德的数学研究

怀尔德一生的学术与教学工作主要集中在两大方面：一是纯数学的拓扑学研究；二是对数学基础、历史、哲学和人类学的思考，无论哪一方面的研究都为他换来了世界级学术声誉。在数学的拓扑学研究上，怀尔德取得了杰出的成就，当选为美国科学院院士、AMS 和 MAA 的双料主席就可见一斑。他是得州拓扑学派的重要一员，还曾是普林斯顿高等研究院最初的几位拓扑学家之一，与诸多拓扑名家一起从事过研究，他领导的密歇根拓扑学派在美国 20 世纪数学史上非常知名。

一、拓扑学的贡献

1. 历史回顾

怀尔德对数学史有着很深刻的见解，特别是对他所研究的拓扑学的历史更是如数家珍。他曾对整个拓扑学的发展进行了细致深入的研究[①]，对从拓扑学的起源到点集拓扑与组合拓扑的统一进行了细致的评注。他指出，拓扑(topology)这个术语首次出现是在 1847 年约翰·本尼迪克特·利斯廷(Johann Benedict Listing，1808—1882)的《拓扑初步研究》(*Vorstudien zur Topologie*)。与其意义相同的位置分析(analysis situs)和位置几何(geometria situs)甚至出现得更早，1833 年卡尔·弗里德里希·高斯(Carl Friedrich Gaus，1777—1855)便使用了位置几何这个术语。

实际上，本质上属于拓扑的定理已经出现在很多数学领域中，一个经典的例子是莱昂哈德·欧拉(Leonhard Euler，1707—1783)多面体公式：$V-E+F=2$。如

---

① WILDER R L. Topology: its nature and significance[J]. The Mathematics teacher, 1962, 55(6): 462-475.

其他新的数学分支一样,拓扑学肇始于数学与物理的一些应用。在波恩哈德·黎曼(Bernhard Riemann,1826—1866)关于函数的研究中,为了区分相关曲面的连通性,出现了同调论的基本思想。由于对代数曲面分类的兴趣,亨利·庞加莱(Henri Poincaré,1854—1912)的一系列工作构成了拓扑学中所谓的组合方法。物理学家古斯塔夫·基尔霍夫(Gustav Kirchhoff,1824—1887)出版了关于线形图的第一部著作,将其应用于电流理论。彼得·泰特(Peter Tait,1831—1901)关于纽结的基本工作则是受到了物理学中流行的分子理论的激发。格奥尔格·康托(Georg Cantor,1845—1918)发展的集合论着眼于澄清和解决函数论与分析中的问题。在20世纪早期,集合论发展为抽象空间则是受到了函数与一般分析的激发。拓扑学作为一个独立的数学分支在20世纪的前25年得到了快速发展,主要沿着两条线索:点集拓扑与组合拓扑。

怀尔德论述了拓扑学作为一门独立分支的发展,他首先对组合拓扑的发展进行了阐述。他指出,组合拓扑是黎曼与庞加莱思想的自然发展,并被其有限的特征刻画,其基本的对象是一个由不同维数的有限个面组成的多面体(polyhedral)或复形(complex)。多面体的连通性由恩里科·贝蒂(Enrico Betti,1823—1892)数或连通数来刻画,它可以通过整系数的链(chains)和圈(cycles)计算出来。之后,海因里希·梯兹(Heinrich Tietze,1880—1964)与维布伦、詹姆斯·亚历山大(James Alexander,1888—1971)使用模2整系数来代替整系数的链和圈,此举既可以避免定向,又打开了通向其他系数类型链和圈的道路。到了20世纪20年代,亚历山大引入了模 p 整系数,莱夫谢兹引入了有理系数。

怀尔德对拓扑学的发展认识是很深刻的,他强调莱夫谢兹的有理系数链有非常重要的意义,因为有理系数的链不再符合几何直观,只有将其完全理解为一个代数对象,才能克服这个在今天看起来很平凡的困难。而一旦意识到这一点,群论方法的引入就很自然了。同调群(homology group)的出现使得复形的拓扑发展为代数拓扑(algebraic topology)。

怀尔德对拓扑学的另一个发展路径——点集拓扑也进行了评述。他指出,与组合拓扑平行发展的是集合论方法下的点集拓扑。这里基本的对象是一个集合,与组合拓扑着重于对象的组合方式不同,点集拓扑主要对局部的性质进行研究,如一个点的邻域。在20世纪20年代,为了更好地认知连续曲线(continuous curves),点集拓扑最富成果的进展是局部连通(local connectedness)概念的引入。虽然空间填充曲线问题由朱塞佩·皮亚诺(Giuseppe Peano,1858—1932)在1890年解决,但与之非常相关的一个问题——任意维数的连续曲线可以是什么样的,哪些类型被排除?——一直没有得到满意的答案,直到1914年汉斯·哈恩(Hans Hahn,1879—1934)与斯蒂芬·马祖尔凯维奇(Stefan Mazurkiewicz,1888—1945)独立说明,连续曲线的概念在可分离空间中等同于局部连通的连续体。特别地,波兰与美国学派的拓扑学家对连续曲线进行了严格的研究,并逐渐得到了皮亚诺空间或皮亚诺连续体的概念。与此同时，各种类型的抽象空间成为一个研究对象，度量化是一个极好的说明——什么样的拓扑性质刻画一个度量空间。

怀尔德对"组合拓扑"与"点集拓扑"的统一给予了特别关注[①]，这也成为他对拓扑学历史评注中最为细致的部分，可以说是他对拓扑学史的一项重大贡献。怀尔德高度评价了亚瑟·舍恩弗里斯（Arthur Schoenflies，1853—1928）的工作，称其为一项纲领。舍恩弗里斯在 1908 年证明了若尔当的曲线定理：A 为欧氏平面，B 为圆 $x^2+y^2=1$ 的同胚像（$A \supset B$），则集合 $A-B$ 为两个连通的、分离的集合 X 与 Y 的并集并且满足 $\overline{X} \cap \overline{Y}=B$。不仅如此，舍恩弗里斯还对若尔当的曲线定理进行了推广，他考虑的是更一般的情形：给定两个构形 A 与 B，使得 B 嵌入在 A 中，当 B 在 A 中进行拓扑变换时，A 与 B 之间有怎样的关系存在？例如，舍恩弗里斯考虑了 B 为一个全连通的闭集，或者 B 为一般的闭曲线——包含了圆作为一个特例。他最重要的贡献是当 B 成为一条连续曲线时的位置性质，如可接近性，进而完全刻画平面上的连续曲线。

怀尔德指出，舍恩弗里斯的这一工作被当时的很多人忽略了，并没有受到应有的重视，但是荷兰著名的拓扑学家布劳威尔却没有忽略这一点，后者关于舍恩弗里斯的研究写了一系列关键论文，并给出了诸如连接系数等很多有贡献性的思想。1912 年，布劳威尔证明了平面上成为一条闭曲线的性质是不变量的定理：如果平面上的一个集合是作为其所有互补区域（domains，即开的、连通的点集）的边界，则在任何拓扑变换下该集合仍具有这种性质，而且更重要的是区域数量也保持不变。布劳威尔的证明包含了组合方法应用到一般空间的萌芽。布劳威尔将这个想法告诉了利奥波德·维托里斯（Leopold Vietoris，1891—2002），后者通过应用连续变换在 1927 年建立了度量空间的同调理论。

波兰学派与莫尔领导的得州拓扑学派[②]在舍恩弗里斯后做了大量的工作，解决了诸多平面上闭点集的一般问题，然而三维及以上的问题仍然是未解决的。一个显著的例外是若尔当曲线定理，用 S^n 表示 n 维欧氏球面，可以说 S^1 拓扑嵌入在 S^2 中。布劳威尔首先证明如果 K 为拓扑嵌入 S^n 中的 S^{n-1}，则 K 将 S^n 分为两个连通的集合 A 与 B，它们的公共边界是 K。1922 年，亚历山大使用组合方法和特定的极限过程扩展了这个结果，使其成为关于一个拓扑嵌入复形 S^n 的模 2 贝蒂数和 S^n 中它的补贝蒂数的一个一般对偶的特例。

怀尔德认为这个结果的出现预示着点集拓扑与组合拓扑的统一，他将舍恩弗里斯视为先驱，并引用了他的原文作为证据。虽然从今天的观点来看，可不必首先引入复形再建立同调论，而直接从欧氏空间和一般的抽象空间建立。1933 年，爱德华·切赫（Eduard Čech，1893—1960）与莱夫谢兹攻克了这个难题，他们用公理

---

① WILDER R L. Topology of manifolds[J]. Amer. Math. Soc. Colloquium Publ.，1949，32：10-16.

② LEWIS A C. The beginnings of the R L Moore school of topology[J]. Historia Mathematica，2004，31(3)：279-295.

化的方法建立了广义流形的同调性质。与此同时,拓扑学家们意识到紧致的度量空间可以被"切赫-莱夫谢兹"流形刻画。至此,拓扑学进入到快速发展的康庄大道上。

除了对拓扑学通史精通外,怀尔德还对拓扑学中的"连通"(connected)概念的进化进行了深入研究[①],并试图澄清连通概念的归属权。连通是拓扑学中的一个非常基本的概念,它的直觉意义非常明显,其来源于关于物理上时间、空间与物质的讨论。连通概念的数学起源为线性连续的讨论,比如伯纳德·波尔查诺(Bernard Bolzano,1781—1848)的工作。在康托的工作后,连通的概念逐渐与哲学和物理分离而变成一个纯粹的数学理论。随着拓扑学的发展,对连通的定义要求才被提出来。很多数学家在各自的研究课题与目标中提出了连通的概念,但仍不足以给出更抽象的一般性定义。在很长一段时间内,欧洲的拓扑学家认为费利克斯·豪斯道夫(Felix Hausdorff,1868—1942)是这个概念最早的提出者,这是因为点集拓扑的主要概念来源于他在 1914 年出版的《集合论大纲》(*Grundzuge der Mengenlehre*)。但到第三版《集合论大纲》出版时,他注意到了内尔斯·约翰·伦内斯(Nels Johann Lennes,1874—1951)在他之前已给出过这一定义。随后,这个概念被称为伦内斯-豪斯道夫连通,并被此后的拓扑学著作采用。然而波兰数学家卡其米日·库拉托夫斯基(Kazimierz Kuratowski,1896—1980)认为这个定义来源于若尔当的《分析教程》(*Cours d'Analyse*),但库拉托夫斯基也引用了伦内斯的工作。谢尔宾斯基(Wacław Sierpiński,1882—1969)将此定义归功于豪斯道夫,而怀尔德的老师莫尔认为是伦内斯。

怀尔德在其拓扑学名著《流形的拓扑》中将"连通"这个定义归功于舍恩弗里斯、伦内斯与豪斯道夫[②],认为他们各自独立地总结了这个定义,而库拉托夫斯基则引用了若尔当的工作。除此以外,他认为弗里杰什·黎斯(Frigyes Riesz,1880—1956)在匈牙利杂志上发表的关于连通的文章同样重要,因为其发表得比伦内斯的文章还早,应该受到与伦内斯同样的重视。

2. 研究工作

当怀尔德开始自己独立的拓扑学研究时,正值"点集拓扑"与"组合拓扑"蓬勃发展的时期。怀尔德在此时进入这一领域,可谓赶上了拓扑学的黄金时代,他一生共发表论著百余篇,其中拓扑学占据了一半以上。按照时间划分,怀尔德的拓扑学研究大致可以分为两个时期。

第一个时期为 1924—1930 年,这一时期怀尔德主要沿着自己导师莫尔开创的"得州学派"的路线研究点集拓扑,致力于连续曲线与连续理论的研究。第二个时

---

① WILDER R L. Evolution of the topological concept of "connected"[J]. American mathematical monthly,1978,85(9):720-726.

② WILDER R L. Topology of manifolds[M]. New York:American Mathematical Society,1949:10-16.

期为 1930—1950 年,怀尔德主要研究高维拓扑与流形的拓扑理论[①],他给出了球面的拓扑刻画、若尔当-布劳威尔定理的存在性以及广义流形的理论。

实际上,即使在 1950 年后,怀尔德仍发表了相当数量的拓扑学论文。由于怀尔德的拓扑学论文非常多,这里将选取以下几个主题和一些重要的论文来概述怀尔德在拓扑学上的贡献。显然,这些主题和论文不足以完全覆盖怀尔德的拓扑学研究范围。

(1)平面点集拓扑

怀尔德最开始的研究兴趣集中于点集拓扑。从 1924 年开始,他对集合的连续体、连通性等问题进行了细致的研究。那时正是点集拓扑大行其道的时代,当今的拓扑学者已经很难明白为何那时的数学家对那些现在看起来非常"奇怪"的集合感兴趣。怀尔德在他的博士论文中,证明一个紧的连续体局部连通当且仅当一个开集的连通分支为强连通[②]。

1921 年,波兰数学家谢尔宾斯基与布罗尼萨瓦 · 克纳斯特(Bronisław Knaster,1893—1980)、库拉托夫斯基等提出了一个问题:对于点 P,是否存在具有非退化的拟分支的集合 N,使得 $N \cup \{P\}$ 全连通但不包含非退化的拟分支。1927 年,怀尔德构造出了符合条件的一个极其复杂的例子[③]。

1929 年,怀尔德定义了拟闭曲线,他证明如果 M 连通并且局部连通,则 M 是单闭曲线当且仅当 M 是一条拟闭曲线[④]。他还说明对于局部紧的连续体,遗传的局部连通性等价于它的每个分支或者是强连通或者是弧连通[⑤]。

莫尔曾给出过一个连通、局部连通、非退化连通但不弧连通的集合,怀尔德也曾给出一个[⑥]。1928 年,怀尔德证明对于 m 维欧氏空间 E^m 的子集两点之间不可约连通,如果其局部连通则弧连通[⑦]。1931 年,怀尔德又证明对于连续体 M,如果 $a,b \in M$,并且对于每个分离 a 和 b 的 $p \in M-[a,b]$,则 M 弧连通[⑧]。

---

①　WILDER R L. Wilder, Raymond Louis[C]// PARKER S P. McGraw-Hill Modern Scientists and Engineers: Vol. 3. New York: McGraw-Hill, 1980: 318-319.

②　WILDER R L. Concerning continuous curves[J]. Fund. Math. , 1925, 7: 340-377.

③　WILDER R L. A point set which has no true quasi-components, and which becomes connected upon the addition of a single point[J]. Bull. Amer. Math. Soc. , 1927, 33: 423-427.

④　WILDER R L. Concerning simple continuous curves and related point sets[J]. American Journal of Mathematics, 1931, 53: 39-55.

⑤　WILDER R L. Characterizations of continuous curves that are perfectly continuous[J]. Proc. Nat. Acad. Sci. , 1929, 13: 614-621.

⑥　WILDER R L. The non-existence of a certain type of regular point set[J]. Bull. Amer. Math. Soc. , 1927, 33: 439-446.

⑦　WILDER R L. A Connected and Regular Point Set Which has no Subcontinuum[J]. Trans. Amer. Math. Soc. , 1927, 29: 332-340.

⑧　WILDER R L. On connected and regular point sets[J]. Bull. Amer. Math. Soc. , 1928, 34: 649-655.

（2）统一位置分析

怀尔德到了密歇根大学之后,他在讨论班上学到了拓扑学家亚历山大在 1922 年发表的一篇论文①,在这篇文章中,亚历山大证明了著名的对偶定理。这个定理在今天看起来并不是特别困难,但那时上同调、相对同调、杯积、正合列、同伦论尚未问世。受此激发,怀尔德的研究兴趣开始转向用代数方法研究流形理论。

怀尔德从舍恩弗里斯和布劳威尔关于若尔当曲线定理的高维推广及其逆定理出发,将集合论与组合的方法相结合,解决了三维欧氏空间中两个球面的情形②。1930 年,怀尔德又从补域的同调条件得到了三维空间中若尔当分离定理的逆定理③。

1932 年,怀尔德在芝加哥做了美国数学会的研讨会报告,当时美国有两个大的拓扑学派,一个是得州大学莫尔开创的点集拓扑学派,另一个是普林斯顿的组合拓扑学派。怀尔德逐渐从点集拓扑学派"脱离",在这次报告中,他通过将集合论与组合拓扑的方法结合,将平面上的一些定理推广到 n 维空间,展示了如何在高维空间中使用同调论。不仅如此,他还意识到了两个学派各自的不足,这在当时是非常难能可贵的。④

1933 年,普林斯顿高等研究院成立,怀尔德是其最早的成员之一(1933—1934)。⑤ 在范因大楼的走廊里著名的拓扑学家维布伦、亚历山大、莱夫谢兹、埃格伯特·范·坎彭(Egbert van Kampen,1908—1942)、罗伯特·塔克(Robert Tucker,1832—1905)、列奥·齐平(Leo Zippin,1905—1995)等经常在一起散步,怀尔德也常常是其中之一,这也被看作对怀尔德当时在拓扑学界学术地位的一个证明。

那时拓扑学家已经发明了多种同调理论来处理一般空间和它们的子集,但拓扑学仍处于多面体的范畴之中,广义流形以及使用更抽象的同调术语来构造拓扑空间尚没有形成。怀尔德被认为在拓扑学的这次转变中发挥了重要的作用。

（3）位置拓扑不变量

怀尔德有相当一部分论文研究的是"位置不变量",即嵌入空间 S 中的空间 M 独立于嵌入的性质。例如,S^n 中 S^{n-1} 补域的局部一致连通性(uniformly locally connected,ulc)在 S^{n-1} 的同胚下保持不变。局部一致连通可以用同调的语言来表示,考虑 S^2 中若尔当曲线定理,D 为其中的一个区域。D 局部一致连通意味着给

①　ALEXANDER J W. A proof and extension of the Jordan-Brouwer separation theorem[J]. Trans. Amer. Math. Soc. , 1922, 23: 333-349.

②　WILDER R L. A Characterization of Continuous Curves by a property of their Open Subsets[J]. Fund. Math. , 1928, 11: 127-131.

③　WILDER R L. A converse of the Jordan-Brouwer separation theorem in three dimensions[J]. Trans. Amer. Math. Soc. , 1930, 32(4): 632-657.

④　WILDER R L. Point sets in three and higher dimensions and their investigation by means of a unified analysis situs[J]. Bull. Amer. Math. Soc. , 1932, 38: 649-692.

⑤　详见普林斯顿大学高等研究院网站介绍：https://www.ias.edu/scholars/raymond-louis-wilder.

定 S^2 中一个有限开覆盖 μ，存在一个有限开覆盖 v 使得对于每一个 $U \in \mu$，存在 $V \in v$ 使得 $\overline{H}_0(D \cap V) \to \overline{H}_0(D \cap U)$ 是平凡的。通过同调定义 i-ulc 与 ulc^r，可以将局部一致连通推广到高维。

① i-ulc，同胚映射导出的 $\overline{H}_i(D \cap V) \to \overline{H}_i(D \cap U)$ 是平凡的。

② ulc^r，对于所有的 $0 \leqslant i \leqslant r$，其是 i-ulc 的。

怀尔德证明，如果 M^{n-1} 是 S^n 中的闭广义流形，则 M 的两个补域都是 ulc^{n-1}。反过来，怀尔德还证明了如果球面的子集 M 是最少两个域的公共边界，其中的一个域为 ulc^{n-2}，则 M 是一个可定向的闭广义流形。更进一步，如果 S 是一个可定向的 n 维广义流形使得 $H_1(S)$ 是平凡的，并且 U 是一个具有连通边界 B 的 ulc^{n-2} 的域，则 B 为一个可定向的 $n-1$ 维广义流形①，这篇论文发表在久负盛名的美国《数学年刊》上，极大地推广了莫尔的一个定理②。

1924 年，亚历山大给出了著名的带角球（亚历山大带角球）的例子③，使得舍恩弗里斯定理推广到高维不再成立，即补域是 ulc^1，但它们不是局部单连通 1-ulc。在仅有同调论的工具下，亚历山大认为补域很坏是有一定道理的。然而怀尔德在 1933 年证明，如果 U 是 S^n 的一个开子集并且 $M = \overline{U} - U$ 自由变形到 U，则 M 为一个 $n-1$ 维广义流形④。

（4）流形的拓扑

1942 年，怀尔德在美国数学会上做了讲座，由于第二次世界大战的缘故，他的报告直到 1949 年才以《流形的拓扑》为题出版⑤。这部著作是怀尔德拓扑学研究集大成之作，共有 402 页，在前半部分主要是平面拓扑，他以舍恩弗里斯纲领开始：

设 M 为一个二维球面，K 为 M 的一个闭子集。如果 K 是一条单闭曲线（一维球面的拓扑像），则 $M-K$ 是两个不相交的连通开集 A 与 B 的并使得 $K = \overline{A} \cap \overline{B}$（即若尔当曲线定理）。

可知每个集合 $\overline{A}$ 与 $\overline{B}$ 同胚于一个闭圆盘。实际上，使得 K 是一条单闭曲线或皮亚诺空间的关于 $M-K$ 充分必要条件的逆定理也存在。

怀尔德在这本著作中的主要目标是将舍恩弗里斯定理推广到高维⑥，他的主要工具是同调论。他用 n 维广义流形代替 M,K 为满足特定连通与局部连通性质的闭集合。在一些情形中，K 本身即为一个低维流形。

---

① WILDER R L. Generalized closed manifolds in n-space[J]. Ann. of Math. , 1934,35(4)：876-903.

② MOORE R L. A characterization of Jordan regions by properties having no reference to their boundaries[J]. Proc. Nat. Acad. Sci. U. S. A, 1918，4：364-370.

③ ALEXANDER J W. An example of a simply connected surface bounding a region which is not simply connected[J]. Proc. Nat. Acad. of Sci. U. S. A, 1924，10：8-10.

④ WILDER R L. Concerning a problem of K. Borsuk[J]. Fund. Math. , 1933，21：156-157.

⑤ WILDER R L. Topology of manifolds[M]. New York：American Mathematical Society,1949.

⑥ EILENBERG S. Book Review of Topology of manifolds[J]. Bull. Amer. Math. Soc. , 1950，56：75-77.

　　在《流形的拓扑》第一章中,怀尔德首先回顾了一般拓扑的一些概念,特别是关于连通性的概念。第二章以局部连通的讨论开始,然后转移到 n 维球面的一些性质,通过关于 K 与 $M-K$ 的模 2 贝蒂数的亚历山大对偶关系,怀尔德给出了布劳威尔分离定理,这是对若尔当曲线定理的推广(即 M 为 n 维球面,K 为 $n-1$ 维球面),由此读者可以对同调论有初步的认识。

　　之后,怀尔德开始证明舍恩弗里斯逆定理。在第三章中,怀尔德详细讨论了皮亚诺空间,并将这些结果应用于二维球面、二维圆盘与二维流形。在对局部连通进行了一系列的讨论后,在第四章中给出了二维球面 S^2 闭子集 K 的位置性质,特别是为了使 K 为皮亚诺连续体,怀尔德给出了 S^2-K 必须满足的充分必要条件。

　　从第五章开始,怀尔德引入了拓扑空间的切赫同调与上同调理论,给出了同调与上同调的对偶定理以及杯积理论。在第六章中,切赫理论被局部化,并进而引出了局部连通的同调与上同调理论,局部一致连通以及相关的主题也被讨论。在第七章中讨论连续,主要是对舍恩弗里斯纲领进行推广。

　　从第八章开始,怀尔德开始大篇幅讨论流形,他将 n 维广义流形定义为局部紧致的 n 维空间,它从 0 到 $n-1$ 维都是局部连通的并且在它的每一个点都有等于 1 的 n 维局部贝蒂数。对于这样的流形,定向的概念得到了定义。对于可定向的流形,庞加莱对偶定理得到了证明。在一些附加条件下,亚历山大对偶定理也建立起来了。在接下来的章节中,怀尔德证明当 $n=1,2$ 时,一个分离的 n 维广义流形是一个经典流形。但当 $n>2$ 时,结果不再成立。

　　在最后 3 章中,怀尔德对 n 维广义流形 M 的闭子集 K 的位置性质进行了讨论。他对 K 为 $n-1$ 维广义流形和其逆的情形进行了研究,还对 K 在维数为从 0 到 $k(k<n)$ 的局部连通或 K 为一个 k 维广义流形进行了研究。可以说,他建立了"局部对偶定理",而为了得到这个定理,必须考虑接近性、避免性等概念。这些内容成功地将舍恩弗里斯纲领推广到 n 维。

　　总而言之,在《流形的拓扑》中怀尔德关于"点集拓扑"与"组合拓扑"统一性的思想体现得淋漓尽致。这部著作包含了怀尔德前期大量未发表的研究,尤其是最后一章几乎完全是怀尔德自己的最新工作,[①]他将此前的研究进行了推广,可以看作是 20 世纪 50 年代之前怀尔德拓扑学研究的自我总结。数学家艾伦伯格与贝格尔都曾高度评价这部著作。[②] 英国数学家格雷汉姆·希格曼(Graham Higman,1917—2008)认为怀尔德这部著作详细、好理解、体现了最新学术前沿,由怀尔德来

---

　　① POTTS D H. Book Review of Topology of Manifolds by R. L. Wilder[J]. The mathematics teacher, 1951, 44(6): 420.

　　② BEGLE E G. Book Review of Topology of Manifolds by Wilder[EB/OL]. [2020-08-01], http://www.ams.org/mathscinet/pdf/10526.pdf.

综述相关理论的发展,也能充分保障其权威性。[①]

(5) 单调映射定理

进入到 20 世纪 50 年代以后,怀尔德的研究兴趣逐渐转入数学基础、数学史、数学哲学和数学文化等领域。但是,他仍然没有放弃对拓扑学的研究,1956 年,怀尔德又证明了单调映射定理:[②][③]

如果 $f: M \to Y$ 是从一个定向的广义流形 M 到豪斯道夫空间 Y 的满射,对于所有的 y,$f^{-1}(y)$ 是循环的,则 Y 是一个可定向的广义流形,f_* 是一个同构同调。

这个结果是对莫尔单调映射定理的大幅推广。莫尔单调映射定理是:如果 Y 是二维球面 S^2 的一个上半连续分解,使得每个非退化的元素不能与 S^2 分离,则 Y 同胚于二维球面 S^2。除此以外,怀尔德还对局部定向问题进行过研究[④]。

3. 后世影响

怀尔德在拓扑学上的贡献主要集中在点集拓扑与广义流形理论。点集拓扑在 20 世纪二三十年代非常流行,一度占据拓扑学的半壁江山(另一个为组合拓扑),怀尔德的工作引发了一系列的后续研究,如他 1924 年的博士论文,在将近 50 年后,还有人在从事这方面的工作[⑤]。怀尔德在 1927 年构造的具有非退化的拟分支的集合 N 的例子过于复杂,1942 年和 1956 年,莫尔的另外两个学生弗洛伊德·伯顿·琼斯(Floyd Burton Jones,1910—1999)[⑥]和约翰·亨德森·罗伯特(John Henderson Roberts,1906—1997)分别给出了两个简单的例子[⑦]。怀尔德 1927 年关于拟闭曲线的论文中一个问题在 1948 年由莫尔的另一个学生鲁伯特·亨利·宾(Rupert Henry Bing,1914—1986)解决[⑧],他 1929 年关于局部紧的连续体的研究在 1969 年由美国阿拉巴马大学的数学家李·K. 莫勒(Lee K. Mohler)继续推进。[⑨]

进入 20 世纪三四十年代后,组合拓扑发展为代数拓扑,微分拓扑也开始兴起,它们逐渐占据拓扑学的主流,法国布尔巴基学派成员简·迪厄多内(Jean

---

① HIGMAN G. Book Review of Topology of Manifolds by Wilder, Raymond Louis[J]. The Mathematical Gazette, 1951, 35(312): 136-137.

② WILDER R L. Monotone mappings of manifolds[J]. Pac. Jour. Math., 1957, 7: 1519-1528.

③ WILDER R L. Monotone mappings of manifolds: Ⅱ[J]. Mich. Math. Jour., 1958, 5: 19-23.

④ WILDER R L. Some consequences of J. H. C. Whitehead[J]. Mich. Math. Jour., 1957, 4: 27-32.

⑤ MOHLER L K. A characterization of local connectedness for generalized continua[J]. Coll. Math., 1970, 21: 81-85.

⑥ JONES F B. Connected and disconnected plane sets and the functional equation[J]. Bull. Amer. Math. Soc., 1942, 48: 115-120.

⑦ ROBERTS J H. The rational points in Hilbert space[J]. Duck Math. Jour., 1956, 23: 489-491.

⑧ BING R H. Solution of a problem of R. L. Wilder[J]. Amer. Jour. Math., 1948, 70: 95-98.

⑨ MOHLER L K. A note on hereditarily locally connected continua[J]. Bull. De l' Acad. Polonaise des Sciences, 1969, 17: 699-701.

Dieudonné,1906—1992)将代数拓扑与微分拓扑视为女皇。怀尔德这时将研究方向转入高维拓扑和广义流形,开始采用代数的方法。无独有偶,吴文俊在上大学时(1936—1940)也曾对点集拓扑学感兴趣,他经常阅读波兰的《基础数学》杂志。但是,等到 1946—1948 年跟随陈省身(Shiing-shen Chern,1911—2004)学习时,陈省身指出吴文俊的方向不对头,吴文俊遂将研究方向改为代数拓扑。

　　怀尔德最为人称道的是在广义流形理论方面的贡献[①],他从舍恩弗里斯的工作开始研究,后逐渐发现广义流形理论是推广舍恩弗里斯纲领的合适框架。[②] 怀尔德系统性的研究集中体现在他 1950 年出版的专著《流形的拓扑》。这时法国数学家简·莱瑞(Jean Leray,1906—1998)引进了层与谱序列的概念。很快,亨利·嘉当(Henri Cartan,1904—2008)、埃米尔·波莱尔(Émile Borel,1871—1956)和简·皮尔·塞尔(Jean-Pierre Serre,1926—　)等数学家发现了得到庞加莱对偶定理的新方法。

　　皮埃尔·康纳(Pierre Conner,1932—2018)熟悉广义流形理论和这种新方法,他建议将层、谱序列的方法引入到广义流形。波莱尔与雷蒙德引入了同调理论等价于切赫同调理论,这将保证嘉当关于庞加莱与亚历山大的对偶的证明可以应用至广义流形[③]。1961 年,波莱尔与莫尔又就广义流形专门引入了同调理论,被称为波莱尔-莫尔同调,可以看作斯廷罗德奇异同调理论的现代版本。

　　康纳和威廉·佛罗德(William Floyd,1939—　)证明保罗·史密斯(Paul Smith,1900—1980)的流形与广义流形相同,而史密斯已经考察了周期映射的不动点集合[④],因此也可以考虑拓扑变换群作用于广义流形,并在这方面做出了极好的工作。1966 年怀尔德从密歇根大学退休,为庆祝他荣休专门召开了一次拓扑学会议,大会主题主要有三个:局部定向问题、广义流形的三角剖分、希尔伯特-史密斯猜想与广义流形的关系[⑤]。

　　怀尔德还通过影响知名的拓扑学家而对拓扑学产生了重要的影响。斯廷罗德在怀尔德的指导下做了他的第一次研究,后来怀尔德安排他在哈佛大学学习代数拓扑,后来又去普林斯顿大学追随莱夫谢兹学习拓扑学,斯廷罗德从"点集拓扑"转

　　① ZUND J D. Wilder, Raymond Louis (03 November 1896—07 July 1982)[EB/OL]. [2020-08-01]. http://www.anb.org/articles/13/13-02524.html.

　　② RAYMOND F R L. Wilder's Work on Generalized Manifolds: An Appreciation[C]// MILLETT K C. Algebraic and geometric topology: proceedings of a symposium held at Santa Barbara in honor of Raymond L. Wilder, July 25-29, 1977. Berlin Heidelberg: Springer Verlag, 1978: 7-22.

　　③ RAYMOND F. Čech homology from a chain complex[J]. Notices Amer. Math. Jour., 1960, 7: 7-21.

　　④ SMITH P A. Transformations of finite period Ⅱ[J]. Ann. of Math, 1932, 40(2): 690-711.

　　⑤ 关于这方面的内容,可参见纪念文集: MILLETT K C. Algebraic and geometric topology: proceedings of a symposium held at Santa Barbara in honor of Raymond L[C]. Wilder, July 25-29, 1977. Berlin Heidelberg: Springer Verlag, 1978.

向研究"组合拓扑"(代数拓扑)。[①] 怀尔德还曾帮助过艾伦伯格找工作,他们二人还曾合作研究过局部一致连通的问题[②]。

菲尔兹奖获得者斯梅尔也受到了怀尔德的影响。在密歇根大学做研究生时,斯梅尔曾参加过怀尔德的讨论班,他将怀尔德关于同调的讨论应用到同伦群,发表了关于同伦群映射定理的维托里斯类型的论文[③],这是他的第二篇论文,而第一篇论文也是在怀尔德的讨论班上完成的。

可以说,怀尔德一生致力于拓扑学的研究与传播普及,早年他从事纯粹拓扑学研究,晚年他研究拓扑学史,撰写拓扑学词条与书评,为拓扑学的发展贡献了自己一生的力量。当然,全面总结怀尔德在拓扑学上的成就是困难的。如果有读者想要全面了解怀尔德在拓扑学方面的贡献,通读他的全部论文应该是最好的办法。本书的结尾附有怀尔德可查询到的拓扑学论著目录,对此感兴趣的读者可以自行阅读。

二、数学研究思想

1. 数学研究的本质

1961年,在美国明尼苏达州东南部城镇诺斯菲尔德的卡尔顿学院,举办了一次"本科数学研究"的会议,由美国国家科学基金资助。怀尔德在会上做了题为《材料与方法》的报告,期望探讨在本科层次开展研究是否可行,本科阶段的数学研究是否能成为吸引更多合格学生从事数学职业的良好媒介。[④] 怀尔德指出,在美国国家科学基金会赞助下,几年前进行的调查结果表明,大多数决定从事数学职业的学生是在本科学院做出决定的。绝大多数人表示,他们选择数学职业是因为"喜欢数学"或"听从老师劝说",后一类学生占了五分之一以上,因此相当一部分"喜欢数学"的学生,一定是因为数学教师为他们创造了良好的环境,所有这些都指向了本科数学教师的责任。怀尔德认为本科研究当中的"材料与方法",对刺激本科生的研究至关重要。当然,这里所说的"本科研究"并不是指成熟的、有创造力的数学家所追求的研究水平。虽然有些案例中本科生取得了值得发表的重要成果。但一般而言,我们只能期望较优秀的本科生能被诱导去寻找已知定理的原始证明。如果

---

① JAMES I M. Combinatorial copology cersus point-set topology[M]//AULL C E, LOWEN R. Handbook of the history of general topology: vol. 3. Dordrecht: Kluwer Academic Publishers, 2001: 809-834.

② EILENBERG S, WILDER R L. Uniform local connectedness and contractibility[J]. Amer. Jour. Math. Soc., 1976, 82: 916-918.

③ SMALE S. A vietoris mapping theorem for homotopy[J]. Proc Amer. Math. Soc., 1957, 8: 604-610.

④ WILDER R L. Material and method[C]//MAY K O, SCHUSTER S. Undergraduate research in mathematics: report of a conference held at Carlelon College, Northfield, Minnesota June 19 to 23, 1961. Minnesota: Carleton Duplicating Northfield, 1962: 9-27.

我们要提高本科生对数学研究的兴趣,就必须研究各种意义上的材料和方法。我们会发现在建立一个本科研究项目时,数学材料和教学方法的选择是最重要的。怀尔德从历史的角度阐述了巴比伦时代的方法、希腊数学的概念和方法、阿基米德(Archimedes,公元前 287—前 212)的方法。

怀尔德探讨了"我们为什么做数学"的问题,为了回答这个问题,需要考虑另一个问题,即无论是作为行业或政府的专业顾问,还是作为一名教师,为什么我们独立的个体会选择做数学? 怀尔德分别从家庭环境、文化层面和个体层面进行了分析。在家庭层面,怀尔德指出,如果一个孩子的父母都是学数学的,你会发现这个孩子几乎肯定会把数学作为他的主要兴趣。在文化层面,怀尔德认为美国文化一直采取措施加快其科学和数学元素的发展速度,有利于鼓励有创造力的数学家,促进良好的数学教学和课程改进,以增加从事数学研究的人数,并可能继续从事创造性数学研究工作。在个人层面,怀尔德认为应该有三个影响因素:一是天生的数学才能,二是对数学抽象艺术形式的热爱,三是喜欢做数学。为此,我们要从教育的角度重视从上述几个方面去影响学生,一是好书的影响力,二是一个好教师的影响力,教师对数学的态度和对学生能力的培养,对于促进学生喜欢研究数学至关重要。怀尔德认为,要想让本科生热爱数学,作为教师可以发挥最重要的作用,要重视培养学生的创造性思维、创造性方法,为此,可以像培养博士那样进行单独个体培养,或者开展对学生进行分类的准个体培养,还有就是善于运用"莫尔方法"开展研究性课程。怀尔德认为在大学教学中需要更多地强调动态数学,动态元素最能引起学生对数学的兴趣,这一点在按照莫尔方法进行学习的课程中得到了很好的体现,怀尔德举了一个自己讲授的"线性连续统"课程的教学案例来说明如何运用莫尔教学方法。

1967 年,怀尔德在密歇根大学 150 周年的纪念文集中曾发表《数学研究的本质与作用》一文,[①]后又将其扩展和改编后放入另一个文集中。[②] 怀尔德首先阐述了一个数学"外行人",哪怕是非数学家的科学家,对数学本质的普遍误解。他提到自己从未忘记,几年前一位在社会科学领域攻读博士学位的邻居,对他随口说出的"我希望在周末找时间来完成我的某一项数学研究工作"所做出的反应,那人脸上露出了惊讶和好奇的神色说:"数学中有什么可研究的呢?"毫无疑问,大多数非科学家并不知道数学研究在持续进行中,毕竟 2+2 就是等于 4,这就是数学"研究"的意义所在。今天,令人奇怪的是众多文明国家的公民被教授了大量的数学,但人们对数学本质的理解却如此之少。

① WILDER R L. The nature and role of research in mathematics[M]//THACKREY D E. Research: definitions and reflections, essays of the occasion of the university of Michigan's sesquicentennial. Ann Arbor: The University of Michigan, 1967: 96-109.

② WILDER R L. The nature of research in Mathematics[M]//THOMAS L S. The spirit and uses of the mathematical sciences. New York: McGraw-Hill, 1969: 31-47.

　　怀尔德指出,当前数学方面所做的研究比过去任何一个时期都多。美国国家科学院最近向美国众议院科学和航天委员会提交的报告中,一位最杰出的现代数学家指出,数学目前比任何其他科学的增长都更具爆炸性。这其中的原因是什么?是什么构成了数学的"增长"? 怀尔德认为,算术是人类最伟大的智力成就之一。它不是由 1 个人、10 个人或 20 个人发明的,它是一种文化成果,从巴比伦早期到当代,许多思想家都参与其中。同时,它不是一个单一的发明,更恰当地说,这是一个进化,换句话说,它成了一种文化的必需品。有必要认识到,我们都认识和使用的算术是一项长期探索的"研究"——寻找一种适合处理日益壮大的人类社会各种复杂数量问题的工具。这也是数学得以继续研究的主要原因之一,现代科学界对新数学工具的需求比数学界自身的需求更大。

　　怀尔德讨论了"什么是数学研究",他指出,受过教育的外行无疑会对化学、物理和生物学等自然科学的研究性质有一定理解。这些科学中的每一门都致力于寻找某些自然现象的合理解释。经过一段时间的数据收集、观察和测量等,这些科学开始构建理论和概念结构,希望这些能描述针对这些现象所假定的形式和关系。如果理论"有效",也就是说,如果随后的实验和测量符合理论所暗示的结果(或"预测"),那么它被称为对现象的"解释"。例如,随着现代物理学的不断成熟,人们越来越认识到,理论可能不是对现实的精确描述,事实上,甚至不可能得到关于现实的准确描述。这些理论(概念)纯粹是心灵的建构,奇怪的是它们居然有效。人们都已察觉,一门科学变得越抽象,它就越符合实测的需要。随着科技的进步,它变得越来越精致。典型的例子是爱因斯坦力学在现实的某些方面替代了艾萨克·牛顿(Isaac Newton,1642—1927)力学。回到数学研究的问题,让我们再考虑一下算术的进化。算术的发展是研究自然现象形式和关系的结果吗? 不仅仅如此,因为算术很早就开始参与社会现象。在计算羊群或森林中的树木等元素数量时,一个只处理自然现象,一个是调查自然界中集合的最基本属性——集合中元素的数量。随着集合变得越来越复杂和多样,诸如"基"和"位值"等概念被设计出来,以便于计数。然而正如我们所知,算术涉及加法和减法,这些运算是由于处理社会和物理现象的需要而发展起来的。随着现代文化的进化,社会因素也在逐渐增长。

　　怀尔德认为,所谓"外部"(即数学之外)的刺激在数学研究中占主导地位,当前文化对数学的需求主要体现在自然科学和社会科学问题上。近些年来,这种需求的主要来源是自然科学,特别是天文学(它深刻地影响了算术和几何学的早期发展)和物理学。数学中被称为"分析"的部分,体现在微积分和微分方程等学科,因在大型测量中需要数学来表达速度、加速度、惯性矩等。事实上,16—19 世纪的大多数数学家也都是自然科学家。对于那时候的一个数学家来说,至少要熟悉正在研究的物理理论。这一时期发展起来的数学概念的显著特点是具有普遍性。正如数字可以用来计算任何集合,无论元素是动物、蔬菜,还是矿物,计算的概念也可以应用于与物理理论无关的理论。统计理论也可以做出类似的解释,精算理论和统计都源于社会现象(当然,统计学最终成为数学的一个研究领域,在社会科学和物理科学中的应用范围不断扩大)。

怀尔德指出,绝不能给人留下这样的印象,即数学研究只是构建符合自然和社会现象中所观察到的模式之概念建构,因为事实并非如此。研究文化进化的学生对一组萌芽的思想现象相当熟悉,这些思想最终会发展成为一种可被称为"文化有机体"的状态。数学家也是如此,他的理论发展到自给自足的程度,并且对新的概念结构和要解决的问题提出更多建议。以数学中的数论研究为例,从古希腊毕达哥拉斯(Pythagoras,公元前 570—前 459)开始直至 2000 多年后的今天,数论的研究依然蓬勃发展。它的魅力之一是它包含了如此众多简单而又悬而未决的问题,甚至吸引大量的"业余爱好者"。无可辩驳的历史事实是,数论这一学科有其内在的增长潜力,它的发展与自然现象无关。它已经成长了大约 3000 年,但并没有迹象表明人们对数论研究的兴趣在减弱。相反,该领域的现代研究与以往一样活跃。一般的数论家进行数论研究,并不是因为他认为其发现可能具有"实际"应用,而是因为他被数论迷住了。正如我们常说的,他"做数学是为了数学本身"。这样的数学家被称为"纯粹的"数学家,而"应用的"数学家则关心如何解决在研究社会和物理现象结构和模式时遇到的问题。应该强调的是,这种区分并不明显。同一个人往往既是一个纯粹数学家,又是一个应用数学家。此外,大多数纯粹数学概念最终也都得到了应用。一个典型的例子就是非欧几何,尼古拉斯·伊万诺维奇·罗巴切夫斯基(Николáй Ивáнович Лобачéвский,1792—1856)、亚诺士·鲍耶(János Bolyai,1802—1860)和高斯的工作都是"为了数学本身"而做的,但非欧几何理论如今在物理和社会理论中广泛应用。另一个有趣的例子是数理逻辑,从乔治·布尔(George Boole,1815—1864)开始到罗素与怀特海,没有什么比数理逻辑更"纯粹"的了,但现在它正被广泛应用于计算机理论、自动化理论和人类神经系统等方面的研究,而且几乎肯定会在未来得到更广泛的应用。

怀尔德认为,我们无从知晓仅仅因为数学家对数学自身重视和喜爱而创造的新数学概念,为何后来变成其他学科的广泛应用。数学作为一个鲜活的、不断增长的概念体系,超越了任何个人的理解能力,其根源在于应对自然和社会状况的必要性。数学似乎永远不会失去其文化纽带作用,无论它变得多么抽象。数学研究的重要工具之一就是"概括",例如,基本代数中使用的加法和乘法是算术中所用相同运算的概括。再如,群的概念是对代数、几何等学科领域同类属性的概括。对于数学家来说,研究群论的动机应该只是出于数学目的,但不可避免的是群论今天已经有所应用。在物理学中,它是量子理论的有用工具,化学的某些方面也正在利用群论。当然,数学家在这些方面并不孤单,大多数科学家的动机相似。虽然他们的工作与"真实"世界中的物理现象有关,但他们的动机与那些纯粹的数学家很像,两种人都沉迷于他们学科的前沿问题,而且他们经常说同样的语言。

怀尔德指出,数学研究到底扮演着什么角色呢? 与自然科学一样,数学的主要作用是扩展我们的知识,还有一个重要的辅助教学作用。而那些指责大学以牺牲教学为代价强调研究的人可能并不清楚,一个好的教师必须对他所教的学科感兴趣,而不是厌倦,进行一门学科的创造性研究工作无疑是保持对其有热情的最好方法之一。对于一所大学的教师来说,至少在科学科目上,创造性的工作不仅是激发一个人兴趣的最好手段,而且也最有可能产生好的教学。一个有创造力的科学家习惯于无所畏惧地进入未知世界,在信仰或偏见上不接受任何东西,而这正是其学生应该具备的品质。特别是在数学中,教学可以退化为沉闷的公式背诵,以及如何从一个公式推导出另一个公式,教师对学生的鼓舞和激励能力才是最应该被考虑的因素。当然,这并不是否认,可以找到一个不做任何研究,但通过了解所教学科文献而保持活力和兴趣的好教师,重要的是他们找到了保持这种兴趣的方法。一个有趣的推论是研究丰富了教学,同样教学也有利于研究。一位富有创造力的科学家经常与学生互动,发现新问题和新概念。杰出的科研工作者经常说他们重视教学,因为他们从中得到诸多灵感和新的想法。

怀尔德最后以其认识的一位数学家为例,他的研究领域尽管似乎对数学的其他部分具有越来越大的意义,但迄今为止该领域的应用很少。然而,这个人却可能促使大量数学家的产生,他的影响可能比历史上任何一个数学家都要大。现在,即使假设他的研究从未发现所谓的"实践"应用,那就有理由说他的研究是毫无价值的吗?对他来说,这是一门艺术,这和艺术对艺术家而言是一样的。数学家在数学快速发展的世界(如果他是一个纯粹的数学家)或姐妹科学(如果他是应用数学家)所提出问题中发现的结构与模式,确实增加了人类的知识。可以肯定的是,它是一种知识,但它并不总是能解释或直接适用于物理或社会现象,要么最终应用于实际,要么变成复杂概念的一部分。

2. 数学严密性标准的相对性

1973 年,怀尔德曾为《思想史词典》撰写过一篇短文《数学严密性标准的相对性》[①],怀尔德指出,"严密性"在任何领域尤其是科学领域,意味着坚持普遍接受的程序,进而得出正确的结论。例如"已严格证实北欧人先于哥伦布到达北美海岸"这句话,可以理解为,已给出符合该陈述所涉有关团体制定可接受标准的相关文件、考古或其他证据。这样一个团体可能是一个专业历史学家协会,术语"严格证实"意味着作为上述主张基础证据符合专业历史学家制定的标准。当然,严密性标准会随着时间的推移而改变,1800 年的科学家们认为严密的标准,肯定达不到1900 年的专业科学家们所制定的标准。随着文化的兴衰,一种文化设定的标准可能会被遗忘,必须被后来的文化重新创造或取代。因此,严密性标准并不一定会随时间的推移而变得更加严密。数学界的一个经典故事是希尔伯特的同龄人,在读

---

① WILDER R L. Relativity of standards of mathematical rigor[M]// WIENER P P. Dictionary of the history of ideas: studies of select pivotal ideas: vol.3. New York: Charles Scribner's, 1973: 170-177.

到他曾给出的一个简短而优雅的证明时惊呼道："这是神学，不是数学！"这种意见表明希尔伯特的证明不符合当时公认的数学标准。希尔伯特自己也与荷兰著名数学家布劳威尔就数学中严谨性证明方法展开了长期的争论。

怀尔德认为，数学作为一门最古老的科学，特别是严谨性概念已建立成熟的公式，数学传统上最关注严谨性标准，数学严谨性所经历的各个阶段，以及对文化影响（内部和外部）的关注，为概念（严谨性）进化提供了一个极好的例子。古希腊数学在对古希腊文化和后续文化都有影响的哲学环境中发展，其进化环境包含了文化影响的方式，既有环境影响也有数学内在的影响，促进其向更加严密的方向发展。由于数学的内在需要，加之存在于数学外部文化的哲学辩证法，古希腊数学具有更强的严谨性，严密性证明逐渐成为逻辑证明的同义词。古希腊衰落之后，数学在符号和概念内容上都经历了广泛的发展和进化。我们现在使用的符号代数是后来欧洲文化的产物，正是这个代数思想迫使古希腊人遗留下来的几何思想最终导致解析几何的诞生，并使牛顿和哥特弗里德·威廉·莱布尼茨（Gottfried Wilhelm Leibniz，1646—1716）的微积分思想得以明确。这一成就是一项突破，其动机在于寻求一种表达自然规律的方法，同时也在于加强数学纯粹符号化的愿望，简而言之是文化和内在数学压力的结合。然而，他们创造的符号和运算没能给出令人满意的意义，尽管用微积分的结果通常证明他们的发明是合理的。他们通过了实用主义测试，但在概念严谨性上却失败了。结果自古希腊时代起就以严谨著称的数学，在微积分中却缺乏严谨性，随之而来的是哲学批评家的狂欢。

怀尔德指出，直到 19 世纪后半叶，奥古斯丁·路易斯·柯西（Augustin Louis Cauchy，1789—1857）等人才对微积分的基本概念做出了相当严密的处理。越来越多的人认识到，公理化方法为更严密性要求提供了一条可接受的途径。特别是，必须用一个精确表述的公理系统来取代对实数系统结构的部分直观概念，为分析学提供一个令人满意的基础。康托、尤利乌斯·戴德金（Julius Dedekind，1831—1916）、卡尔·魏尔斯特拉斯（Karl Weierstrass，1815—1897）等人各自独立地给出了解决方案，虽然他们的解决方案不完全相同，但结果却是等价的。由于这些研究结果，在 20 世纪初，数学界开始认为数学终于建立在一个严密的基础之上，所有对数学分析基础的批评都得到了回答。怀尔德引用庞加莱的名言："直觉不能给我们严谨性，甚至不能给我们确定性，这已经成为共识。……我们相信我们在推理中不再诉诸直觉，……，现在，在今天的分析学中，如果我们煞费苦心地追求严谨，只有三段论或纯数字的直觉可能会欺骗我们。可以说，今天达到了绝对的严密性。"[①]他同时怀疑庞加莱在说出这句话的时候，是否意识到集合论中已经发现了矛盾。恩斯特·策梅洛（Ernst Zermelo，1871—1953）虽然对集合论公理化做出了

---

① POINCARÉ H. Intuition and logic in mathematics［M］//POINCARÉ H. The foundations of science：science and hypothesis，the value of science，science and method. New York：The Science Press，1913：210-222.

努力,但不能避免所有可能的矛盾。三大数学基础学派各自的方案都没能完美地解决这些矛盾,所以人们不能再断言数学已达到庞加莱所说的那种绝对严密性。后来的数学家试图建立一种绝对严密的数学,主要采用形式公理化的方法,揭示了绝对严密性这一概念显然只是一种理想,但在实践中,除了在某些有穷的领域里,否则是无法达到的。逻辑本身显示为一种直观的文化建构,当受到形式符号分析的影响,它会产生与数学相同的问题和变化。我们必须承认,相当数量的柏拉图主义数学家认为,数学还没有发展到足以应付现代集合论中令人烦恼的问题,关于这些问题的"真相"仍有待调查,而且仍可以得到严密的解决办法。认为严密数学真理确实存在的数学家必须承认,在目前的知识状态下,可能永远不可能得到它。因而,怀尔德认为数学中的证明是文化决定的,是相对的事物。①

怀尔德后来在《数学作为一种文化体系》中也指出,即使是在数学界之外,大家似乎都有这样的想法,即在数学中可以找到绝对正确的事实。就像"数学真理""确定无疑"这种短语,不论是在数学圈内还是圈外,都是大家可以理解的。数学历史上很多著名的案例都与数学中的"证明"和社会认同相关。一种"证明"在现在可能是正确的,但在下一代或者更久之后,它便不再适用。在每一代数学文化里都有一个广泛认同的"证明"。在一定时间内都有一个可以被大众接受的证明标准,但现在的标准在以后并不一定适用。大家都知道数学证明要依靠逻辑,在理想状态下这也许是对的,但实际上这通常都是不对的。如果去分析一个数学证明的过程你会发现,总是会有一个隐藏的数学假设,而这些假设通常都只能在一定时间内的数学文化中被接受。欧氏几何的严谨性在很长时间内都是被肯定的,但我们现在知道这些证明的正确性都是建立在一个看不见的假设之上,这就说明在某些情况下,有些证明是毫无价值的,甚至会出现定理上的错误。那些看不见的数学假设都会经历一个过程,从没有被发掘直到后来被详细地描述,这就导致了这个理论要么被大众所接受,要么被摒弃,接受通常是通过公认的证明方法来分析假设和证明过程。每一个年代的数学家都认为,对从前的数学假设做出修改是很有必要的。②

3. 数学研究的社会影响及趋势

1969 年,怀尔德受聘美国数学会吉布斯讲席,他做了题为《研究的社会影响及趋势》的报告。③ 怀尔德首先强调了"数学研究的特殊性",在他看来,行政界的许多评论完全忽视数学研究的独特性质。特别是对于长期反复的"研究与教学"问题,忽略了研究领域的差异,得出的结论可能在某些领域是完全有效的,而在数学领域则恰恰相反。数学构成了现代科学文化的一个子文化,随着这种子文化发展

①   ASPRAY W, KITCHER P. History and phlosophy of modern mathematics[M]. Minneapolis: The University of Minnesota Press, 1988: 268-276.

②   WILDER R L. Mathematics as a cultural system[M]. New York: Peragmon Press, 1981: 39-41.

③   WILDER R L. Trends and social implications of research[J]. Bull. Amer. Math. Soc., 1969, 75: 891-906.

成为一个独特实体,它变得越来越关注数学本身,而较少关注科学的其他部分。相反,其他科学子文化也很少关注数学研究的发展方向。难怪非科学界(几乎包括所有立法者)对数学研究的性质和重要性缺乏理解或欣赏。更为重要的是,数学作为一种独特的子文化,其发展伴随着概念和证明方法的扩展,这些概念和证明方法又将数学研究置于一个普通非数学公众根本无法达到的层面上。即使那些对数学研究有足够了解的人,也对数学本质知之甚少。由于数学家做研究不需要任何辅助条件,例如进行复杂而昂贵的实验或收集数据、历史资料等活动,这可能是造成公众误解的最大原因之一。

怀尔德认为,数学研究具有独特性,这是数学作为一种独特子文化广泛发展的自然结果。这种发展本质上是 20 世纪的独特现象,美国数学界在其中发挥了重要作用。在 20 世纪的头 50 年里,对纯粹数学兴趣的增长无疑对数学研究发展起到巨大的推动作用。这种对纯粹数学的专注引起数学界关注,许多人担心数学正在从现代科学概念,作为一种理解和控制自然力量的工具,转向纯粹知识好奇心的类似古希腊人的理想。然而这有两大好处:一是数学变得统一了,或者换句话说,数学获得了文化认同。数学从仅仅是其他科学的工具,发展成为"科学的语言"。二是抽象数学强调结构和关系的研究,从而实现了抽象数学的巨大力量。纯粹数学的研究为现代科学提供了越来越多的方法和概念工具,这是对影响数学进化之文化动力的高度肯定。20 世纪 40 年代开始,数学似乎分裂成许多专业,其不同的支持者讲着不同的语言,并有可能成为数学的独特子文化。虽然这种情况仍然存在,但今天的趋势似乎完全相反。近年来,一些引人瞩目的成果,如迈克尔·阿蒂亚(Michael Atiyah,1929—2019)和依萨多·辛格(Isadore Singer,1924—　)对指标定理的解决,是通过分析、几何、拓扑学和代数等结果综合得出的,几乎不能归因于任何一个单独的数学领域。任何熟悉数学概念进化背后动力的人都能预测到这种情况的发生。"整合"似乎是一个普遍的自然规律,数学中整合规律作用的结果是能够解决迄今难以解决的问题。数学研究越来越成为对结构和关系的一种探索,它代表整个数学领域的概念架构。把两个或两个以上数学分支整合起来的结构可能在数学和科学产出上是最有效的。

怀尔德指出,自 19 世纪以来,数学研究最显著的特点之一是其数量的显著增长。自 1940 年以来,美国数学评论中的摘要数量每 8 年或 10 年就翻一番。自 1954 年以来,博士的产出每隔 5 年或 8 年就翻一番。然而从长远来看,数学研究的增长似乎不太可能接近传统增长曲线,我们不能期望数学遵循与动物学相同的增长曲线。我们有理由相信,数学发展主要受内部力量的影响,而不仅仅依赖于自然现象等外部科学因素。数学就像一个产业,变得越来越庞大,越来越复杂,那些负责其发展的人就越需要引入更多的整合和简化。为了跟上时代发展需要,当今数学研究正在发生剧烈而迅速的变化,这不是数学所特有的,似乎是现代社会普遍现象的一部分。这些数学研究活动对社会有何影响呢? 数学研究对技术变化产生了直接和间接的影响。怀尔德认为最直接的还是对教育的综合影响,他把"研究"看作进化的工具,进化过程取决于每一代研究人员对下一代研究人员的训练,学院数学家最大的义务是"传递火炬"。现代研究对数学教学的影响是十分有益的,不仅本科院校的课程受影响,而且中小学课程不可避免地要更新换代。研究本身不仅是数学进化的工具,而且有助于数学内部和整个外部科学的整合过程。

怀尔德认为研究与教学的关系有以下几个方面:①研究成果对课程的影响;②被过分宣传的研究与教学间的"冲突";③研究人员对其教学的影响;④在他指导下进行研究的学生与教师间关系的特别案例。数学研究和数学是现代社会不可分割的部分,他们的关系是部分与整体的关系。如果考虑到数学所有研究都停止了会发生什么,也许可以更好地理解数学研究对社会的影响。是什么导致这样的事件发生?无疑是激发数学家个体的研究动机消失了。这些动机是复杂的,可能是一种或几种类型,例如:①研究的内在冲动,这与探索未知事物的痴迷有关;②职业地位或薪酬的提升,或两者兼而有之;③参与指导博士生工作;④竞争因素,对许多人来说,这是做研究的乐趣之一。在这些因素中只有一个,即对做研究的热爱,来自个体内部(尽管它通常最初是由于外部环境的因素,如老师的激励)。这种内在动机很容易被扼杀,要么因为营造了不良的研究氛围,要么因其他方式耗尽了数学家的全部精力。

怀尔德指出,由于数学家并不生活在真空中,而是像其他子文化一样受到文化因素的影响,因此对数学研究的"需求"也不得不停止。换一种说法是,社会自身是中止研究的原动力,因为它会起到消除个体研究动机的作用。从而我们应该从社会角度来审视数学研究的功能。数学的主要功能无疑是作为一种基本工具,在每门科学进化的某个阶段为其提供所需的概念工具。自然科学和工程对数学的研究具有最强烈的要求;行为和社会科学才开始关注数学,最适合其需要的数学研究经常会导致它们产生一些新概念。很明显,如果数学研究中止,一般的科学研究也将中止。在公众眼中,科学研究的主要社会功能是服务于技术需要,因此,数学研究的中止似乎也取决于技术进步的停止,我们必须认识到,这是文化进化的真正基础。这似乎是在痴人说梦,但不要忘记这种情况在过去发生过,并有可能再次发生。传统中国和日本的数学文化以及后希腊时代的西方文化就是例证。数学和数学研究是现代社会不可缺少的,没有数学,基础科学的研究和技术的进步是不可能的,简而言之,数学研究是现代社会不断进化的必要条件。

第三章

怀尔德的数学教育研究

怀尔德高度重视基础数学教育、高等数学教育普及与教学研究工作,曾担任过美国数学协会主席,并积极参加美国数学教师协会(National Council of Teachers of Mathematics,NCTM)、美国国家教育研究会(National Society for the Study of Education,NSSE)等教育组织的相关会议,发表数学教育方面的演讲和研究论文,他也是当时美国新数学运动的积极参与者、鼓动者,对贝格尔等领导的数学教育改革有着重要的影响,对我们今天反思美国的数学教育改革具有一定的借鉴意义。

一、数学教育创新的必要性

1973 年,美国数学教师协会在密歇根州举办的会议上,怀尔德做了题为《数学与其他学科之间的关系》的研究,虽然题目如此,但所表达的主旨却是数学教育的重要性,或者说正是由于数学与其他学科的密切关系才决定了数学教育的重要性。[①] 怀尔德指出,大多数人都会采用"与其他学科的关系"这句话来说明数学的用途。除在日常生活中使用算术之外,数学还有其大多数所谓的应用,首先是天文学,其次是导航、测量、物理和其他自然科学。随着统计学和计算机的出现与发展,数学的应用也越来越广泛,社会科学特别是心理学、经济学、政治学,甚至是社会学、人类学、语言学、法律、历史和文学等领域,都在一定程度上实现了数学化。《美国经济评论》杂志很少在第二次世界大战前发表包含数学内容的文章,但今天任何阅读该杂志的人都会遇到严重困难,除非他拥有微积分和线性代数方面的知识。

---

① WILDER R L. Mathematics and its relations to other disciplines[J]. The mathematics teacher, 1973,66:679-685.

现代商业以及我们文化的大部分均以科学为基础,例如技术、医学、军事,以及通信和交通,这些在很大程度上都依赖于数学。

怀尔德认为,上述应用代表了数学的技术或"紧迫"应用,尽管重要且满足重大需求,但这并不是数学的唯一用途。还有两种经常被忽略或根本没有被意识到的用途。其中第一个虽然仍是技术性的,但基本上与大学教师所谓的纯粹数学或基础数学有关,尽管这些数学似乎没有实际用途。诸如詹姆斯·克拉克·麦克斯韦(James Clark Maxwell,1831—1879)方程、非欧几何等例子可以说明,这些所谓纯粹的数学理论后来都在现实中得到了应用。当前,数学在社会科学中的应用不断被发现,所谓的现实世界很多现象能用纯粹数学来表达。博弈论、图论都是纯粹数学的产物,却在社会科学中得到了广泛的应用。也许那些感叹现代数学如此抽象的人,很可能忽视了数学的自然进化是现代文化的重要组成部分。

怀尔德通过几个案例来说明,对一个学生在数学方面进行全面的教育训练是非常重要的,学生可以用一些相关领域的经验来建构其数学,并在很大程度上导致其形成数学的基本思想。特别是,他应该理解数学与其文化其他部分之间的关系,为何数学的发展超越了单纯计数集合的语言工具和一种算术技术。若教师不能用数学吸引那些有能力欣赏数学在社会中如何发挥作用的学生,那他就不应去教书。为让学生对数学概念有一个正确的理解,必须给他一个数学的直观意义。数学并不是一门绝对的科学,不管你深入其根源有多深,最终会发现它是建立在直觉基础上的。对数学基础的现代研究揭示了这样一个事实,如果不了解一个数学概念是如何、为什么以及由我们文化的哪些方面而被首次引入的,学生可能会变得沮丧、讨厌数学或者会变得教条,成为一个狭隘的只会进行复杂数学运算的专家,但却不知道数学的重要思想及其如何与文化密切关联。应指导学生研究一个不熟悉的问题,分析其基础、选择所涉及的关键概念,并将其翻译成数学语言。我们生活在一个越来越跨学科的世界,数学和数学教学都必须适应这种情况。为在现代工业和科学界占有一席之地,必须对课程进行调整,以适应数学专业和一些普通学生对数学的需要。否则我们不仅将错失一个改善数学教育的机会,也将失去利用日益增长的数学需求,训练我们文化中的数学和数学思维方式的机会。

1970 年,怀尔德为美国国家教育研究会的年刊文集撰写了题为《数学课程创新的历史背景》的文章,包括"变化现象、数学学科的发展、现代数学的特征和数学课程的重建"四部分。[①] 怀尔德指出,把数学作为一门计算科学的流行观念是一种错误想法,它建立在强调训练方法的过时课程基础上,使得那些具有心算特长的"数学天才"在面对现代数学概念时往往显得相当愚蠢。大多数人没有认识到一些技术变化是基础数学发展的直接结果,一个常见的例子是计算机技术。也许某个

　　① WILDER R L. Historical background of innovations in mathematics curricula[C]// BEGLE E G. Mathematics education: the sixty-ninth yearbook of National Society for the Study of Education: Part I. Chicago: University of Chicago Press, 1970: 7-22.

路人甲会认为计算机技术带来的革命性变化在某种程度上与基础数学有关。但他可能不会知道,在过去 50 年里,数理逻辑和自动机理论发展所代表的变化与此有关,他甚至根本不知道存在这样的研究领域。他通常会认为基础数学从来没有发生过变化,计算机技术只是数学代表的不变"真理"的另一种应用。因为,小学和中学所教授的数学在 19 世纪以来都没有发生重大变化,而基础数学却在内容和方法上都发生了根本性的变化。为此,怀尔德阐述了数学学科从计数开始,到现代数学抽象结构本质的进化史,尤其是群论和拓扑学理论的历史发展;并提到苏联人造卫星上天导致美国民众对科学教育的批评;20 世纪以前只有在普林斯顿这样杰出的大学里才教授微积分。长期以来,数学和数学课程都发生了变化,随着数学自身在基础和应用方面的发展,可以期待以往在大学开设的课程将在高中阶段开设。与此同时,更多的高中课程必须进入中小学阶段。为完成这一转变,必须把重点放在数学作为结构的研究上。也许现代课程制定者的主要任务是始终牢记数学课程的主要目标是训练人的数学思维方式。随着数学的发展,从小学到研究生院各个阶段的课程都发生了变化,这是不可避免的。令人遗憾的是,小学和中学课程多年来一直固定在基础内容上,导致目前的改革不得不如此突然。然而,一旦目前正在进行的变革进入令人满意的模式,很可能在一段时间内不需要再进行根本性的变革。至少,课程改革的历史似乎预示着这一点。然而,历史发展与怀尔德的设想正好相反,当时美国的"新数学运动"最终以失败告终,不得不又重新强调"回到基础"。

二、数学课程中的数学史

1969 年,怀尔德在吉布斯讲席报告《研究工作的社会含义及其趋势》中就曾指出,[①]在这个国家,一种研究应该振兴却似乎被忽视了,那就是数学史。他认为数学史被忽视的原因主要有三个:一是美国历史学家主要对初等数学史感兴趣,虽然有一些数学史研究值得注意,如库里奇和埃里克·坦普尔·贝尔(Eric Temple Bell,1883—1960),但他们都不是历史学家,因而也不会有追随者。二是随着数学在这个国家的成熟,历史写作被认为是更具解释性而非创造性的,而且拓展数学前沿的活动也需要动用所有可用的人力。三是在当前高校盛行的系制下,数学史逐渐被吸收转入科学史系。这种发展本身并没有什么问题,但不幸的是,要想对现代数学史做出公正的评价,就需要具备与普通数学博士研究生通常期望的同等知识。怀尔德了解到一个学生显然已经为数学博士学位做好准备,但他对现代数学史的一个课题非常感兴趣,因此想写一篇论文。然而为了完成这一目标,他必须要转到所在学院科学史专业并满足该系的要求。希望这种情况将来可能会改变,特别是因为对现代数学发展的一些系统记录能得到充分处理的时间已经过去了。如果你问两

---

① WILDER R L. Trends and social implications of research[J]. Bull. Amer. Math. Soc.,1969,75:891-906.

个或两个以上老数学家对世纪之交后不久,一些重要数学概念创新情况的看法,你会发现他们不仅在细节上意见不一,而且有些数学家可能无法对历史给出任何回忆。怀尔德提醒大家,需要注意到的是,一直以来苏联数学界对数学史的研究相当活跃。

1971 年,怀尔德在宾夕法尼亚州立大学举办的美国数学协会夏季会议上,曾做过一次《数学课程中的历史:它的地位、特性与功能》的演讲,后来在《美国数学月刊》上发表,[①]并因该文于 1973 年获得美国数学协会的福德贡献奖。[②] 怀尔德认为,造成各个研究机构、大学不重视数学史课程的原因,可能在于历史本身的属性。在历史研究衰落的过程中,数学本身一直在经历着黄金时代的飞速发展。在数学理论的发展时期,人们对历史研究的兴趣减弱似乎是有道理的。既然未来如此诱人地召唤我们,为什么还要为过去烦恼呢? 数学家中有一种近乎轻蔑的倾向,这表明历史研究在某个方面已经声名狼藉。攻读历史专业学位的人很可能被调到教育学院或科学史系,这使得有研究能力的年轻人对数学历史的研究更加不感兴趣。然而,如果没有开设实质性的数学史课程,如何培养学生对数学历史的兴趣呢? 考虑到数学课程已经很多的情况,再多的劝诫和恳求也无法克服人们对数学史的冷漠。只有两个办法可以让数学史在课程中竞争到一席之地:一是要设计出不仅能吸引学生而且对其未来有内在价值的课程;二是找到一种让数学史重新焕发活力的方法,使数学史研究的兴奋感和数学研究本身一样伟大和有益。

怀尔德指出,历史在数学课程中的作用是能够满足学生的兴趣,能够服务于人文主义的目标和数学教学的目标。它不仅应该开阔一个人的视野,显示出数学在文化中的地位,使一个人知道适合自己的数学领域,以及这个领域最初是如何产生的,并给他一种判断其发展发向的方法。数学历史的教学应该适应学生需要,数学家都有权利关心历史教学,数学史是"一门大势所趋的学问"。如果我们把数学的历史看作是概念和思想的总体发展,那么我们已经把它提升到了更高的抽象层次。我们应该从一个比数学更高的层次来展示数学的历史,把数学作为一个活的、不断进化的有机体来看待,把数学作为一种文化来研究。怀尔德建议开设一门"数学概念和理论的进化"的学期课程,让学生知道类似于"数学是如何发展到今天的"这样问题的答案,以及数学未来的大致发展方向。这样的课程将以历史为基础,此处的历史是指不断进化的数学子文化。该课程所涉及的历史可以是古代的,也可以是现代的,或者两者兼而有之,选取何种历史取决于学生对该内容的熟悉程度。怀尔德阐述了数学进化的不同历史阶段,并给出了数学进化的 12 个动力因素及其相关解释。数学进化论可以用科学的工具研究直觉主义、形式主义、建构主义、柏拉图

① WILDER R L. History in the mathematics curriculum: its status, quality and function[J]. American mathematical monthly, 1972, 79: 479-495. 或见法文重印版: WILDER R L. La Historia en el programa de Matematicas: su estado calidad y function[J]. Boletin de Matematicas, 1972, 6: 23-58.

② 详见 MAA 网站介绍: https://www.maa.org/programs/maa-awards/writing-awards/history-in-the-mathematics-curriculum-its-status-equality-and-function.

主义或其他任何数学哲学的进化方式。怀尔德给出了一个他在加州大学圣巴巴拉分校开设的数学史课程的例子,给出了详细的课程大纲,以及函数、集合概念进化的教学案例。怀尔德指出,显然这不是一门正统的历史课程,它更像是科学史家所说的数学史科学。他热切地期待着在课堂上以一种更新的形式重振历史,甚至数学史这门学科能达到设立数学博士学位这样的程度。

三、大学数学教师的教学指南

　　1970 年,怀尔德为美国教育协会的文集《有效的高校教学》撰写了一篇大学数学新教师的教学指南,[①]包括"数学的文化地位、数学作为一种语言、数学作为一门艺术、(数学作为)一门结构与关系的科学、教学方法、教学指南"六部分。怀尔德指出,大学数学新教师应具备的一个最重要特性是,了解数学的一般特征及其在我们文化中的地位。数学与其他学科,如人文学科中的语言学、哲学等都有关系,数学定律的进化就像人类行为其他方面一样,是一种人类的构造。尽管当今大学僵化的院系结构似乎将数学与其他科学和人文学科分开,但它们之间的界线是人为划分的。其实数学在过去的大部分时间里一度被视为一门文科(liberal arts)学科。如果新教师受过的教育没能掌握这类知识,他也没必要去修数学史或数学哲学课程来弥补不足。这些课的教学方式可能也无法提供这方面的信息,只需浏览一些关于这一主题的书籍和文章就能做得更好。为此,怀尔德向大家推荐了贝尔的《数学的发展》、克莱因的《西方文化中的数学》,以及他自己的《数学概念的进化》。

　　怀尔德指出,把数学看作科学的语言是一种流行看法。由于语言通常被认为是人文学科的一部分,这种看法将使数学成为一门人文学科。数学有许多人文主义的方面,只是如今没能像文科那样得到充分认识。数学在其早期发展历程中,实际上是普通语言的一部分。现代数学概念和形式的多样化发展,使得它不再被普通大众看作是一种语言。就像音乐在非音乐家眼中的地位一样,对非音乐家来说,音乐就是一种娱乐形式,而对于专业音乐家尤其是作曲家来说,音乐有许多概念和形式,只有经过专业音乐训练的人才能欣赏其艺术和美学价值。所以,数学更像是一门艺术,对这个观点有比"数学作为一种语言"更有力的理由。许多数学家同意这种对数学的描述,并认为其创造性工作本质上是一种艺术努力。此外,如果我们比较如下创作的心理过程,例如,一种新数学结构的发明,一幅现代绘画的完成,一首交响曲的作曲,会发现三者的创造过程几乎是相同的。今天的大多数数学家可能会同意,数学是一门结构和关系的科学,它是在外部文化和内部增长压力的影响下,从算术和几何的原始形式进化而来的。因此,数学获得了许多人文素质,根据

---

　　①　WILDER R L. The beginning teacher of college mathematics[M]//MORRIS W H. Effective college teaching: the quest for relevance. Washington: American Council on Education, 1970: 94-103. 或见: WILDER R L. The beginning teacher of college mathematics[J]. CUPM Newsletter, 1970, 6: 15-24.

其用途被作为一种语言和一种艺术。许多人主张在数学教学中,应该抓住那些有助于灌输我们文化价值的数学特征。即使那些未来纯粹从技术性角度运用数学的学生,了解数学在文化方面的特征对他们也很有益。让学生在大学前以及大学过程中花费数年时间学习数学,但又不了解它在人类文化中的地位和意义是非常可悲的。

怀尔德认为,大学数学新教师可能没接受过任何教学方法的课程学习或指导,他的教学主要受到以下三个因素的强烈影响:在他学习期间给他印象最深的教师所使用的教学方法,他希望如何被教授这些科目而他正这样教别人的个人体会,以及他对于如何采取最佳方式面对特定学生的个体直觉。这三个因素不是独立的,因为每个因素都对另外两个因素有影响,这取决于教师过去的经验。没学生学习的教学是不能称为教学的,在讨论什么是"好的"教学时,这个事实似乎总被忽视。在教学过程中,学生的责任和教师的责任一样多,要不时地提醒学生这一事实。教授一门学科的人是会自主学习的,但许多大学生不明白这个道理,正如普鲁塔克(Plutarchus,约46—120)所说的:"头脑不是一个需要填满的容器,而是一团需要点燃的火焰。"教师的任务就是点燃这团火焰。

怀尔德为大学数学新教师给出了十条具体的教学指南。

一是在没有调动学生积极性之前不要引入新的概念。他通过数学归纳法的教学案例说明,教师应该学会利用学生已有的知识,调动学生积极性去自己发现数学归纳法的原理。

二是要坦诚。当教师不能不懂装懂,一个班的学生通常会尊重和同情一个承认他不知道问题答案并解释其原因的教师。相反,通过鼓励、帮助学生发现答案对其非常有益,有利于建立学生的主动性,提高学习兴趣。这一原则的一个例外是教师"假装不知道"的教学技巧,以便在课堂帮学生找出答案。事实上,一个教师总使用这个教学技巧的情况下,即便他真不知道答案的时候,全班学生也都会认为他知道答案。

三是不要准备过度。数学教学中过度的准备可能会导致枯燥的讲授和课堂中断,今天的学生更有进取心,他们很可能拒绝被"说教",更希望有权参与某个话题的讨论。

四是不要害怕学生提出与课程不相干的话题。如不遵守这一原则,学生可能会对教学主题和老师都产生敌意。当然,如果学生提出的话题太特殊,不太可能引起全班同学的兴趣,那么最好告诉提问者,他可以在课堂外与老师继续讨论这一话题(并解释原因)。

五是避免单纯的训练方法。符号反射式教学就像一种对愚蠢动物的教学方式,容易让学生憎恨数学。"数学是一种活动,数学就是要做数学"这类话有一定道理,但这并不意味着数学学习要进行重复性训练。计算能力也并不是数学能力的象征,一些最好的数学家往往在计数方面很蹩脚。

六是保持对数学的热情。数学家对其后继者和社会均负有责任,有义务把他们传承下来的知识火炬继续传递下去。对有研究兴趣的人来说,这应该没问题。如一个人没有研究兴趣,仍有很多方法可用来保持其对数学的热情。其中之一是浏览大量文献,这些文献可以解释性的书籍和文章的形式获取。在阅读过程中,教师应根据自己的数学兴趣,注意发现重要的内容。还有就是参加专业会议,因为这样可以提供与自己有类似兴趣的其他人建立联系的机会,也有机会聆听杰出人物的演讲。

七是善于接受数学的一般性本质问题。对新教师来说,最令他困扰的问题是,总会有不愿把时间浪费在无用话题上的学生向他提问"这有什么用?",而这一问题的回答对后续教学而言至关重要,且对学科发展往往也具有重要意义。与普遍看法相反,数学不是一门绝对的科学,而是在内容上允许一定任意性的一门学科,它不像自然科学和社会科学那样,受"观点不如证据重要"这一说法的约束。因此,它为学生参与课程内容提供了一个极好的机会,同时也对教师提出了挑战,要求他们为课程中选择的主题辩护,这在研究生课程中越来越普遍。

八是明确数学定义的作用。数学教学的大部分内容涉及定义概念。这些概念中的一些已经成为学生心理系统的一部分,但只是一种直觉观念。教师的任务之一是利用这种直觉的同时,弄清楚为什么数学家还要定义这些概念。向学生解释这一点将有助于进一步解释数学的一般性本质。

九是尽可能单独了解每个学生。由于大学学生人数的增加,这变得更加困难,迫使各大学倾向于大班教学和使用助教。一些最需要进行咨询的学生可能会犹豫是否寻求教师的帮助,他们可能将面临极度沮丧和最终辍学的风险。随着教师变得更有经验,他将能够更容易地发现这类学生。

十是避免仅仅是向学生教学。教师应将教学视为一个师生共同合作的过程,其中教师是一位知识渊博的指导者,但教师也不是绝对正确的。同样,他所教授的科目也不是绝对正确的,数理逻辑和数学基础的现代研究最终揭示了数学的局限性和任意性。

第四章

怀尔德的数学基础研究

怀尔德的数学文化思想是在其对数学基础问题几十年的学术研究、教学反思和哲学思辨过程中不断孕育发展起来的。从早期思考"数学证明的本质"，到数学家大会上发表《数学的文化基础》演讲，给学生开设"数学基础简介"课时的哲学与文化思考，到"数学概念的进化"以及"数学作为一种文化体系"的理论构建，无不显现出怀尔德作为一个一流数学家、哲学家，在思考人类文化本质以及数学文化本质的过程中所展现出来的那种深刻洞见。他也因为把人类学、文化学思想运用到数学哲学思考上而获得了学界的赞誉。毫无疑问，怀尔德是数学文化研究领域的奠基人和先驱者。

一、证明的本质

1944 年怀尔德在《美国数学月刊》发表了《数学证明的本质》一文，是他最早在以往的纯粹拓扑学研究之外，开始思考数学基础问题的文章。通过查阅得州大学奥斯汀分校多尔夫·布里斯科美国史中心保存的怀尔德手稿等文献资料，可以发现怀尔德的一个关于对数学基础和相关内容注记的笔记本。①

笔记本里主要是怀尔德手写的数学学习笔记，还贴有一些著名数学家的文章索引。例如，大卫·希尔伯特曾在德国数学年刊上的两篇文章内容剪纸，分别为

① WILDER R L. History and foundations of mathematics: research notes［A］//Raymond Louis Wilder Papers，1914—1982，Archives of American Mathematics，Dolph Briscoe Center for American History，University of Texas at Austin. Box 86-36/23. 笔者在这里要特别感谢得州大学奥斯汀分校硕士研究生张溢同学的热情帮助，他多次去多尔夫·布里斯科美国史中心帮忙申请了怀尔德相关手稿的扫描件，我们接下来也将在表述中按照美国史中心规定的档案文献学术引用规范，科学标记档案资料的来源和储存位置。

《公理化思想》①和《数学的逻辑基础》②文中的部分内容,主要是希尔伯特文章的原话,怀尔德在贴纸间隙用英文手写了一句话:"What is nature of proof this?"可见,怀尔德作为身处 20 世纪初的著名数学家,一定会聚焦于 20 世纪初那场发生在数学基础主义三大流派之间的哲学论争,这也是他开始对数学基础问题进行哲学思考的根本动因。

怀尔德在《数学证明的本质》一文开篇即指出:"在冒昧地跟大家讨论'数学证明的本质'这样一个题目之前,让我向大家保证,我这样做并不是为了提出任何新的或惊人的事实,我这样做是因为我认为这对我们是有好处的。各类数学专家们经常使用模糊的术语讨论,我们应该不时停下来反思正在做的事情和我们是如何做的。当然,我们把大部分的时间和精力投入证明的行动之中。首先问大家一个问题。你相信有人能够最终证明皮埃尔·德·费马(Pierre de Fermat,1601—1665)定理吗? 或者你相信有人能证明连续统假设吗? 如果我们能找到定理证明,证明它们解的关键问题,那么很多的数学问题就会得到答案。"③

怀尔德指出,我们教授经典几何学等需要证明来解决问题的数学内容时,不断地要求学生证明一些定理。我们经常在学术期刊上看到一些文章,收录一些旧定理的新证明,这些证明之所以合理,要么是因为其更简单,要么是其要求更少的逻辑假设。我们观察到对数学逻辑证明方法的研究,特别是那些被称为希尔伯特思想流派的人,或者受到其影响的数学家们的研究。我们意识到,已发表的证明没有得到普遍接受,不是因为在逻辑推理中出现了任何错误,而是因为可被发现而且是相当无害的一些原则。怀尔德推荐讨论逻辑方面的文章应从罗素的《数学原理》开始。接下来,怀尔德讨论了数学归纳、实例证明、演绎与抽象、建构方法、非一致性原则等数学证明的类型。怀尔德指出数学证明中的教条主义,牛顿和莱布尼茨建立的微积分从现代数学标准来看就没有任何基础,但你不能说它不是数学。在定理证明的思想资源方面,怀尔德非常重视"直觉"的重要作用,数学的定理源于直觉,那么数学证明的角色是什么呢? 在怀尔德看来,"数学证明仅仅是对那些我们通过直觉提出之问题的检验过程"。而且有各种各样的检验方法,如三段论、代换、有限选择等。

最后,怀尔德总结道:我想重申我的信念,即我们在数学中所说的"证明"只不过是对我们直觉产物的一种检验。显然,我们并不拥有,也可能永远不会拥有那些独立于时间的证明标准、需要证明的东西和运用它的人或思想流派。在这种情况

---

① HILBERT D. Axiomatisches denken[J]. Math. Ann. , 1917,78:405-415. 怀尔德的笔记本中贴纸显示该文为 1918 年,但网络查询到该文是 1917 年,第 78 卷。

② HILBERT D. Die logischen Grundlagen der Mathematik[J]. Math. Ann. , 1922,88:151-165.

③ WILDER R L. The nature of mathematical proof[J]. American mathematical monthly,1944,51:309-323. 这是怀尔德 1943 年 11 月 28 日在芝加哥举办的美国数学协会会议上的邀请演讲,后应论文出版编辑的要求,他在文末以附录的形式对其中涉及的完全集、序集、良序集、连续统假设等数学概念给出了详细的注释。

下,无论社会公众会怎么想,似乎只能承认数学中一般来说没有绝对的真理。我们的直觉给出一些结果,它们在数学上似乎是可接受的,而且被证明是公众普遍喜欢的。我们用所谓的"证明"来检验这些结果,当然,如果它们没能通过这样的检验,或者更糟糕的是如果它们的假设导致矛盾,我们不会把这些结果传递给同事,让他们判断这些数学结论的价值。当然,就这一点而言,我们不能对这些结果采取自以为是的态度,甚至是对于我们信赖的四则运算。但我认为,我们可以依靠直觉和我们称为"证明"的检验作为综合证据,即使后者可能被我们的一些同事以某种方式拒绝,可能是基于超自然的力量,或者基于一个上帝的立场,他们所认为的数学宇宙规则。

怀尔德直言不讳地说:"我想自己是一个直觉主义者,因为我认为一个数学家的判断标准是他直觉的质量和可靠性,至少他有能力证明一些问题。而且我倾向于认同我曾听过数学家 E. H. 莫尔的观点'时间可以证明其严谨性',我们当然要感谢那些早期的数学家,从今天的角度来看,他们的严谨性可能是不存在的。如果你们能原谅我个人修改上述论调,那么我认为如果我的直觉告诉我某个定理是可接受的,而且似乎没有矛盾,我将以任何我能证明的方式来证明它。如果我的证明所利用的方法或假设比我的同道更教条,我就会选择彻底拒绝它。如果它看起来在数学上很重要,我将以同样方法证明它并希望把它投递给一个有信誉的期刊。同时,我不会说它是'真理''绝对严谨',虽然我知道它可能是'完美概念'的一部分,但在数学世界里没有完全的自然栖息地。"正如对该论文的评论者指出的,怀尔德认为无论何时我们要证明一个数学定理,我们在证明定理的同时需要检验证明定理的方法,如果给定的证明方法导致定理的不可接受性,那它大概也就会被数学家共同体所拒绝,而数学家共同体的一致同意被认为是数学可接受性的终极判断标准。①

从怀尔德的上述观点来看,他对于数学证明的信念是直觉主义的、经验主义或拟经验主义的,他对于从欧几里得(Euclid,公元前 325—前 270)开始就建立的演绎性、公理化证明,尤其是大卫・希尔伯特发展起来的形式主义证明是持批评态度的,认为他们是教条主义。他曾告诉过数学家鲁本・赫什,自己的作品中含蓄地挑战了形式主义和柏拉图主义思想。赫什问他为何不直接说出来,因为怀尔德没兴趣卷入哲学争论之中。② 在怀尔德的作品中可见,他显然是非常认同哈代思想的,在其后续的演讲、论文和著作中多次引用哈代的言论也是明证。对于数学证明,哈代曾主张:严格来说,没有数学证明这样的东西;我们可以在最后的分析中什么也不做,但必须指出证明就如同我和约翰・李特伍尔德(John Littlewood,1885—

---

① MCKINSEY J C C. Review of Wilder, R. L, The Nature of Mathematical Proof[J]. Journal of Symbolic Logic, 1944, 3: 73.

② HERSH R. Experiencing mathematics: what do we do, when we do mathematics? [M]. Providence: American Mathematical Society, 2014: 62.

1977)称为毒气的东西,只是修辞上的夸耀设计,会影响学生的心理、课堂黑板上的图片和刺激学生想象力的手段。① 数学家们评论怀尔德的观念是过于主观主义的,虽然数学需要直觉,但不意味着数学是主观主义的,毕竟数学证明需要一个科学的标准,那就是"必须建立推理的有效性"。从布劳威尔开始的直觉主义者,他们恰恰是在否定自己主张的道路上前行的,他们自己真正在实践着的数学证明方式跟其他数学家没什么两样。②

二、公理的作用

1. 公理化方法简介

怀尔德于 1952 年出版了《数学基础简介》一书,按照他自己在序言里面所强调的,这是他在密歇根大学数学系所教授的"数学基础"课程 20 多年的成果,这门课程不是为了本科为数学专业的教师、保险精算师和统计学家准备的,而是为那些离开大学后打算终身从事数学研究,而他们又缺少现代数学知识和数学基础理论的人准备的。这门课程对他们的训练主要是经典数学及其应用,主要还是 20 世纪以前的数学部分,尤其是康托集合论思想方法之前的数学。全书包含两大部分:第一部分是数学的基本概念与方法,包括公理化方法、公理化方法分析、集合论、无穷集、良序集与序数、线性连续与实数系统、群论及其对数学基础的重要性;第二部分是数学基础问题各类观点的发展,包括数学基础问题的早期发展、弗雷格与罗素的形式逻辑、直觉主义、形式系统与数理逻辑、数学的文化背景。可以说,怀尔德正是在这门课程的教学过程中形成了对数学基础问题的哲学思考。

在公理化方法这两章,③怀尔德指出:数学家们理解和实践的公理化方法是人类思想长期进化的结果,在讨论公理化方法之前,应先简要说明"公理"这个术语的一些较早的用法。这个词的现代用法代表着高度的成熟,如果对它的进化过程有所了解,就可以更好地理解它。他回顾了公理化方法的发展历程,指出从初中几何开始就使用的两组基本假设:一组叫作"公理"(axiom),另一组叫作"公设"(postulate),书中会解释"公理是自明的真理(anaxiom is a self-evident truth)""公设是几何事实(a postulate is a geometrical fact)"。它们因为非常简单和明显,而被认为是真的。他引证了亚里士多德(Aristotle,公元前 384—前 322)的论述:每

① HARDY G H. Mathematical proof[J]. Mind, 1928, 38: 11-25.

② EPSTEIN R L. Mathematics as the art of abstraction[M]//ABERDEIN A, DOVE I J. The argument of mathematics. New York: Springer, 2013: 257-290.

③ WILDER R L. Introduction to the foundations of mathematics[M]. New York: John Wiley & Sons, Inc. 1952. 数学家严加安院士主持的"数学概览"丛书,在翻译数学家 J. R. 纽曼《数学的世界》时因为纽曼在"数学真理与数学结构"栏目中选用过该书中关于公理化方法的一部分内容,华东师范大学王善平教授翻译了这部分内容,这里笔者参考了其部分中文翻译。详见:纽曼. 数学的世界:I[M]. 王善平,李璐,译. 北京: 高等教育出版社,2015: 73-94.

一门论证性科学必须从不可证明的原理开始；否则的话，证明的环节将没有尽头，关于这些不可证明的原理，有些是所有的科学所共有的，其他是独有的，或者是特定的科学所特有的。共有的原理是公理，公理的最常见例子是"如果从等量中减去等量，则余量相等"。在独有的原理中我们首先要有"类"或者"内容"，必须假设它们的"存在性"。

怀尔德指出：亚里士多德以及或许同时期的其他学者，对论证性科学的本质已经有很好的理解；而且数学命题的逻辑推理在柏拉图学派很常见，（或许）在毕达哥拉斯学派中也是如此。然而，欧几里得的著作《原本》的影响巨大；可能没有其他的文献曾经对科学思想产生如此大的影响。例如，现代中学的几何学通常是以欧几里得的名著为范本，这就解释了至今仍普遍采用的"公理"和"公设"分组。还有，在非数学类的文献中，使用诸如"……是不证自明的"和"这是……的基本公设"等语句，以表示某些事物是"普遍的"或"无可反对的"之意也是这种数学术语的传统用法。

怀尔德还曾为百科全书撰写过"公理化方法"词条，公布一组关于待研究概念（诸如平面几何学）的基本陈述，使用一些未定义的技术词项以及经典逻辑的词项。通常对所给逻辑词项的含义不作描述，既不陈述它们的使用规则也不陈述允许用于定理证明的方法；或许这些省略会成为公理化方法的弱点，基本的陈述被称为公理（或同义词公设）。规定在从公设到定理的证明中，可以使用经典逻辑的"矛盾律"和"排中律"，于是"归谬法"成为常用的证明方法。关于公理和从其证得之"定理"的陈述，被称为隐含于或推之于公理。①

怀尔德通过例子详细地阐述了公理的来源、定理的证明，并在该章结尾的评论中指出：如果把欧几里得的平行公理替换为它的一个否定陈述，于是从欧几里得几何的公理中导出一个非欧几何的公理系统；这是可以获得新公理系统的另一个方法的例子。一般来讲，我们可以挑选一个给定的公理系统，并以适当的方式改变其中一条或多条公理，以导出一个新的公理系统。众所周知，当一个系统挑选了未定义词项和原始命题（或公理）后，它会面临至少三个相关问题：第一，这个系统适合于设定它的那个目标吗？第二，系统中的公理是否真正独立，即它们中的任何一个是否可以用其他公理来证明？（如果是这样，那这条公理或许应该从系统中剔除，并转入待证明的定理集合。）第三，这个系统是否隐含了矛盾的定理？（如果是这样，这个缺陷必须先设法消除，才能使用这些定理。）在这三个问题中，关于矛盾性是目前数学领域最基本和关键的问题。因此，怀尔德在书中第二章详细讨论了公理系统的相容性、公理系统一致性的证明、公理的独立性、公理系统的完备性、未定义词项的独立与完备性、各类评论、简单顺序（线性序）公理、等价公理，以及读者

---

① WILDER R L. Axiomatization[M]// NEWMAN J R. The harper encyclopedia of science. New York：Harper and Row，1963：128. 这是怀尔德曾为哈珀科学百科全书撰写过的"公理化"词条。

后续阅读所需的历史文献等。

　　怀尔德在对公理化方法相关内容的评论中,提到了著名数学家维布伦博士论文中公理化方法的错误。维布伦于 1903 年在数学家莫里茨·巴什(Moritz Pasch,1843—1930)、皮亚诺、希尔伯特、马里奥·皮耶里(Mario Pieri,1860—1913)等人以往理论的基础上构建了一个三维欧氏几何的公理系统,①但却基于两个完全未定义的词项"点"和"序",数学家阿尔弗雷德·塔斯基(Alfred Tarski,1901—1983)最先发现并指出了维布伦的逻辑错误,②怀尔德对此曾评述道,因为"全等"的概念中包含了"点"和"序",结果就会造成包含相同点以及点之间相同序关系的公理系统。③

　　关于公理化方法的优点,怀尔德认为,第一个优点就是"经济性",在很多现代数学分支中是一种"节省人力的手段",如果一个数学分支中有公认的预先建立好的公理系统模型,那我们就有可能看到新的可能性,因为有些知识已经预先包含在之前研究过的公理系统中了。公理化方法不仅实现了经济性,而且在任何可能解释的已知公理系统中都会有新启示。第二个优点是隐性定义的特征,虽然数学概念的起源和发展可能会沿着完全不同的路线行进,可以这么说,一旦某些数学概念成熟,它的公理化特征可被证明是极其有利的。例如,实数系统的发展,作为现代分析的基础,缓慢进化了好几个世纪。今天正如我们所见,我们能给出实数精确的公理化定义并利用基于公理的定理研究其性质。还有一个跟上述优点有可能相关的优点(当然读者可能认为是或者不是),当我们基于公理系统证明定理的时候,总有数学专业的学生宣称"如果我能知道怎么假设,我就能证出这个问题",这样我们就可以给他提供一个公理系统,给他一个证明的出发点,因此,基于这个理由,公理化方法在培养学生成长方面是非常有益的教学手段。

　　关于对公理化方法的反对以及其缺点,怀尔德认为"没什么事物是完美的",公理化方法也不例外。对公理化方法批评最多的是经常使用和依赖逻辑,不仅仅是亚里士多德的逻辑规则,而且包括逻辑词项事先假定的普遍性。一些数学家反对公理化方法高度形式化的特征,特别是其将未定义的词项作为基础,基本假设(公理)和逻辑演绎在没有任何解释下可以进行。他们当然认为形式化是好的,但在很多情况下完全依赖其进行判断,特别是在其使用过程中有些走得太远了,例如将 1,2,3 等整数作为未定义的词项。显然,这种方法不适合未发育完全的学生头脑。很多数学家和教学人员认为在教高中生几何概念时,更好的方法是让学生"观察",形式化的基本概念对他们来说只是浪费时间。但可以肯定的是,也有数学家支持

　　①　VEBLEN O. A system of axioms for geometry[J]. Trans. Amer. Math. Soc., 1904(5):343-384.

　　②　TARSKI A. A general theorem concerning primitive notions of Euclidean geometry[J]. Indag. Math., 1956(18):468-474.

　　③　WILDER R L. Introduction to the foundations of mathematics[M]. New York: John Wiley & Sons, Inc., 1952:63.

所有的数学都应该有公理化基础,这并不意味着他们要求给全部数学提供一个单一的公理系统,这当然也是不可能的,事实上正如我们所常见的,能有 5 个数学家一致同意同一个数学定义都是一种奇迹。但很多数学家断言,数学的每一个分支或其中的部分都应该被公理化。另一些极端的数学家所做的事情跟公理化毫无关系,他们的数学概念在材料形式化完成后迅速挤出其数学成分。

2. 公理化方法与创新人才培养

1957 年 12 月 26 日至 1958 年 1 月 4 日,在加州大学伯克利分校举办的"公理化方法"国际学术会议上,怀尔德做了题为《公理系统与创新型人才发展》的大会报告,[①]他开篇即指出:"也许我应该为在这里提交一篇没有体现公理学研究新成果的论文而道歉。然而,一段时间以来,我一直觉得应该有人描述一种基于公理化方法的重要教学方法,这次会议似乎是一个合适的场所。事实上,我可以指出一个很好的先例,那就是已故的美国数学会主席 E. H. 莫尔,他把退休后的很大一部分时间都用在了研究纯粹数学飞速发展的抽象特征上,特别是在中小学数学教学中越来越多地使用公理系统的作用。我不知后来莫尔的这个思想对小学数学教育产生多大影响,重要的是对后来美国数学会、美国数学协会等组织产生影响,尤其在本科数学教学中关注这方面的问题。"

怀尔德首先还是回顾公理化方法的历史发展,在过去 50 年左右的时间里,我们曾听到了大量使用公理化方法作为研究工具的消息。事实上,这种方法的使用被合理地认为是现代数学发展过程中最突出和最令人惊讶的现象之一。他指出,近 50 年前,庞加莱这样伟大的数学家就在一篇题为《数学的未来》的文章中,仅仅用不到半页的篇幅来讨论公理化方法。希尔伯特虽然承认使用这种方法的辉煌,但他预测公理化方法为数学的各个领域提供基础问题将是非常"受限制的",而且可能用不了很长时间就不会再有什么事情可做了。外尔在女代数学家埃米·诺特(Emmy Noether,1882—1935)的传记中更是毫不客气地指出公理化方法的发展前途已接近枯竭。[②] 怀尔德认为庞加莱的预言和外尔的恐惧都没有道理,因为他们都没有意识到公理化方法的新用途之一是作为一个"有力的创造性工具"。他指出外尔还是比较幸运的,能够活着看到公理化方法在现代数学发展历程中的胜利,如果庞加莱能活着看到这种方法是如何促进数学进步的,他也会乐意承认自己预言的缺陷。

怀尔德认为现代数学的进化正朝着不可避免要运用公理学的方向发展,这是每一个现代数学家所熟悉的。这种方法作为开辟大量数学研究新领域的工具价值,就像它在代数和拓扑中所做的那样,还没有恰当的例子给数学公众留下深刻的

① WILDER R L. Axiomatics and the development of creative talent[M]// HENKIN L, SUPPES P, TARSKI A. The axiomatic method with special reference to geometry and physics. Amsterdam: North-Holland, 1959: 474-488.

② WEYL H. Emmy Noether[J]. Scripta Mathematica, 1935(3): 1-20.

印象。在 20 世纪初活跃的数学家中,似乎没有人比美国数学家 E. H. 莫尔更清楚这一趋势。他对公理化的兴趣和使用是众所周知的,对小学数学教学产生了影响。在他指导下的数学家 R. L. 莫尔和维布伦也都是在几何公理基础上写的博士论文,后来他们的兴趣转到了几何学的分支拓扑学上,尽管那时候还叫作"位置分析"。而且非常有趣的是,二人遵循的是不同的发展路线,维布伦遵循的是庞加莱发展起来的"代数拓扑"路线,而莫尔遵循的是康托和舍恩弗利斯发展起来的"点集拓扑"路线。后来,点集拓扑学理论自然而然地走上了 R. L. 莫尔所发展的公理化路线,而代数拓扑最终也走上了公理化发展道路。

怀尔德认为更为重要的是,R. L. 莫尔用他的公理系统进行平面位置分析的方式来发现和培养创造性人才。我们这些习惯在构建新理论或其他技术创新过程中使用公理的人,可能已经忽视了这样一个事实:即公理化方法可以作为最有用的基础教学手段。怀尔德指出自己在代数和拓扑学的研究生课程中,使用他导师 R. L. 莫尔在"数学基础"课程中运用的公理化教学方法。他把 R. L. 莫尔的方法总结为 7 条:①选择那些有能力(通过个人接触和历史了解到的)处理研究所需材料的学生;②控制参加群体的规模,4~8 个学生可能最合适;③提供适量的直观性材料作为证明建构的辅助手段;④由学生自己按照公理化发展的理想方式去提供严格的证明;⑤鼓励良好和善的竞争,它可能发生在课堂上学生给出定理的尽可能多的证明之时;⑥强调方法而不是主题事项,主题所涵盖的数量因班级规模和个别学生的素质而异;⑦选择最适合该方法的材料。通过上述一系列系统的方法实施过程很快就可以判断并揭示学生是否具备数学天赋。

怀尔德指出在本科教学中应该运用这种方法。当前我们听到很多关于鼓励年轻学生从事数学或科学职业的言论,不幸的是在本科培训的早期,数学失去了很多潜在的创造人才,怀尔德相信这其中很大程度上是由于传统的教学呈现模式造成的。公理化方法至少有可能为解决这一问题提供部分思路。怀尔德认为美国教育系统中最大的错误之一就是低估了年轻学生抽象思考的能力。结果是强迫他们"现实地"思考,实际上他们更愿意"抽象地"思考,所以当他们开始研究生学习的时候,抽象能力已经变得如此迟钝,必须尝试重新发展他们的抽象能力。怀尔德举迈阿密大学运用莫尔方法进行教学实验的例子,当然这些实验还在进行阶段,他希望看到更有效的实验报告。怀尔德还引用了 E. H. 莫尔的观点,建议在高中课程中创造性地运用公理化方法。

当然,怀尔德也指出希望自己在发言中对公理化方法没有过分的强调,不要给人的印象是他认为公理化方法是万能的。他不认为所有的课程都应该是公理化的。但怀尔德相信,20 世纪上半叶公理化方法在数学研究方面取得了巨大进步,而且在很大程度上也可以在数学教学中找到相似之处,从初级教学到与前沿数学接轨的特殊时期里,运用这种方法是明智的策略,将有利于发现和发展许多创造性人才。

3. 公理化方法的作用

1965 年 2 月 6 日,美国数学协会在加利福尼亚的圣马特奥学院(College of San Mateo)举办会议,怀尔德做了题为《公理化方法的作用》的报告,后来修改后发表在《美国数学月刊》上。[①] 他回顾了从古希腊直到 19—20 世纪公理化方法在现代数学发展过程中所扮演的重要角色。古希腊数学家运用公理化方法只是为了给数学提供一致性基础,而 19—20 世纪的公理化方法让现代数学的抽象性增强了。他举了在数学基础研究中公理化方法作为一种模式的例子,戴德金、魏尔斯特拉斯、康托等人关于实数连续性结构研究强调了集合论思想,他称为"遗传的力量",从数学进化论的角度,连续统假设是从实数连续性问题自然进化过来的。怀尔德还强调了公理化方法在集合论进化过程中扮演的重要角色。但他也诚恳地重申,他并不认为公理化方法是集合论或者逻辑理论建立的必然途径,而且再次强调自己是个直觉主义者。

怀尔德根据形式化程度,讨论了三种类型的公理化方法。第一种类型被他称为"欧几里得型"的,类似于欧几里得《原本》中的方法,原始的术语未被视为未定义的,而且只描述了一个模型(物理的或者社会的世界),目的是阐述模型的基本性质和关系。最著名的例子,如牛顿的《自然哲学的数学原理》和巴鲁赫·斯宾诺莎(Baruch Spinoza,1632—1677)的《伦理学》。怀尔德认为现代社会科学中公理化方法运用的匮乏可能有两个原因:一是这些科学就是臭名昭著的缺乏理论,二是缺乏适当的结构模型(可能是由于没有感知或感觉到社会模式的某些重要细节而造成的缺陷)。怀尔德认为,就数学理论而言,"欧几里得型"的公理化方法在数学思想的进化中扮演了重要的角色之后,现在可能已经死了。但它可能会继续在那些没有数学这样古老、有着珍贵遗产的其他学科领域发挥重要的作用。

第二种类型的公理化方法,是大家在数学研究与教学中熟悉的,被称为"工作的数学家型"的。数学家很小心地列出原始术语,但既没有列出应该遵守的逻辑规则,也没有列出应该遵守的集合论规则,因此用"朴素的公理学"来形容。对于逻辑和集合论规则采取的操作像"绝对主义"或"柏拉图式的"观点。这种方法是现代数学各分支研究的基本工具,特别是代数、拓扑和分析,没有必要在此叙述其重要作用的细节,它在很大程度上是现代数学日益抽象的原因。这种方法也扮演了越来越重要的教学角色,例如,数学家 E. H. 莫尔等人在"新学校数学"教学中的广泛应用,其第一个产品就是 R. L. 莫尔以及其所倡导的"公理化式"教学方法。

第三种类型的公理化方法,不仅讨论逻辑是必备的,而且是明确的形式化,已被证明是现代数学基础研究的主要工具之一。例如,哥德尔基于可构造集合的概

① WILDER R L. The role of the axiomatic method[J]. American Mathematics Monthly, 1967(74): 115-127.

念对广义连续统假设与集合论其他公理的兼容性证明，如果使用公理要求所有集合都是可构造的，那么广义连续统假设就成立了。从保罗·科恩（Paul Cohen，1934—2007）的工作中知道，广义连续统假设本身是一个比可构造公理更弱的公理。当然，只要在集合论的公理中加入广义连续统假设，就能得到所有需要的东西，但对此有两种反对意见：一是它缺乏与集合论的其他公理相关的直觉特征，二是它缺乏动力，因为它产出的数学成果太微薄了。

　　怀尔德最后总结道："总之，当我考虑（我有点武断标记的）三种公理化类型时，我感觉到现代数学尽管抽象，但看起来越来越像应用科学。当应用科学家使用'欧几里得型'的公理化来分析和描述物理或社会环境中的概念模型时，他就是从感知诱导的概念中推导出他的公理的。当'工作的数学家型'使用所谓'朴素的'公理化方法，他是从一个直觉诱导的概念推导出他的公理，他的数学直觉已经感觉到一个重要的结构或模式。最纯粹形式的公理化方法第三种类型，使逻辑学家能够分析我们的逻辑方法和集合理论，在所谓'朴素的'公理化中被认为是理所当然的事情。尽管公理化方法有局限性，尽管它未能证明由皮亚诺、希尔伯特和其他先驱者最初设想的数学基础问题，但公理化方法还没有到鼎盛时期的尽头，也许它最大的荣耀还没到来。它作为分析抽象数学结构和研究我们直觉所提供的方法与结构的研究工具，在教育学中的作用不断扩大，也许只是一个它能发挥更基本作用的预兆。尽管公理化方法似乎无法填补为数学基础提供自由直觉的作用，但我认为它将继续是我们创造新数学和数学教学最有效的工具之一。"

三、直觉的作用

　　怀尔德在多篇文章和演讲场合宣称过自己是个"直觉主义者"，1952年出版的《数学基础简介》一书中专用一章介绍了"直觉主义"，包括布劳威尔及其学派的直觉主义哲学基础、直觉主义逻辑。怀尔德认为直觉主义作为一种哲学有着显著的特征，至今一直备受关注。而且，尽管形式主义学派的代表人物希尔伯特非常激烈地反对直觉主义，最终他在自己的"元数学"研究中被迫接受了直觉主义"建构性"原则，这种倾向甚至在接下来数理逻辑的进化中亦有显现。正如利奥波德·克罗内克（Leopold Kronecker，1823—1981）所主张的，数学家们普遍理解的直觉主义，数学概念建构的基础是自然数"直觉的给出"，使得直觉主义最难被接受的信条可能就是，数学几乎成为个人的事情，而不是一个有组织的或者文化现象。数学直觉主义哲学的主旨是，尽管历史上的数学从经验时间的感觉而来，其抽象形式纯粹是直觉的，而不依赖逻辑或科学，相反，逻辑和科学依赖并使用数学的方法。所有数学都可以从自然数基本系列中"直观清晰"的建构性方法得出。语言和符号性语言不是数学的基础，不过是（不完美的）数学思想交流的手段。虽然人们认识到，数学的起源是经验，现代数学抽象表述纯粹是直观的智力产物，而不仅仅是形式的内容。①

1965 年,他在宾夕法尼亚州的韦斯特切斯特学院(Westchester State College)发表了题为《直觉的作用》的演讲,后于 1967 年发表于《科学》(Science)杂志上。② 怀尔德在文章开篇回忆:"我记得当我还是名博士生的时候,我导师(莫尔)一次又一次地告诫我'不要让你的直觉欺骗你'。然而,我永远记不起把这句话理解为什么意思;我可能认为它的意思是'不要让你的想象力把你引入歧途,你认为正确的东西很可能被证明是错误的'。"怀尔德提到,关于直觉有可能带来认识上错误这方面的文章,自己最喜欢的是收录于数学家詹姆斯·纽曼(James Newman,1907—1966)主编的《数学的世界》选集中,哈恩的题为《直觉的危机》的演讲文本,该文章也警告"你认为正确的东西很有可能是错误的"。事实上,从哈恩的文章中所举的各种各样的几何例子,可以很容易地概括出这样的观点:直觉是完全不可靠的指南,即使它的每个建议都得到严格的检验,也应以怀疑的态度看待它。③ 怀尔德认为,仔细考虑这个关于直觉的警告后,现在没有人会反对这一点。但是,虽然直觉是完全不可靠的,这种精神品质,不管它是什么,已经受到了太多的误解。实际上,如果没有直觉,数学创造将几乎停止,现代的教学方法也将很难证明其公理性。为了支持这些论点,必须弄清楚"直觉"在数学中到底是什么意思。所以怀尔德接下来讨论"数学直觉的本质"问题。

1. 直觉的本质

怀尔德相信某些(如果不是全部,至少有一部分)哲人具有"先天的直觉",他举例哲学家勒内·笛卡儿(René Descartes,1596—1650)、康德、布劳威尔、庞加莱都有天生的直觉。怀尔德不相信他的老师们有这种与生俱来的直觉,而且他一直怀疑他的老师们是否曾经试图分析所谓的"直觉"到底是什么意思。但他们在某种程度上把直觉与经验联系起来,更准确地说是数学经验,而且数学家越有经验,他的直觉就越可靠。也就是说,数学直觉和智力一样是一种心理素质,这种素质可能来自于遗传能力,但在任何时候,它主要是一种态度的积累,这种态度来自于一个人的数学经验。这并不意味着数学直觉是种已包含一个人对从未面对过的一个数学情境的态度。事实上,在今天这个数学分支广泛多样的时代,一个数学家可能对他从未研究过的数学分支几乎没有或根本没有直觉,他的直觉主要用在其有经验的领域。该论断与哈恩文章的结论是一致的,即直觉是根植于心理惯性的习惯力量。

---

①   WILDER R L. Introduction to the foundations of mathematics[M]. New York: John Wiley & Sons, Inc. ,1952: 296-298.

②   WILDER R L. The role of intuition[J]. Science: New series, 1967(156): 605-610.

③   在这篇报告中,哈恩以大家认为最直观的几何学科为例,来说明在很多情形下直觉都有欺骗性,把我们引入歧途,直觉上正确的命题一次又一次被逻辑分析证明是错误的,数学家们越来越怀疑直观的合法性。详见:NEWMAN J R. The world of mathematics: Vol. 3[M]. New York: Simo and Schuster, 1956: 1593-1611. 中文可见:纽曼. 数学的世界: Ⅰ[M]. 王善平,李璐,译. 北京:高等教育出版社,2015:73-94.

直觉就像智力一样,可能完全是由文化环境造成的,甚至可能比智力受文化环境的影响更大。怀尔德特别相信,一般的非数学家头脑中除了有些模糊的特质外,根本就没有数学直觉,如果他有了丰富的数学经验,就会产生数学直觉。

2. 个体直觉与集体直觉

关于个体直觉和集体直觉,怀尔德更关心个别数学家的直觉,但他没有意识到某些问题本质上可以称为集体直觉或文化直觉。例如,在魏尔斯特拉斯给出一个实连续函数在定义区间内任意一点都没有导数的例子之前,几乎每个数学家都直觉地认为这样的函数不可能存在,这种直觉已成为一种文化态度,一种普遍信念。一个人在对这些问题有真正直观的感觉之前,他必须先着手解决这些问题。但每个在数学上走得较远的人都曾研究过实变量函数,发展关于它们的直觉是可预期的,同样的道理也适用于实数连续性结构。就那些构成每个数学家知识的、他们所关心的数学概念而言,可以认为存在数学共同体大多数成员都有的一种直觉。但是一旦一个人超越这些概念进入数学专业领域,尤其是他们的前沿领域,直觉就变成了一件非常个人化的事情,这种直觉在创造性工作中有直接的重要性。但这完全符合"数学直觉"的概念,它是一个从经验中获得态度的累积物。就普遍的知识而言,如函数理论,学生们所获得的态度是由他们的老师所决定的,而且明显与当时那个时代普遍的数学文化有关。但当一个人培养出特别感兴趣的领域,特别是当他开始从事某一领域的前沿研究时,他就会根据自己个人经验形成自己的态度。这时他才能做出有根据的猜测,因为他已经形成了自己的直觉。尽管与当前文化氛围的联系仍可追溯,但远没有那么直接。

3. 直觉在数学中的作用

关于直觉的作用,怀尔德认为通过具体例子来说明还是可取的。第一个例子是非欧几何,古希腊人和他们的中世纪后继者,显然拥有直觉"平行公理是正确的"。这是当时所有数学家都具有的一种直觉信念,因为在那个时期,所有自称为数学专家的人都应该熟悉欧几里得的《原本》。哈恩在他的文章中引用这个典型例子来说明,集体的直觉是一种错误的指南。但怀尔德认为试图评估这种直觉对数学的总体影响是很有趣的,直觉的错误并不足以得出它就是坏的结论,至少在非欧几何这个例子中怀尔德相信这种影响反而是非常有益的。如果没有"平行公理可从欧几里得其他公理中得到证明"这种信念(这种信念的直接结果是关于它是真理的共同直觉),那么,非欧几何的出现以及它对所有数学和哲学的影响可能会被推迟。当然,如果不是因为其他原因,非欧几何迟早会被发现,例如,希尔伯特在他的几何基础中构想的公理化方法,已开始在布尔、威廉·汉密尔顿(William Hamilton,1805—1865)和其他数学家的工作中出现。毫无疑问,最终会有人用其他方法来验证平行公理,就像汉密尔顿和赫尔曼·格拉斯曼(Hermann Grassmann,1809—1877)用否定交换代数定律的方法一样来验证它。但由于欧几里得几何不仅在哲学中的特殊地位,而且作为普通数学课程的一部分,最终意识到平行公理的独立性对于数学和哲学界的影响,引发了一系列研究,其影响引发了哲学和数学思想的实质性革命。

第二个例子是怀尔德上面提到过的,错误的直觉为"连续函数在其定义区间的某一点上必须有导数的信念"提供了基础,对魏尔斯特拉斯提出例子之前的时期进行研究,就会发现这种虚假的直觉影响也有其有益的一面。我们可立即想起约瑟夫·路易斯·拉格朗日(Joseph Louis Lagrange,1736—1813)提出布鲁克·泰勒(Brook Taylor,1685—1731)级数展开函数求导数的方法,从而开创了解析函数理论。如果拉格朗日知道,正如我们现在所知道的,勒内·路易斯·巴依雷(René Louis Baire,1874—1932)范畴定理意义上的"大多数"连续函数在定义区间内的任何地方都没有导数,他有可能会打消提出一种他认为适用于所有连续函数的方法的念头吗?

第三个例子是关于"闭合曲线"的,更具体地说是平面上两个区域的公共边界曲线。怀尔德指出 20 世纪初人们对这种拓扑结构的兴趣更为广泛,因为若尔当曲线定理和皮亚诺的空间填充曲线都激发了人们对平面曲线的兴趣。虽然现在知道了闭合曲线的一些简单例子,这些闭合曲线除了作为公共边界的两个域外,还有其他的互补域,显然在 20 世纪初我们的共同直觉是只有两个这样的域,一个内域和一个外域。若尔当曲线定理的证明对这一直觉的影响有多大或许只能猜测。平面拓扑学方面的专家、欧氏空间拓扑学的主要创立者,舍恩弗利斯的相关证明中理所当然地认为闭合曲线仅有两个互补的区域。这当然是坏的,但它对数学发展的影响就一定是坏的吗? 怀尔德认为不是。它显然引起现代直觉主义之父布劳威尔的注意,并激励他去研究假设的有效性。这帮助激发了舍恩弗利斯持续研究拓扑学的兴趣,特别是使他对闭曲线的拓扑不变性产生了兴趣。在他第一个给出的证明中提出一系列的观点,导致了同调理论在一般空间中的推广。几年之后,舍恩弗里斯在拓扑学这一数学分支有了很大的成就,他发现的很多结果已经成为数学史上的经典(如不动点定理和局部欧氏流形的映射),但直到十多年后才完全被拓扑学的主流接受。

怀尔德通过三个都是错误的集体直觉的例子,来说明它们的影响未必完全是坏的。他好奇的是,既然有关基本问题的集体直觉是错误的,到底能做出多少好的数学。在魏尔斯特拉斯提出例子之前的那段时期,关于连续性、导数的存在、无穷级数、实数系统和许多其他基本概念的"集体直觉",往好了说是错误的,其实根本就是充满了错误。然而,很多经典分析都是在这样的基础上建立起来的。我们谈论现代奇迹,就像我们谈论古希腊奇迹一样恰当。说到"古希腊奇迹",怀尔德想起不可公度量的经典危机。关于数和量的集体直觉"所有量都是可公度的"尽管是错的,但它却促进了许多优秀的数学创造。对它们真实性质的最终发现,导致那段时期产生了非常丰富的数学成果。

怀尔德个人认为它们都代表了数学进化中的自然现象。在每一个案例中都有强有力的证据表明,发现基本直觉错误的过程都和几个数学领导者有很大关系,并且他们都是独立工作的。在发现不可通约性的例子中,有人将其归功于毕达哥拉斯本人,也有人将其归功于毕达哥拉斯的学生希巴索斯(Hippasus,约公元前500,生卒年月不详)。但事实是没有人真正知道究竟该归功于谁。然而,由于毕达哥拉斯定理在当时已经广为人知,所以,无论谁首先发现了正方形对角线和边之间的不可通约性,都不可能被长期掩盖。在欧几里得平行公理的例子中,高斯、鲍耶和罗巴切夫斯基几乎同时发现这些事实。我们现在从数学史上也知道波尔查诺关于有界数列必有收敛子列有一个类似于魏尔斯特拉斯的例子。同样,就在布劳威尔发现他的病态闭合曲线例子的同时,日本数学家和田宁(Wada Yenzō Nei,1787—1840)也提出了一个。没有人知道有多少数学家,或者正在研究,或者已经给出了例子,来证明这些“集体直觉”的错误性质。空间填充曲线的发现是另一个典型的例子,平面曲线的参数化表示已经被证明是非常有用的,尽管它的引入可能是由柯西提出的,显然是在直觉信念影响下提出的,这种直觉信念认为这些曲线永远都是直觉上可以接受的曲线类型——没有“宽度或厚度”。通常的情况是这样的,后续许多好的研究基于这个概念,皮亚诺、E. H. 莫尔和希尔伯特几乎同时提出例子显示,这种直觉下的概念参数表示是错误的。之后,大约有40年的时间对平面拓扑及其相关问题的研究与之有关。

4. 直觉在数学概念进化中的作用

怀尔德从文化层面分析“直觉”在概念进化过程中的作用,上述历史案例中的数学概念进化在文化层面暗示了什么? 前面怀尔德举出的都是错误的案例,接着他举出一些直觉正确的案例,从而解释直觉促进新数学概念进化的过程。直觉主义哲学认为计数或自然数 1,2,3,…,这些行为起源于人的直觉(心理行为的基本系列中),包括第一行为、第二行为、第三行为等。怀尔德认为这一定是一种源于物质和文化环境的直觉。更具体地说,这可以从研究原始数字的形式以及计数实践中推断出来,使用一一对应来比较物理对象的集合,以及这种对应实际确定的重复性特征,建立一系列态度,最后形成基本心理系列的直觉。这是一种文化层面的直觉,几乎所有人都认为有必要进行原始形式的计数。可能在几何学进化中也有类似的直觉,例如有必要进行长度和面积的比较。当然,所有这些都是推测性的,但它似乎很大程度代表了历史记录更完整时期之前发生的那些事情。这是最早的例子用以说明集体层面的“正确直觉”如何有助于建立数学基础。正是这种直觉最终产生了导致“希腊危机”的概念(无理数),对于欧多克斯(Eudoxus,公元前408—前355)和他的同时代人来说,有必要创造一种新的概念框架,这种框架虽然包含了旧框架的主要部分,却摒弃了那些被认为是错误的部分。随后出现了我们称之为“古希腊奇迹”的活动,基于对数字概念的一种新直觉——即所谓的“几何度量”——它允许在毕达哥拉斯的旧理论基础上进一步构建数学理论。这种直觉虽然用几何语言表述,但实际上构成了一个完整的实数系统理论。不幸的是,西方文化所走的道路阻碍了古希腊直觉的进一步发展。

直到 19 世纪后半叶数学分析基础性问题讨论中,基于古希腊人及其后继者(他们为数增加了新的符号表征)所奠定的基础,才揭示出欧多克斯所创造的直觉之不足。实数分析已经用集合的概念使得实数连续性更精确地形式化了。魏尔斯特拉斯等人提出的所谓"分析的算术化",为实数的连续性提供了新的概念,使后来在分析和拓扑学方面的测度论及其辉煌研究成为可能。但是这个关于实数连续性的新概念产生了一种新的直觉——集合理论。康托的工作是这种新直觉的经典表述,其中一些错误是在早期集合论矛盾的伪装下被发现的。现在数学界已经发展出新的严谨性标准,人们认识到必须在集合论更精确的形式中寻求补救办法。古希腊人用来避免芝诺悖论和可公度性假设的公理化方法正接近一个新的成熟阶段,再次提供了一种达到预期精确度的方法。对大多数普通目的,集合论的公理系统提供了一个相当令人满意的基础。但就一般集合论的独特形式而言,我们今天的处境并不比毕达哥拉斯几何理论或早期分析者追求的实连续性好多少。例如我们对选择公理的知识是纯直觉的。基于它的使用,我们积累了大量优秀的数学,但我们对它的矛盾结果感到不安,如巴拿赫-塔斯基定理。① 同样包括连续统假设,尽管这可能对我们大多数人来说情况并不严峻。但这确实是个提醒,我们对实数连续性的直觉并没被魏尔斯特拉斯及其同时代人的工作完全阐明,必然产生了一种新的直觉——集合论——只要这种理论仅有一种直观的基础,那所有依赖于它的数学也只有一种直观的基础。

怀尔德根据上述种种分析最终得出一个结论:数学最终是基于直觉而言的,直觉主义者是正确的。但数学直觉,正如也曾用过的概念,并不完全是直觉主义;而且,大多数数学家使用的方法不是直觉主义的方法。为了总结数学直觉在数学概念进化中的作用,数学家对基本概念的集体直觉是通过对当前概念中一系列错误的发现而增长的,这些概念最终被新概念取代。随着大量优秀数学成果的产生,这些新概念不仅消除了错误,而且促进新基础的积极活动,更优秀的数学成果随之不断产生。新概念最终开始揭示错误,特别是当发现它们带来了新的直觉,这些直觉必须在概念上更加精确,如此循环往复。

5. 直觉在研究中的作用

怀尔德指出,庞加莱和阿达玛的著作中很好地说明直觉相对于个体层面在创造性工作中是如何起作用的。这种直觉是一种高度专业化的品质,它只跟个体或少数人正在处理的特定问题有关。当然,他们的背景是集体直觉,他们当然也受到

---

①   巴拿赫-塔斯基定理是指 1924 年数学家斯特凡·巴拿赫(Stefan Banach,1892—1945)和阿尔弗雷德·塔斯基(Alfred Tarski,1901—1983)首次提出的定理。这一定理指出在选择公理成立的情况下,可以将一个三维实心球分成有限(不勒贝格可测)部分,然后仅仅通过旋转和平移到其他地方重新组合,就可以组成两个半径和原来相同的完整的球。巴拿赫和塔斯基提出这一定理原意是想"拒绝选择公理",但该证明很自然,因此数学家认为这仅意味着选择公理可以导致少数令人惊讶和反直觉的结果。有些叙述中这条定理被看成是悖论,但定理本身没有逻辑上不一致的地方,实际上也不符合悖论的定义。

集体直觉的影响。特别是,他们对所研究问题的选择是由集体直觉所认为的最富有成果的研究方向决定的。但是一旦选择了特定的问题,个体就开始建立由此产生的直觉和新概念。在某种程度上,他们重复了一般数学文化的经验,但是在不同的层面上,而且有较大的变化率。通常认为他们的错误直觉是在相对较短的时间内(当然,相对较短的时间可以长达数年)产生的,并通过正确的概念材料加以弥补。数学家这些评论应用于许多年未解决的问题也因而成为经典问题。经验丰富的数学家由于受到挫折可能已经停止了对这些问题的研究,因此他们着手于能更快取得成果的问题。

怀尔德相信在一个特定问题领域的集体直觉持续增长,并由年长点的工作者传递给年轻人。最终导致一种更成熟的集体直觉(这种直觉一直未被注意到)、新的方法、个体天才以及其他人(通常是年轻的数学家,在该领域相对是新手,并拥有新的个体直觉)的结合,才能够解决这个问题。对从年轻一代创造性工作者身上获取力量,他相信许多年长且有创造力的数学家一定会产生敬畏之情,这种敬畏是有坚实基础的。年轻人不仅进入了特定的领域,不必用服务于他们目的的概念和方法来扰乱他们的大脑,而且使用新的概念和方法,他建立了一种个体直觉,形成一个他可以从中用一种不受干扰的眼光、基于早期的回忆和错误的直觉来对待他自己研究领域的平台。他的第一项研究负责人没有比引导和指导这个年轻的"直觉"进入最新的概念轨道更为重要的责任了。几乎可以肯定的是,没有直觉,数学就没有创造力。总之,怀尔德认为直觉在数学研究中扮演了基础的和不可缺少的角色。①

6. 直觉在教学中的作用

怀尔德认为个体直觉就像集体直觉一样,不是静态的,而是不断增长的。这种直觉开始于孩提时代,当我们学会分辨形状和大小(几何直觉)和数数(算术直觉)的时候,它就开始发展了。这并非我们生来就有的,因为没有发展的文化基础,显然就不可能有数学直觉。在我们的文化中,孩子开始上学的时候,通常已经建立了一些基础,例如,父母可能已经教会他们数数,而这一基础的持续发展无疑是小学教师的核心职责之一。到学生上高中的时候,应该已经从工作中有了相当丰富的直觉基础。大概他们的老师会用其算术直觉发展其高等算术和代数,而且至少在新的课程理念下,发展其几何直觉,不仅发展了基本的几何事实,而且帮助解决算术和代数问题。在这个过程中,教师也应该增加直觉基础。当一名学生成长为高中数学教师时,他的数学素养应该有两个主要组成部分:直觉部分和知识部分。二者很难区分,因为直觉部分特别依赖于知识部分的增长。

怀尔德清楚地阐述了他认为的新课程理念,跟旧的数学课程和标准相比,现在

① SRIRAMAN B. Humanizing mathematics and its philosophy: essays celebrating the 90th birthday of Reuben Hersh[M]. Basle: Birkhäuser, 2017: 231.

正在开发的新课程应该完成什么呢？旧的课程主要是为知识部分设计的,教给学生如何进行算术和代数运算,以及如何证明定理。但却几乎没有意识发展数学直觉,而这似乎主要表现在如何去表达那些给定并须解决的问题上。但在他们总是机械地重复教师教的运算或证明模式的情况下,对学生直觉的部分几乎或根本没有增加任何东西。与此相反,新课程应该尝试把知识部分的教学变成一个学生在获取新知识时其直觉得到实际运用和发展的过程。在旧课程体系下,学生总是被告知计算过程的公式,而在新课程理念下,教师应邀请学生参与猜测这个过程应该采取什么证明形式。这种猜测和伴随而来的实验,导致了学生对最终结果的决定,发展和增强他的数学直觉。初步来看,这一过程与研究型数学家追求的过程完全相同。因此,怀尔德认为在这一过程培养了教师进行创造性教学,他认为所有的概念都应该这样引入。仅仅向学生解释一个概念,可能会增加他的知识成分,但不会增强他的直觉。这种情况中最糟糕的例子可能就是教师在黑板上写下一个定义,然后去解释它的意义与用途。

怀尔德以数学归纳法的教学为例,传统教学首先是把数学归纳法写在黑板上,通常把它写成公理的形式;其次,解释它的含义;最后,向学生展示如何用它来证明简单的算术公式。接下来是家庭作业,学生把这个当作应用证明算法的过程,模仿他老师所做的。也许聪明的学生在这方面不会有任何问题,但是一般的学生会被些小问题困扰,如"我怎么找到第 $n+1$ 项呢?",这些问题很大程度归因于他们被教知识的算法特征。现在这种教学模式肯定不会帮助学生认识到,当他后来遇到要求用数学归纳法证明一个问题时,数学归纳法不过是证明或定义的一种自然模式。尽管他可能"知道"数学归纳法,但他却没有任何直觉去运用数学归纳法解决这个问题。相反的是,如果教师教会学生知道如何去数数和有"基本序列"的直觉,如果教师在教学中是通过引导学生去"发现"数学归纳法,那么学生不仅会掌握该原理的知识,而且会掌握数学归纳法原理的直觉基础,当他以后再遇见类似案例时就会有意识使用数学归纳法。采取这样的教学方式,直觉才能在创造性教学中发挥应有的作用。

怀尔德也承认,或许现在已经有大多数有经验的教师在使用这种创造性教学方法,他们也不会考虑在没调用学生直觉能力建构定义之前就预先给出个定义。但有两件事怀尔德非常担心。第一,教师们可能会在一段时间内积攒了一定数量素材的教学压力下,发现很有必要诉诸旧的教学模式,包括:①定义的陈述;②定义的解释;③将概念应用到特定问题上。在讨论所谓的"莫尔教学法"时,艾德文·莫伊斯(Edwin Moise,1918—1998)曾评论说:"纯粹知识在数学发展中并没像大多数人预想那样发挥关键作用。"[①]在提到莫尔方法所浪费的时间时,他说:

① MOISE E E. Activity and motivation in mathematics[J]. American Mathematics Monthly, 1965 (72): 407-412.

"由此产生的无知是不可救药的,但事实并非如此,我所能看到的解决这个悖论的唯一方法可以总结为:数学应该作为一种活动来学习,通过这种方式获得的知识具有一种与其数量不成比例的力量。"在乔治·波利亚(George Polya,1887—1985)的《数学的发现》第二卷中,引用 18 世纪德国物理学家乔治·利希滕贝格(George Lichtenberg,1742—1799)的一句话:"你被迫自己去发现的东西,会在你的头脑中留下一条后路,当需要时你可以再次使用它。"①这表示你已增加了数学直觉上的积累。第二,怀尔德担心公理法在中学教学中的运用,尤其在定义教学中的运用。怀尔德主张数学归纳法在这也适用,而不应该用公理方法来介绍理论给学生。以整数运算为例,这是个学生已经很熟悉的理论,这种情况使它成为适当地介绍公理化的一个很好的主题。但在陈述一个公理之前,教师应充分尊重学生的想象力,告诉他公理化的目的。特别是,应该告诉学生:一个人希望找出整数运算方面的某些特性,而其他方面可从这些推导出来;这样不仅可以检验他基于公理进行运算的准确性,而且他还可以通过想象力发现除整数运算公理以外的所有或其他模式,例如有理数、初等代数等类似的运算。在决定列出公理之后,应鼓励学生在教师指导下自己去发现合适的公理。不言而喻地,如果这些材料对学生理解来说太超前,那就根本不应该引入公理化方法。公理也不应该以所谓的"定律"作为伪装,可能这些定律也是由一些不出名的数学先驱传下来的。

怀尔德相信上述观点大部分适用于大学教学,当然是在大学前两年的学习结束前。当学生继续从事更高级的工作时,他们在直觉部分的训练就变得更加重要。在职业生涯的这一阶段,人们可能认为他们会在数学领域或者其他科学领域从事一些创造性工作。而且他们的老师应该有一些创造性工作的经验。当然这并不意味着教师必须拥有博士学位,希望大家能摆脱这种观念。怀尔德宁愿喜欢一个没有博士学位的教师,但他对数学很感兴趣,而且能够创造性地教学,而不是一个虽有博士学位但对数学既不充满激情,也没能力激发学生学习热情的教师。当然,学生进入研究生阶段,他们的大多数老师都获得了博士学位,因为教师自己就应该做创造性的工作,或者至少已经做足够的工作而意识到直觉在这类工作中的作用,以及使用方法发展直觉的重要性。研究生阶段的学生应该能自己学习知识;导师的职责主要是培养他们的数学直觉,因为数学直觉在他们作为数学家的职业生涯中非常重要。

总之,怀尔德认为现代数学家所使用的"直觉"是从个人和文化经验中获得的态度(包括信念和观点)积累。它与数学知识密切相关,而数学知识是直觉的基础。这种知识有助于直觉的增长,而直觉所提出的新概念材料又反过来增加了这种知识。直觉的主要作用是为新的研究方向提供概念基础。数学家对于数学概念(数字、几何等类似概念)存在的看法是由这种直觉提供的,这些所谓"柏拉图式的"观点经常被数学家们坚定地奉行着。直觉在研究中的作用是提供"有根据的猜测",

---

①　POLYA G. Mathematical discovery:Vol 2[M]. New York:Wiley,1965:103.

这些猜测可能是对的,也可能是错的。但在任何一种情况下,没有它就不可能取得进展,甚至错误的猜测也可能导致新的进展。因此,直觉在数学概念的进化中也扮演着重要的角色。数学知识的进步会周期性地暴露出文化直觉的缺陷,这些缺陷会导致一些"危机",而"危机"的解决会产生更成熟的直觉。怀尔德认为现代数学的终极基础是数学直觉,从这个意义来看,布劳威尔及其追随者的直觉主义学说是正确的。现代教学方法认识到直觉的作用,已发展的直觉背景导致教学态度发生转变,用"下一步该做什么?"来取代"做这个、做那个"的教学模式。通过这种方式将"对新数学知识的理解与欣赏"逐渐灌输给学生。

显然,通过上述讨论我们可以发现怀尔德是直觉主义者,他认为数学是一种自由的、生机勃勃的思维活动,并高度重视个体直觉和集体直觉在数学创造中的作用。直觉主义认为数学应当通过纯粹的人类心智构造活动而获得,而不是依靠发现声称数学客观存在的基本原则。因此,逻辑和数学不应当被视为揭示和分析客观实在的活动,而是实现构造复杂心智对象内在的一致方法。直觉主义认为直觉先于任何逻辑、规则、原理。后者不过是一种检验直觉合理性的工具,本身不具备发现任何真理的价值。当然,直觉主义者也认同逻辑是数学的一部分,但绝不是数学的基础。[1] 在直觉主义数学中,数学家的推理并不是依照固定的逻辑模式,而每一次推理都是直接地由它的显然性来验证,但仍然有一般的规则,依照这些规则从一些数学定理而以直觉的、明显的方式推出新定理,也就是说经典的逻辑可以定义在直觉主义逻辑之中。直觉主义到哥德尔手里发展到了巅峰,在研究连续统假设时他着重强调了数学直觉的第一位作用。[2] 正如怀尔德强调的"概念是第一位的,是公理的来源",[3]但他同样重视公理化方法,因为直觉所提出的概念和定理还要给出逻辑演绎的证明,也就是说"直觉"与"公理化方法"都是数学概念进化、数学知识建构和数学推理不可或缺的手段。[4]

四、历史的评述

怀尔德指出,数学基础领域的神秘主义传统元素在历史中存活了很长时间,直到今天"柏拉图主义"显然并不罕见。在普遍文化中存在的数学理论的真实性在很大程度上是由数学子文化影响的。现代数学的抽象性促成这一观点,尽管大多数

① HEYTING A. Intuitionism: an introduction [M]. Amsterdam: North-Holland Publishing Company, 1956: 6.

② HALLETT M. Gödel, realism and mathematical "intuition" [M]//CARSON E, HUBER R. Intuition and the axiomatic method. New York: Springer, 2006: 113-132.

③ WILDER R L. Introduction to the foundations of mathematics[M]. New York: John Wiley & Sons, Inc. ,1952: 38.

④ FISCHBEIN E. Intuition in science and mathematics: an educational approach[M]. New York: Kluwer Academic Publishers, 2002: 22-24.

杰出的数学家都认同这样一种理论,即现代代数和几何理论只有在它们是构成其基础公理的逻辑结果意义上才是正确的。例如,任何熟悉现代数学情况的数学家都不会再为欧氏几何或非欧几何的"真理"而争论。但在数学的这些部分依赖于自然数字系统和它的扩展,以及逻辑推导的过程中,这些数学部分最终包含一个很好的数学部分,数学家都认为他们的结论是绝对的。并不是说数学共同体成员之间的凝聚力比物理学家共同体成员之间的凝聚力更强,而是说,该领域的本质对其结论的威胁,比物理理论对物理学家的崩溃更重要。

19 世纪开始,数学家们已经将注意力转向弥补实数连续统概念的不足,由魏尔斯特拉斯、戴德金和其他分析学家完成的,他们对实数体系给出了一个看似明确的定义。但事实证明,如果不引入集合理论的新概念,分析实数连续统是不可能的。早期对集合论的态度很像当时流行的逻辑;事实上,许多人把它视为逻辑的一部分。对于逻辑和集合论的可靠性,这种态度是毋庸置疑的。正如我们所观察到的,古希腊人把逻辑证明的概念带入了数学——例如,古巴比伦人和古埃及人没有"反证法"的概念。亚里士多德矛盾律、排中律的可信性没有受到质疑,如果前提是绝对可靠的,那么使用这些"定律"得出的数学结论就是绝对可靠的。

19 世纪的数学家将集合论引入数学,就像逻辑一样,它来自于有限的物理和文化环境的经验。将古典逻辑和集合论扩展到无限领域可能会导致困难,这一点直到 1900 年前后才被普遍预料到,当时发现了许多矛盾。其中最著名的一个是由罗素给出的悖论,可以这样描述:让我们把一个本身不是元素的集合称为一个普通集合。我们日常经验的所有集合都是普通的,例如,篮球队中所有队员的集合本身不是一名队员,图书馆中所有书的集合也不是一本书。一个人要想找到一套与众不同的服装,就得动点脑筋。一种普遍的看法是所有抽象观念的集合,而这些抽象观念本身就是一种抽象观念,因而也就是它自身的一种成分。当我们考虑所有普通集合的集合 S 时,麻烦就来了。根据排中律,集合 S 要么是平凡的,要么是非平凡的。然而,如果 S 是平凡的,那么根据定义 S 不是它自身的一个元素。但这只能在 S 非平凡的情况下成立,因为所有的平凡集合都是 S 的元素。另一方面,如果 S 非平凡,那么 S 本身就是一个元素;但是 S 的元素都是平凡的,所以 S 一定是平凡的。总之,如果 S 是平凡的,那么它就是非平凡的,如果 S 是非平凡的,那么它就是平凡的。因此,在 19 世纪数学分析的建立所带来的"安全性"自我满足之后,数学的安全性再次受到威胁,类似古希腊时代的危机再次出现。因为数学的各个部分或多或少地依赖于逻辑和集合论,似乎有必要为整个数学建立一个新的基础来应对这一危机,而不仅仅是修正实数连续系统的公式。一些最有能力的 20 世纪早期数学家开始着手解决问题。这些尝试中最著名的是英国数学家和哲学家罗素和怀特海,德国著名数学家希尔伯特和荷兰数学家布劳威尔。

整个 19 世纪,对数学真正本质进行"解释"的强烈要求提供了一种遗传的压力,这种压力导致了许多新的数学基础,不仅是几何等特定领域的基础,而且是整个数学的基础,弗雷格和皮亚诺的工作尤为重要。德国数学家弗雷格坚持认为数字和所有的数学都可以建立在逻辑学的基础上。意大利数学家皮亚诺和他的弟子们对公理法进行了改进和运用,从而为数学奠定了基础,并在其中引入了一种形式主义,这种形式主义使得陈述的精确度高于普通文本语言,如欧几里得的《原本》。罗素和怀特海的工作很大程度上是受弗雷格和皮亚诺工作的影响而形成的。他们的《数学原理》一书试图从不证自明的普遍逻辑真理("重言式")中推导出数学。但是现在回想起来,很明显,随着研究深入到数学抽象的更高领域,有必要引入一些很难被承认为构成"不言而喻的逻辑真理"的公理。然而,避免矛盾的方法却奏效了。希尔伯特的方法更直白地说就是公理,因为他的基本术语和命题,虽然用一种类似于《数学原理》的形式主义手法加以修饰,但它们所构成的不过是一组基本的假设,它们本身既不是对的,也不是错的,而是"公式",人们希望从这些"公式"中,通过精心构造的"有限性"方法,推导出整个没有矛盾的数学这类工作。所谓的形式主义,最终是在希尔伯特和他的杰出学生保罗·艾萨克·贝尔奈斯(Paul Isaac Bernays,1888—1977)合作的名为《数学的基础》两卷著作中发表的。[1]

19 世纪著名数学家克罗内克的学说有着截然不同的特点,几乎形成了一种"文化奇点"。他对数学本质的"解释"包括断言"上帝创造了自然数,其余都是人的创造",而自然数又是人类"直觉"的产物,"直觉"代替了上帝。与他同时代的人不同,克罗内克在数学发展的道路上没有受到前人所受的关于负数或无理数实在性的大多数神秘限制和阻碍,他避免使用所有不能从自然数中构造出来的数字(如 2/3 这样的分数)。当时几乎没有人同意他的观点,例如,他断言像 2/3 这样的数字根本不"存在",因为显然没有从自然数构造它们的方法。在 19 世纪末 20 世纪初之交的危机之后,年轻而又才华横溢的克罗内克的论文被荷兰数学家布劳威尔以一种修改过的形式再次肯定,并在他这一系列深刻论文中得到了肯定。提出了一种后来被称为"直觉主义"的数学形式。古希腊人引入数学的逻辑被抛弃了,除了可以通过直觉主义的构造性方法挽救的东西。特别是,除以下情况外,不再允许使用在反证法中十分重要的排中律和有限集。例如,对于任意一组自然数,可以断言其中至少有一个数是偶数,或没有一个数是偶数。存在一种基本的构造性方法来证明这种排中律的使用,即逐一检查数字。但是,对于任意的无限自然数集,同样的断言是不可能成立的——当然,除非有人能够以某种方式指出该集合中的偶数,这将是一种可接受的构造行为。

怀尔德认为,直觉主义哲学的最大优点是它不受矛盾的限制,从而保证了不受建构方法的限制。但它的致命缺陷是,它不能仅用其构造方法推导出被认为是现

① WILDER R L. Evolution of mathematical concepts: an elementary study[M]. New York: Wiley & Sons, Inc.,1968: 188-194.

代最伟大的成就之一——数学的大部分概念。从今天的观点来看,直觉主义可以被看作是一种试图阻止数学进化的努力——一种文化阻力。由对数学"解释"的渴望和对保护数学不受矛盾威胁的要求所形成的遗传压力,显然迫使数学世界采取行动,但不是直觉主义所要求的那种剧烈行动。后者就像期望一个原始部落杀死大多数成员,以避免他们可能被一个具有威胁性的敌人消灭一样。尽管有这些考虑,直觉主义还是产生巨大的、似乎是有益的影响。许多杰出数学家在某些或全部的原理上都有共同之处,如庞加莱和外尔。但更重要的是,直觉主义建构性原则被发现在传统数学理论的框架内适用于许多情况。

正如可预料的那样,人们只有在相当困难的情况下才能解开这一时期起作用的进化力量的复杂性。一方面,由对数学本质的"解释"的渴望所引起的遗传压力——由于矛盾的发现所引起的危机而加剧——导致了以逻辑主义、形式主义和直觉主义为代表的三种"学派"的数学基础研究。另一方面,这种研究在数学界受到很大的文化阻力,许多数学家不参加他们的工作,采取轻蔑或排斥的态度。文化滞后也很明显,因为很多人对这不感兴趣(也许是对那种认为"重要的是数学而不担心结果"的旧态度的一种延续)。然而,最令人感兴趣的是逻辑主义和形式主义使用符号化的方式。从牛顿和莱布尼茨的微积分以及 18、19 世纪各种代数中都可以看出,形式语言被越来越广泛地使用,这一趋势在逻辑主义和形式主义学说中达到顶峰,后来又融入现代数理逻辑。随时间推移和后见之明,人们清楚认识到,逻辑主义和形式主义本质上都是试图将数学建立在精心挑选的以纯粹形式符号表示的公理集合基础之上,并为从中推导(证明)新公式("定理")的方法指明方向。如果用表征能力把人与其他动物区别开来,那毫无疑问这是一项最具人类特色的活动。

1931 年,年轻的奥地利数学家哥德尔的两个不完备定理的证明,既不可能通过这种方法对数学进行完整的描述,也不可能在其自身框架内证明这种系统的一致性,使得怀特海和希尔伯特的伟大计划取得成功的希望彻底破灭。挪威逻辑学家托拉尔夫·阿尔伯特·斯科伦(Thoralf Albert Skolem,1887—1963)曾发起这项研究,最后得出了集合理论永远不可能有完整基础的结论。无论是逻辑还是集合理论,如果用现代数理逻辑中发展起来的有力方法加以分析,都不能被说成是一种独特的理论;相反的,它被证明有可能发展出各种各样的逻辑学和集合理论。因此,"概括"和"多样化"的进化力量侵入了被认为是人类思想中最绝对的领域,即使是最古老、最不可侵犯的数学实体——自然数,也没有明确的、绝对正确的定义。这可能被认为是"直觉主义"的部分胜利,直觉主义认为自然数是数学基础的理论现在似乎得到支持。这位拒绝参与为现代数学提供一致和完整基础尝试的数学家现在可以感觉到,他接受了自己继承过来的逻辑经典方法,以及集合理论的那些最基本部分,这些是他数学工作通常需要的。但他也不得不承认,他接受了文化遗产给他的一个直观基础。像几何和其他理论一样,他所使用的逻辑和集合理论是进化的产物。

因此,怀尔德认为:从数学角度来看,它作为一门科学的地位与其他科学并无不同。数学与其他自然科学和社会科学的主要区别在于,自然科学和社会科学在其研究范围内直接受到物理或社会现象的限制,而数学只是间接地受到这些限制。正如我们所看到的,数学几乎从一开始就变得越来越自给自足。现代数学家所研究的问题,主要来自数学中已经存在的理论,也主要来自自然科学理论,因此完全是文化起源。它最有力的符号工具及其抽象概括能力,在"解释"什么是数学,或提供一个绝对安全严格的"基础"方法方面,使这位数学家失败了,其后果不亚于其他科学家未能实现对他们所研究的现象最终和准确的解释。如果某些方法导致矛盾,就必须加以修改,就像物理科学家必须经常进行修改一样。数学中的完美严谨性和绝对不受矛盾影响的自由,正如对自然或社会现象的最终和准确解释一样,是无法想象的。只要人类文化进化进程持续不间断,数学就如同物理、化学、生物和社会科学一样,会继续发展出更抽象、更科学有效和更奇妙的概念。

数学中的数、几何、集合等抽象概念,在什么意义上是存在的,这是一个自古希腊以来就引起哲学讨论的问题。正如我们所看到的,毕达哥拉斯学派赋予数字——"自然数"以一种绝对的地位,使它超越人类的干预。柏拉图设想一个理念的世界,在这个宇宙中存在着古代已知所有几何构造的完美模型。怀尔德的工作中所做的假设是,数学概念的唯一实在性是作为文化元素或人工创造。这一观点的优势在于它允许一个人研究数学概念,作为文化元素的方式进行进化并提供一些解释,解释为什么这些概念是由文化力量在个体数学家思想中产生的。此外,对数学存在的大多数理想主义态度的神秘主义也会悄然消失。对某些概念不确定性的误会和误解,以及对数学物理性质的环境压力影响,都被排除了。例如,一个无限小数不是"无穷无尽"的数,我们可以把它看成一个完整的无限大,正如我们可把自然数全体看成一个完整的无限大一样。从表征意义上,这可能被认为是二级表征,因为它不容易被完全感知,只有从概念上可以感知。

怀尔德指出,由于数字及几何起源于现实物理世界,哲学家和数学家都反复试图通过诉诸物理现实来证明数学概念的实在性。关于欧氏几何是否"正确"的问题,已经用了数千页的篇幅进行了讨论。从文化的角度来看,这些问题毫无意义。数学概念是文化实体的存在,它的起源和进化是由环境和遗传的文化压力引起的。无限的自然数全体这一概念,并不像人们常说的那样,是可以论证其存在性的。在一种文化中,仅以自然数概念为基础的有限数学可能就足够了,因为这种文化只发展到自然数就足以满足科学目的需求。但这些理论在微积分中体现出来,更普遍的是实分析,这些理论主要是由力学、物理以及诸如此类的环境压力产生的产物,最终形成遗传的压力要求无限的数学来促进其进一步发展。物质世界中是否存在无限的总和与此无关。重要的是,这些概念是否会导致富有成效的数学发展,答案是他们做到了,而且他们解决了 17 世纪以来数学面临的危机。当然,他们又带来了新的危机,例如集合理论所体现的危机,但这些危机反过来又促进对其解决办法的探索。让·勒朗·达朗贝尔(Jean Le Rond d'Alembert,1717—1783)的建议"前进吧! 信念会来到你的身边"是非常好的信条,直到数学大厦面临崩溃的威胁之前。为了拯救世界,我们需要有勇气进入一个新的概念世界。①

① WILDER R L. Evolution of mathematical concepts: an elementary study[M]. New York: Wiley & Sons, Inc., 1968: 190-194.

第五章

怀尔德的数学进化论研究

1950年,在英国剑桥举办的第11届世界数学家大会(International Congress of Mathematicians)参会人数达到1700多人,是过去历次大会人数最多时候的两倍,大会主席为著名数学家维布伦,受邀做大会报告的数学家共有22位,包括约翰·冯·诺依曼(John von Neumann,1903—1957)、诺伯特·维纳(Norbert Wiener,1894—1964)、嘉当、安德烈·韦伊(André Weil,1906—1998)、哥德尔、塔斯基、波利亚、陈省身等当时著名的数学家,怀尔德也是受邀做大会报告的数学家之一,他的报告题为《数学的文化基础》,[①]希望从文化的视角来理解数学这门学科的进化历程,希望更关注作为文化元素的数学,以及其他与根植其中的文化二者之间的联系。报告中怀尔德讨论一般的文化概念时,提到文化变迁的两个主要过程,即进化与传播。所谓传播是指由于人类群体的某种接触而导致的一种文化特征从一种文化向另一种文化的转移。例如,随着诺曼底人对英格兰的军事征服,法国人的语言和习俗被传播到盎格鲁-撒克逊人的文化中。至于文化进步有多少是由进化所致,有多少是由传播所致,或有多少是二者结合所致,通常是难以确定的,因为这两个过程高度融合在一起。当文化或文化元素发展到准备要做重要变革的时候,具有历史必然性的事件可能在多个地点出现。一个经典的例子就是生物进化论,由斯宾塞预言的即使不是由达尔文来宣布,也将会由艾尔弗雷德·拉塞尔·华莱士(Alfred Russel Wallace,1823—1913)或之后不久由其他人来宣布。在数学之中有许多这样的例子,他举例不同文化背景都可能进化出"零"的概念。

1952年12月29日在密苏里州圣路易斯举办大会,怀尔德卸任专题委员会副

---

① WILDER R L. The cultural basis of mathematics[C]// GRAVES L M, SMITH P A, HILLE E, et al. Proceedings of the international congress of mathematicians, Cambridge, Massachusetts, U. S. A. August 30-September 6,1950; Vol 1. Providence; American Mathematical Society, 1952;258-271.

主席时的一个演讲《数学概念的进化与增长》中指出,他认为数学家们最重要的是维持一套标准和传统,使我们能够保持数学的延续与增长。怀尔德的动机是想在个人层面上探讨数学概念的起源方式,并研究那些促进数学概念形成和影响其成长的因素。他以数与几何、解析几何、微积分、曲线等概念为案例,讨论了数学概念的进化历程,尤其还为曲线概念从希腊数学开始到现代拓扑学的进化历程画了思维导图(图 5-1)。通过这些案例讨论了概念形成的影响因素、概念的生命周期。怀尔德坚信数学发展的进化特征。数学概念是不稳定的,即使它们的崭露头角是离散事件,它们也会不断增长。与任何进化过程一样,数学概念进化过程中的环境影响不容忽视。正如个别数学家不是在真空中工作,并受到他的前辈和同事工作的影响一样,数学本身也不是在真空中进化的。[①]总之,怀尔德坚信:数学是现代社会重要的文化组成部分,数学不会独立于文化因素而发展,从人类学的观点把数学作为一个文化子系统研究是非常必要的。

1968 年,怀尔德出版的《数学概念的进化:一个初步的研究》一书,系统介绍了文化的概念以及"数学作为一种文化"的思想。[②] 怀尔德从人类学意义上讨论文化的定义,在人类学文献中,或许这个词最常见的含义是习俗、仪式、信仰、工具等的集合,被一群与某种关联要素(或元素)有关的人所拥有,称为文化要素,如在原始部落中的共同成员、地理毗连或共同职业。文化要素是如何影响一种文化的,这一点可能并不明显,而且除了社会学家之外,其他人通常对此是不感兴趣的。然而,这种有影响力的关系确实存在,并很容易证明文化是一个有机的整体,在某些确切文化要素的基础上,对这种关系的认可迫使人们走向开放。群体与其文化之间关系问题具有复杂性。显然,文化是他们从祖先那里继承下来的:从祖先那里,他们获得了自己的语言、宗教、社会习俗、技能、工具,如果足够"文明"的话,还可以继承他们的数学。但是,这些传承给他们的"东西"构成了他们的整个生活方式,他们不仅必须独立于他们所继承的文化,而且他们能够取得进步的唯一途径是在文化的框架内工作。此外他们所能做出的改变或改进也受到他们继承文化的状态限制。

怀尔德认为,无论把数学称为"文化"还是"文化要素",都没什么区别。重要的是要看到,正如一个民族的文化可以被认为是一个有机整体,其进化需要学习,文化或数学等文化要素也是如此。此外,对于具有这种独特特征的文化要素进化的研究似乎有可能揭示在整个社会的文化进化中不明显或不那么重要的形式和过程。因此,人们会发现,被公认为在文化发展中普遍起作用的力量,如"传播"在数学方面同样重要,而某些其他力量,如"概括""整合"和"多样化"在数学进化中也具

① 　WILDER R L. The origin and growth of mathematical concepts[J]. Bull. Amer. Math. Soc.,1953,59:423-448.

② 　WILDER R L. Evolution of mathematical concepts: an elementary study[M]. New York: Wiley & Sons, Inc., 1968:5-20.

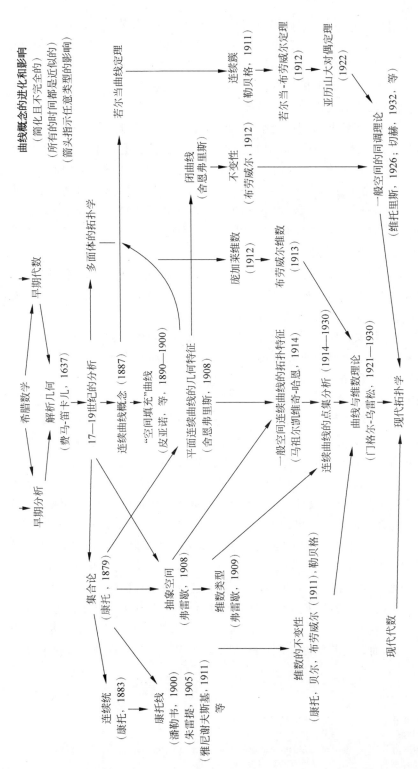

图 5-1　怀尔德为曲线概念进化史所绘的思维导图①

① 笔者对该图进行了翻译、重绘，总体上保持原貌。原图详见：WILDER R L. The origin and growth of mathematical concepts[J]. Bull. Amer. Math. Soc.，1953，59：431.

有特殊的作用。"符号化"在数学概念的进化过程中将起着非常重要的作用。因为，随着一门科学变得越来越抽象，它对一个精心设计的象征性符号的依赖就变得更大，而数学也是众所周知的抽象。只有考虑到数学的历史，才能确定传播、文化滞后和文化阻力在数学进化中的重要性。怀尔德基于人类学、文化学思想从历史和文化的视角总结了数、几何、实数系统和现代数学概念的进化过程，支配数学概念进化的力量、规律等问题，下面简要地梳理一下他的数学文化进化论思想。

一、数的进化

怀尔德认为直觉主义应该将全部数学都建立在自然数计数数字 1，2，3，…的基础上。从进化的角度来看，这种观点是有一定道理的，因为所有人类学和历史的记录中都表明了不同民族会计数，并且最终将数系作为计数工具是所有文化中不受外来传播影响的数学元素开端。人类学家已经在所有原始文化中找到了某种形式的计数，即使在已经观察到的最原始的文化之中，即使它只能用几个数字来表示。计数的初级阶段形成了一种文化必要性，因此人类学家称之为文化普遍性。数字概念的进化，从最初的基本计数形式到数的系统化，都涉及一种日益抽象的思维方式。

怀尔德认为这是一个由文化力量实施的过程，环境和特殊的文化压力，导致了原始计数、符号化，不仅有助于数字达到客观（名词）和一种运算状态，而且提供了"具有时间约束力的工具"，使它能够继续增长；位于美索不达米亚平原的文化之间的传播以及后来在整个古希腊地区的传播，所有这些都促成了数字概念的日益抽象。甚至文化滞后和文化抵制在这一过程中也发挥了重要作用。计数之数最终进化成了整类的基数，有限的和超限的。但这些现在以序数形式存在的相同数，可以推广到一类特殊的超限序数。如果自然数被看作是度量数，那么自然数可以扩展到整个实数类。由文化或遗传性压力（或两者的结合）需要新的数字概念时，反对"虚构"特征的"现实"个人将发明这样的概念。在现代数学中可根据数学理论或新应用的需要数字系统采取各种各样的形式。现代数学家们对于一个"数字"（或其他数学实体）的真实性已经失去了祖先们的疑虑。他们接受的标准是完全不同的，包括一致性、概念的实用性等。那也就意味着，现代数学家们有更大的自由，而不受限制依赖于以往像自然数、欧氏空间那样的直观。一个内在一致性概念或数学理论不比其他的概念或理论更具有真实性和真理性。①

怀尔德给出了"数"概念进化的历史阶段序列，包含如下 12 个阶段：区别 1 和 2(one-two differentiation)→1，2 到多(one-two-many)→对象集合的比较（一一对

---

① KERKHOVE B V. New perspectives on mathematical practices: essays in philosophy and history of mathematics[M]. Singapore: World Scientific, 2009: 77-78.

应关系,one-to-one-correspondence)→计数(tallying)→数字词(number words)→表意文字(ideographs)→神秘主义(mysticism)→数字系统(numeral systems)→数字运算(operations with numerals)→理想主义(idealism)→新数字类型(复数、实数、超限数等)→逻辑定义与分析。[①] 怀尔德后来在美国数学协会的一次会议演讲中调整了这个历史序列,改变了神秘主义和数字系统的先后顺序,并把后三个阶段分别调整为分数(fractions)、零(zero)和负数、复数等(negative number,complex number,Etcetera)。[②]

怀尔德指出,"数"的历史进化主要由于遗传的压力。给"数"下一个可接受的定义的任务,已经被现代逻辑和数学基础学派所接受,这一任务表现出使所有人期待的特征,直觉的概念能对数下一个定义。许多这样的定义已经被阐明,通常是在集合论某种公理的基础上。然而,数学家们通常都对数的直观概念有很好的理解,因为,这似乎对"工作的数学家"来说足够了。

二、几何的进化

古希腊人相信他们的几何学建立了一门空间和空间关系的科学——在这里,他们所说的"空间"意味着物理空间。geometry 一词本身是古希腊语"地球"和"度量"的复合词;在其他语境或词组中,"几何"字面上是地球度量的意思,因此人们会认为土木工程的一个分支是用这个词来表示的。在 17 世纪笛卡儿和费马引入解析几何之后,可以说欧几里得体系的必要性已经无须再被证明了。英文单词geometry 不断地变化或具有新的意义。还有非欧几何学、射影几何学、微分几何学等,以及一些相似的拓扑学,显然它们已经突破了原来的几何界限,但大多数数学家仍会把这些材料贴上几何学的标签。"几何学"一词不断变化的意义就像我们毫不犹豫地使用"数学"这个词,尽管说没有两个数学家能够同意这个词的定义,这并不夸张,所以我们毫不犹豫地使用"几何学"这个词。它的一般含义是有用的,尽管在这个词的各种特殊用途的适当性上存在分歧。实际上,现在的大多数日常用法都是用一个合适的形容词来修饰的,如"画法几何""代数几何"以及其他已经提到的术语。

怀尔德认为几何概念被数学同化的一个早期的、基本的组成部分显然与数字在测量中的使用有关,特别是在长度的测量中。事实上,毫无疑问,这种数论是数学中最基本的元素,而线是几何形式中最基本的元素之一(更基本的元素——点,是一个较晚、更成熟的概念),是数学吸收几何形式的核心,甚至这种简化也是长期进化的主题。早期古希腊人并不认为每一条线都必须有一个长度,但是这个概念的雏形就在

① WILDER R L. Evolution of mathematical concepts: an elementary study[M]. New York: Wiley & Sons, Inc., 1968: 174-175.

② WILDER R L. History in the mathematics curriculum: its status, quality and function[J]. American Mathematics Monthly, 1972, 79: 479-495.

那里。每当一位古代测量师拿出测量仪器,或者更重要的,每次一位古代数学家根据测量师的行为编造一个问题时,都会强调和再强调。由于古巴比伦人和古埃及人习惯于通过适当设计的问题来表达数学概念,因此,几何学是这类概念的主要来源。数字与面积和体积有关,由于数字是可组合的,与面积和长度相关的数字经常被加法或乘法不加区别地组合在一起(这种行为固有的错误直到很久之后才得到承认)。

怀尔德认为几何和几何思维模式在整个数学中的传播,对数学,特别是对数字的进化所产生的影响不是无足轻重的。事实上,很难想象没有几何学的数学会是什么样子,它在符号、概念和心理意义上都对数学的发展做出了贡献。古希腊几何学绝不是数学进化中的一个错误转折,它是从当时所存在的文化要素中自然发展出来的,也许就像人类存在之前灵长类动物向智人的进化一样,也是同样必然的。从古希腊时代到 17 世纪之间的这段时期,几乎没有证据表明几何学发展新的形式。然而,符号代数的进步,以及艺术、建筑、天文学、工程和科学方面的进步都产生了足够的压力,从而影响了几何学中新概念模式的形成。站在 17 世纪时期的角度来看,数学文化的两个要素,即代数和几何学的整合产生了一种新的、更有效的数学方法——解析几何。以欧几里得第五公设为例,很多数学问题的解决很可能是由几个数学家合作完成,而不是由一个研究者单独完成。除了基于文化的原因之外,对这一现象没有任何合理的解释。所需的工具,提出适当类似的概念等,都是在文化中积累起来的,所有在这个领域工作的人都可以平等地获得和采纳这些工具。当他们的积累足以造成必要的压力时,问题就会开始得到解决,不是一个人而是几个研究者。几何学对数学的影响可能是通过考虑它发生在 19 世纪数学和哲学思想革命中的作用来实现的。非欧几何学的引入给这个运动一个决定性的刺激。这场革命的结果很明显,数学不受某些特殊模式的约束,也不是我们对外部世界看法中发现的模式,而是它能够创造自己的模式,仅限于目前的数学思想状态和这种模式对数学及其应用可能具有的意义。没有这种数学想象的自由,不受特殊应用的限制,现代数学很难诞生。对于这个数学,在很大程度上要归功于几何学。

怀尔德指出不仅是数学依赖于“数”和“几何”概念的进化,而且这种进化本质上是压力的产物。这些压力最终也在数学作为一个整体的发展中发挥作用。因此,在使这些压力或力量成为主要研究对象时,产生数学本身的力量正在受到阻碍。事实上,同样的力量往往在更大的范围内发挥作用,即在所有科学的发展中都会发挥作用。新文化方式固然存在差异,但是毫无疑问,古希腊数学仍代表了古巴比伦数学的自然进化。当思想从一种文化传播到另一种文化时,通常会反复出现一种现象。主体文化对所采用的文化元素进行了自己的修改,以便使它们符合自己的思想和行为模式。公元前 600 年古希腊哲学家寻找和发现一般规律的能力正是当时的数学所需要的,以便能把它转换成一种新的、更有效的工具。古希腊几何传统的束缚阻碍了数字概念和代数运算的发展,而后者后来成为现代科学的基础。但不幸的是,数学中的遗传动力在很大程度上导致了这种“迂回曲折”,数学具有内在的生命力和广泛性,这证明它正朝着现代数学的方向前进。不仅是数学的发展过程,而且古希腊人所有的智力(科学和人文)成就的发展都受到文化环境及其普遍衰落的阻碍。

怀尔德指出,考虑到环境因素的不同,阿拉伯人之后的代数发展,可能是按照古希腊人的思维方式创造的,而现代科学可能是在 16 世纪前发展起来的。17 世纪,通过笛卡儿和费马的工作,他们融合代数、分析与几何,发展成了今天的解析几何,解析几何的发明显然不是历史的偶然,而是一个长期进化的结果,而古希腊人的工作可看作是这种进化的开端。传统观点认为几何公理是不言而喻的真理。在所有关于平行公理的研究中,没有人质疑它的真实性——这是一种有趣的文化阻力,可能也是没有更早发现非欧几何的主要原因。现在我们必须放弃真理这个词,我们可以把公理简单地看作一个基本的假设。公理法能适用于数学和非数学的各种模型,是几个世纪进化的结果。

三、纯粹数学的进化

在得州大学奥斯汀分校美国史研究中心保存的怀尔德手稿中,有一篇未发表的文章《关于纯粹数学进化的说明》。[①] 怀尔德指出,当前人们对数学变得"越来越纯粹"的趋势提出诸多批评,认为其忽视了重要的应用。杰出的数学家对现代数学及其分支变成只有少数内行感兴趣的无用科学而感到忧虑,忽视了数学应该满足同类科学增长的需要。数学在传统上依赖于所谓新思想的应用,忽视这些新思想将导致数学自身的贫瘠和死亡。怀尔德举例子说明这种批评并不是新现象,早在 19 世纪,德国对数学的纯粹性和应用性就存在很大分歧。然而,令人奇怪的是这些反对纯粹数学的人,几乎无一例外毫不犹豫地追求吸引他们的抽象理论,不管这些理论是否有应用前景。汉密尔顿的四元数、亚瑟·凯莱(Arthur Cayley,1821—1895)的矩阵理论在数年之后才在物理学中得到应用。

怀尔德引用冯·诺依曼对数学的评述,数学中的一个数学发现到它得到真正应用有一段时间间隔,这段时间间隔可以是 30～100 年,在某些情况下甚至更长。这也就是维纳所言的"数学在自然科学领域不可思议的有效性"。他认为"过去两个世纪以及当前所谓纯粹数学的发展趋势,只不过是一种自然的文化进化。它并非如以往认为的那样,是由发现非欧几何而引起的自由结果"。实际上,非欧几何的影响直到 19 世纪后半叶才被注意到,而抽象数学结构的趋势至少在一个世纪前就开始了。怀尔德认为,随着数学这一领域的发展,对特殊课题的研究将会面临更大的压力。在先导期得到的某些孤立结果不被认为含有某一特殊领域的基本原理,例如群论、集合论、拓扑学、变量微积分、积分方程,以及几乎任何现代数学领域。随着数学的发展,越来越多的孤立结果被认为是自然相关的,并构成了一个新

---

　　① WILDER R L. Note on the Evolution of Pure Mathematics (unpublished)[A]//Raymond Louis Wilder Papers,1914—1982. Archives of American Mathematics,Dolph Briscoe Center for American History,University of Texas at Austin. Box 86-36/15.

理论的基本原理。遗传压力的积累是不可抗拒的,尽管感觉不到其有用性,这个理论提出的挑战使数学家个体无法抗拒。抵抗某一领域的发展毫无用处,文化压力太强烈了。唯一能阻止其发展的是文化抵制力量,通常一些战争或革命类社会动荡导致的物理或社会条件,将会影响到整个数学。

　　怀尔德认为,数学进化的这种模式开始于 17 世纪以前,已经基本上成熟了。在迅速发展的数学体系中,某些孤立的结果彼此之间产生了可识别的关系,概括必然发生并发展出一个新的理论。随着概括与整合能力的增加,该领域取得了相应地位并产生概念上的压力,从而推动其发展。随着成熟度的提高,该领域对数学其他部分的重要性变得越来越明显。毕竟它在本质上是数学的,它的成果很难不为其原始理论提供有用的概念工具。而且,如果原始理论来源于对自然或社会现象的研究,那么可预期该领域最终会对相关科学群体的进化做出贡献。这是数学史上尤其是近代数学史上从一个领域进化到另一个领域的模式。在某种程度上,这一切都与数学发展的主流状态有关。回顾数学历史,我们可以发现人们曾反对使用负数和复数,反对微积分容易导致形而上学混乱,反对研究奇异型函数理论,反对亨利·勒贝格(Henri Lebesgue,1875—1941)积分过分抽象而无实际价值,反对集合论及其无穷理论,当然了,没必要进一步追究这些历史。每当数学中引入新的概念,抗议和贬低就成了常见的模式。但幸运的是,这种模式也被用来证明个别数学家在抵抗其所面临挑战时的无能为力。

四、数学进化的动力

　　怀尔德在 1968 年出版的《数学概念的进化:一个初步的研究》一书中提出了数学进化的 11 个主要动力,并做了注释和评论。同时他也指出,虽然对数学进化动力的讨论是从历史观点出发的,但并不意味着把所列各种动力看作符合如此历史序列发展的,下面所列的各种动力通常是同时起作用的。[①]

---

　　① WILDER R L. Evolution of mathematical concepts: an elementary study[M]. New York: Wiley & Sons, Inc., 1968:163-175. 怀尔德在后来的一次演讲中又增加了一个数学进化的力量因素——"专业化"(Specialization),详见:WILDER R L. History in the mathematics curriculum: its status, quality and function[J]. American Mathematics Monthly, 1972, 79:479-495. 但在该文中并未解释,而在《数学概念的进化》一书中,专业化仅仅是最后一章作为现代数学进化特征给出的,直到他后来在著作《数学作为一种文化体系》中讨论"整合"力量相关理论时提出"专业化必然导致整合"的观点,详见 WILDER R L. Mathematics as a cultural system[M]. New York: Peragmon Press, 1981: 85. 另外,得州大学奥斯汀分校美国史研究中心保存的怀尔德手稿显示,1970 年他在古斯塔夫阿道尔夫学院(Gustavus Adolphus College)的一个演讲中,把这几个因素进行了整合,作为体现数学之文化本质的 6 个影响因素:一是环境压力(物理的、文化的),二是文化动力(传播、文化滞后与文化抵制、选择、符号化),三是概括,四是抽象,五是整合与多样化,六是遗传压力。详见:WILDER R L. History and Culturology of Mathematics[A]// Raymond Louis Wilder Papers, 1914—1982, Archives of American Mathematics, Dolph Briscoe Center for American History, University of Texas at Austin. Box 86-36/23.

1. 环境（物质的、文化的）压力

怀尔德指出，数学是一种文化现象，是人类创造的文化环境的一部分。就像在个人发展过程中，人们会受到环境和遗传这两种因素影响一样，数学的发展也受到外部和内部压力的影响。在一种数学概念的进化过程中，通常会在工作中发现这两种因素。与大多数子文化系统一样，数学在其整个历史过程中都受到环境的影响，事实上，它的存在正是由于文化的需要。计数和测量系统在每一种文化发展中都会出现。古希腊语的派生词"几何"的意思是"地球度量"，因此暗示了它的社会起源。从我们获得的有关古巴比伦历史的知识来看，可以了解到在古巴比伦几何并没有作为一种特殊学科而更多的只是作为一种辅助算法。几何的功能似乎一部分是作为计算长度和面积的公式，以满足社会的需要，还有一部分是算数问题的来源。虽然古巴比伦人在毕达哥拉斯前的几千年已经知道了毕达哥拉斯定理公式，孤立地提出过"毕达哥拉斯数"的算术概念，而这些概念似乎只是为了他们自己的研究目的。同样，古埃及的"几何学"基本上由面积公式组成，而不是欧几里得的那种独立理论，显然它还只是一种原始类型的测量工具。

在古希腊，几何学成为一门成熟的学科，它的发展受哲学和天文学的严重影响，古希腊几何学最有影响力的人有天文学家欧多克斯。逻辑与数学的整合，成为欧几里得《原本》中逻辑框架的学科，在很大程度上是受巴门尼德（Parmenides，约公元前 515 年至前 5 世纪中叶以后）和芝诺等哲学家的影响。到了近代，伽利雷•伽利略（Galileo Galilei，1564—1642）在科学方面取得创新后，对物理现象进行研究时，数学不得不考虑计算变化率、速度、加速度的方法。一般来说，这是经典数学无法处理的瞬时现象。由此产生的微积分将数学引入现代数学时代，虽然许多工作都是为了改进完善与无穷小和无穷大有关的概念，而函数概念真正开启了现代数学时代。受物理问题影响的一个突出的例子是 19 世纪初法国学者约瑟夫•傅里叶（Joseph Fourier，1768—1830）对热和声音理论的研究，它发生在从牛顿和莱布尼茨的微积分工作到 20 世纪数学的过渡时期。傅里叶对三角函数逼近的分析迫使数学推广了函数的概念，并将其作为一个意外结果引入现代集合理论。正如数学史家 M. 克莱因所评论的：毕达哥拉斯只满足于抽出琴弦，但傅里叶则吹响了整个管弦乐队。[1]

尽管人们普遍认为，在当今时代，数学已经变得能够自给自足了，并且概念对环境压力的依赖性越来越小，但这种压力仍然对数学发展产生了强大的影响。例如，受到"二战"的影响，高效的计算机工具及其相关理论得以发展，也有助于诸如操作分析、系统分析、博弈论、信息论等领域的研究，更不用说在已经建立的领域上的新发展。不应该被遗忘的是，今天自然科学（特别是物理学）、社会科学和工业界不可缺少的概率统计等领域，是数学家们在研究赌博、死亡率等问题中提出的。怀

---

① KLINE M. Mathematics in western culture[M]. New York：Oxford University Press，1953：287.

尔德提出了一个典型的环境压力模式："环境压力→数学理论→环境应用→新的环境压力"，将环境与自然科学（特别是物理学）、社会科学以及工业界联系起来，用以说明环境导致了数学概念的发明，这些发明使技术领域更加成熟。这些技术被环境获利者利用并解决他们的问题，同时推进他们自己的理论，进而又对数学产生新的环境压力。

2. 遗传压力

怀尔德认为，在研究文化史以及文化体系（如政治、宗教及科技）中，至关重要的一点就是原有的国家运动对各种文化体系产生的影响。这些影响是不容忽视的，在很多实例中都能寻其踪影。[①] 因此，尽管个体看起来似乎是独立发展的，殊不知他们使用的材料、工具、方法，甚至思维方式，都传承自他们的祖先。大量学者支持应站在文化的立场上看历史，从文化的视角对待历史，强调个体以及个体独立事件虽然是一定存在且不容忽视的，但在历史研究领域，不可能只出现一种方法。群体共同形成我们的文化，无论是文化对个体产生的影响，或是对子系统产生的影响，都绝不是消极的。尤其是数学的形成离不开数学家个体在自己感兴趣（或意外影响，或有天资）的方面，在现有基础上综合"文化因素"进行分析研究。数学文化的成就通过文化历史长河又将其传给下一位继任者。牛顿曾说"我只是站在巨人的肩膀上"，这句话是从科学角度对"遗传压力"最为直接的认识。

数学文化的进化主要在于引入新概念。这些新概念来自哪里？回答是："来自于个别数学家的思想中"，既对也不对。文化是通过数学家的思想进化的，但如下说法却是错误的：来源于文化先前发明的概念是一个个个体的积累，并激发他们自己的思想，导致他引入新的概念。经常有断言称，个体数学家的直觉是他概念思维的核心。但人们忽略了这样一个事实：个人的直觉本身就是文化对个人心灵影响的结果。数学家的思维是特定的一些数学文化直接在他们身上激发的综合结果，那就是我们要讨论的数学文化。数学文化对个体数学思维所施加的最重要的力量，我们称为"遗传压力"，因我们从先前已经存在的数学文化中继承了它。压力是我们排斥新概念的原因，而且往往是强迫性的。某种意义上，除非我们发明新概念或接受被拒绝的概念，否则我们将无法接受新概念。如果我们要有一个令人满意的方程理论，人们可能会回想起接受复数概念的必要性。或者，我们接受计算机的数学思维，就像古希腊人接受直尺和圆规作为他们几何思维的一部分一样。

"遗传压力"不是一个简单的概念，因为人们在分析时发现其表达中涉及的许多成分是变革的力量。换句话说，"遗传压力"是一个集体术语，体现了影响其成长的领域或理论的所有特征。当然，也有人会问，它为什么要成长？历史提供了许多著名数学家的例子，他们在某种历史境地，得出的结论是数学不能进一步成长，如

---

①　WILDER R L. Hereditary stress as a cultural force in mathematics[J]. Historia Mathematica, 1974 (1): 29-46.

拉格朗日当时相信数学作为一个整体已接近枯竭。查尔斯·巴贝奇（Charles Babbage，1791—1871）是 19 世纪最多产的数学家之一，他也在 1813 年断言"数学作品的黄金时代无疑已经过去了"。然而，尽管存在这种悲观情绪，数学的大时代仍层出不穷。西方数学已经达到一个可以保证持续成长的状态，没有任何灾难可以阻挡其发展的脚步。即便将遗传压力的研究限制在"纯粹数学"这个核心，包括分析、几何、拓扑、代数等构成基础数学的研究。这些子领域之间也并没有彼此明显的切断。相反，它们互相借用并融合了彼此的许多理论，使它们今天形成一个统一的整体——现代数学的核心。

怀尔德指出，从"数学作为一种文化体系"的观点来看，"遗传压力"可以被视为各载体之间的吸引力，它不仅会促进它们的生长，而且有助于它们的融合，甚至可能是彼此吸收。他详细讨论了"遗传压力"的构成，主要包括 6 个方面的因素。[①]

（1）能力。粗略地说就是数学理论产生有意义和富有成效的成果的潜力。一个经典的例子是欧氏几何的一整套公理的"能力"。这样的一个公理集合最初具有很大的"能力"，由它出发，似乎会推出一系列无穷无尽的定理。某个数学领域的"能力"取决于具体时代的具体情况。训练有素的数学家通常可以感知特定领域的能力。如果某个数学领域的"能力"很大，可能会吸引数学家去做研究，或者指导其他年轻的同事或学生来间接帮助发展这个领域。一个例子是 R. L. 莫尔和瓦茨瓦夫·谢尔宾斯基（Wacław Sierpiński，1882—1969）对平面拓扑结构和连续结构能力的认识。然而，即使是最有经验且知识丰富的数学家，在某一特定时间也可能无法认识到某数学理论的"能力"。一个很好的例子就是我们今天所熟知的，在 17 世纪时由数学家吉拉德·笛沙格（Girard Desargues，1591—1661）提出的"射影几何"，当时它刚刚由欧氏几何和"坐标几何"整合而成。笛沙格同时代的人未能像他那样认识到"射影几何"的能力，并且未能充分发展它。

怀尔德特别强调了"基础理论"的重要性，一旦一个领域的基础理论建立起来，那么这个领域的必要部分就已经形成了。至于是哪个数学家个体会发现其最核心的理论，建立起最重要的体系，则是机遇与个人天赋的问题了。机遇和个人天赋也制约着一个数学领域的发展，随着时间的推移，会对基础理论和文化认同做出解释，之后这个领域将遵循其大纲及特点独立发展。无论问题如何进化与发展，基础理论都是十分坚挺的。至于那些未能解决的问题，我们也不能将其归咎于个人能力的问题。通常数学领域的"能力"包含其抽象性以及普遍性。一个领域的抽象程度越高，那么其达到的等级也就越高，它所有的"能力"也就越大。一个典型的例子是有关范畴论的，它是经典集合论的高度抽象，迄今为止都作为数学中的必要基础。另一个例子是有关拓扑学的，其抽象程度也达到一定的高度，并一直扩充着能力。如果年轻一代数学家达到了一个领域的极高抽象，那么这个领域的能力对于

---

① WILDER R L. Mathematics as a cultural system[M]. New York: Peragmon Press, 1981: 68-80.

他们而言就是无穷大的。高度抽象看似自然，实则源于对许多老辈数学家遗留下的问题研究，或是将已有一些问题推向一定的高度。①

（2）意义。这是与数学理论的"能力"不太相关的一个特性，并且与"能力"类似，可能随时间变化而发生比较大的变化。它被列为遗传压力的一个组成部分，因为它是吸引数学家的一个重要因素，并因此增加了某个领域的潜在发展方向。以集合论为例，很长一段时间人们并没有认识到它对数学的重要性，对其重要性真正意义上的认识是 20 世纪数学成熟的标志。当然，数学某领域的"意义"不一定仅仅依靠其在数学中的重要性来衡量，例如，计算理论对数学有多少重要意义。那些致力于开发科学计算方向的数学家可能发现自己不再属于大学里的数学系，而是在电气工程学院（或依据自己意愿组成的部门）里工作。计算机在微积分教学和更高级分析形式中的应用越来越多，以及其在解决著名的四色问题中的应用，使得计算机理论对于数学而言越来越重要。因此，对数学外部的科学领域的"意义"也不容忽视。数学发展的新方向可能不仅仅是源于数学需求，也可能是由其他影响所带动的。例如，"图论"最初被物理学家基尔霍夫用于电路的研究，图论能独立的一些原因在于它对数学等其他领域来说是重要的，但作为一个自洽的数学研究领域，它已经正确地归类于纯粹数学的框架之内。与上述情况相反，"意义"也可能是一个领域衰落的特征，平面欧氏几何的"能力"在不断减弱，同时这个领域的"意义"似乎有所下降。

（3）挑战。这个术语指的是问题出现对已有体系所带来的挑战：这些问题似乎无法得到解决，或者需要不寻常的独创性或新的方法和原则来解决问题。这种挑战不仅影响到有关领域的数学家，而且通常有可能吸引没有相关研究背景的数学家。例如，考虑数学中最古老的领域之一"数论"，其问题背景只是简单的自然数字，并且从分析和代数中引入的新方法已经有助于保持其受欢迎程度，即使在业余爱好者中也是如此，但数论提出的挑战性问题已经发挥了重要的作用。确实，数论结果已被证明对其他数学领域有用，正是数论中令人着迷的问题令这个领域保持活力。正如希尔伯特在"数学问题"的研究中强调的："只要科学的一个分支提供了大量的问题，它就会存在很长时间。缺乏问题则预示着灭绝或停止独立发展。正如每个人都在追求某些物品一样，数学也需要它的问题。"问题所带来的挑战可能被认为是遗传压力最重要的组成部分之一。这种由于挑战所诱导的竞争会对一些重要问题的解决产生积极影响。在更深层次上，理论问题的产生似乎是对问题的公然反抗，或是提出不同的方法和思维方式，但这都促使着挑战的压力不断推动领域发展。上述提到的都是挑战的积极意义，挑战的负面影响在于，挑战中遇到的挫折可能会导致不良的结果，也可能最终对整个领域失去信心。

---

① WILDER R L. Hereditary stress as a cultural force in mathematics[J]. Historia Mathematica, 1974 (1)：29-46.

（4）地位。对数学任何分支做出过重大贡献的领域，拥有数学家对该领域的相应尊重，我们称之为"地位"。古代和现代的代数已从数学核心内外的重要用途中获得了很高的声誉，类似的陈述也适用于数学分析。拓扑在所谓的"一般"形式中由拓扑空间理论组成，已经获得了强有力的地位，成为分析的基础，并在某种程度上在现代代数中也是如此。几何的地位可能不像文艺复兴时期那么高，但这只涉及它作为研究领域的功能。作为数学家、工程师以及物理科学家的背景和基础，几何仍具有重要的意义和地位。

怀尔德指出，"地位"的概念之所以重要，主要是因为随着地位的提高，一个领域对创造性数学家的吸引力也会增加。此外，注意到某领域日益强大的研究生更有可能被吸引，同样也会对边缘领域的数学家产生吸引力。表明一个领域现状的一个明显指标是参与其发展研究的数学家数量，由在该领域工作的人数相对于创造性数学家总数的"工作比率"衡量领域状态。一个领域的地位越高，那么就会有越来越多创造性的数学家对其进行研究，从而形成一种趋势。逐渐地，就不断有学生会被其发展的地位吸引，从而以其作为他们的毕业论文研究对象。同样，相近领域的研究者也会转而研究这个地位不断提升的领域。但事实是数学家经常对各个数学领域的地位具有感情强烈的看法。例如，克罗内克对代数的基本贡献很突出，却极蔑视许多现代数学思想（特别是康托的思想）。此外，所谓的"纯粹"和"应用"数学家之间的分歧对立也存在。显然，无论是上面的"能力""意义"还是"挑战"都会对"地位"产生影响。

（5）概念压力。这种压力是由新概念的不断需求与兴起产生的，遗传压力最重要的组成部分之一是由关注新概念领域的需要所造成的，概念压力在如下四方面起作用：一是符号压力，由于需要一个好的符号或新的符号而产生的压力。符号作为一种思维方式，可以互动并产生新的符号。整个数学史是由对广泛而恰当的符号表示系统持续不断地追求所产生的压力推动向前的，这也成为数学学科的标志性特点，越来越加剧的抽象性和复杂性使其更为突出。在数学史上，为了保留有用的符号，这些符号由于各种原因似乎是不可接受的，为了克服它们令人反感的特点，必须创造新的看似荒谬或"虚幻"的概念，这一过程我们称之为概念压力。19世纪80年代，康托引入实无穷概念是一个杰出的现代案例，在这之前，实无穷概念通常是不被接受的。尽管康托成功地解决了数学分析基本问题，最初却遇到激烈的文化阻拦。实无穷被数学界所接受和承认是因为其扩展了现代分析学和拓扑学。二是解决问题需要的新概念。有些问题只能通过创建合适的新概念来实现。例如群论和伽罗瓦理论完全解决了一般代数方程解的问题。引入无限概念，就是要应对与连续性和可积性有关的问题。分析基础中出现的积分问题，只能通过集合论的创建和测度论的发明来解决。新概念的产生也可能会引起相当大的反对意见，如数学界对康托无限理论的敌视所体现的那样。三是有序性压力，即由于需要将有序性引入到已知相关混乱的材料中而产生的压力。随着数学理论在某一特定领域的多样性和传播性,越来越需要引入某种"秩序"或"逻辑"以使人们更容易理解和吸收它。在由此产生的压力下,最终产生了新的观点或者更广义、更抽象的理论。这些理论揭示了某种特殊理论在其框架内的共同结构。菲利克斯·克莱因(Felix Klein,1849—1925)在"埃尔朗根纲领"中通过分析现有几何的性质,提出了不变量及其群的概念,作为区分和辨别不同几何学的手段。同样,范畴理论为对代数拓扑中提出的各种同调理论的分类也提供了一种手段。四是对数学存在的新态度。在更高层面上,压力导致了对数学存在性和数学"现实"的新态度产生。这与数学的一般哲学观点和数学基础的范围有关。关于"什么是数学"的问题从未得到令人满意的解答。不同的文化间以及不同的数学家之间,数学都被认为是不同的。随着 19 世纪非交换代数和非欧几何的引入,新数学概念产生的压力使人们认识到,数学"是人类思想的自由发明",它表达的实质是数学不受物理现实或"绝对真理"的约束,从那时起,数学中的"真理"不可能是绝对的,而只是相对于明确提出的基本假设。这种新态度极大地促进了新数学的创造,数学不再需要通过其所谓的"现实"来证明自己的合理性。

（6）悖论。如果一个数学理论中出现矛盾或不一致,那么几个结果中的任何一个都可能随之而来。需要强调的是,当对理论的需求足够大时,理论中出现的悖论将成为研究的动力,要么找到合适的理论进行修改,要么找到另一个具有相同目的的理论进行替代。在数学史中,悖论或矛盾的发现导致新理论的发明,这个发明用于改进当时的理论,这种现象普遍存在。悖论实际上不涉及任何不一致的情形,那么更大的新挑战将是如何解释悖论所带来的挑战,从而为领域内的遗传压力增加一个进化的因素。如果确实出现了真正的不一致,那么就会出现一种挑战,即重新构造该领域的基本理论或使用的方法,以避免这种不一致的产生。古希腊数学早期的不可通约性和芝诺悖论两个巨大"危机",显然激发了他们的相关探究活动,从而由天文学家、数学家欧多克斯完全实现。连续统假设作为非自洽的理论遭到哲学家的悖论攻击。康托的无限理论矛盾是显而易见的,衍生于隐性假设之中,自然数列与其平方数列之间的一一对应关系。这一推断是建立在有限集合不能和它本身的一部分建立起一一对应关系的假设之上的。因此,对于无限集合也必须相同。这一例子给出了关于无穷的推论,并且产生了矛盾。戴德金承认了这个所谓的"矛盾",不过是无限集合的一种悖论。可以肯定的是,集合论确实存在矛盾以及新悖论和非自洽的新发现(如罗素悖论),但这并没有导致该理论被放弃——尽管它并没有被证明在解决问题和形成新概念中很有用。由于数学不能容忍矛盾存在的历史传统,数学家清除非自洽的压力特别强烈,并成功地引起了对形式公理意义的质疑。数学家喜欢他们工作中出现惊喜,悖论是一个主要来源。

怀尔德最后总结道:所谓"遗传压力"及所包含的 6 个组成部分,只是影响数学进化遗传动力的 6 个起源。"传播""概括""抽象"等不仅单独行动,而且经常"整合",遗传压力经常与它们合作。但是,除了这些文化动力外,还必须认识到心理因素的存在。最突出的心理因素就是"竞争"。即使在大学预科和大学水平的学生中,教师也把鼓励解决问题的竞争作为教学手段。对专业人士,在他们自己的专业圈子向前发展中,竞争也在发展。然而,我们仍然认识到,这种心理因素是文化压力(主要是环境压力)的结果。人类学家都知道文化中存在不鼓励高级别竞争的现象。然而,在我们的文化中,鼓励竞争甚至被认为是"自然的"。怀尔德承认自己在这些问题上没有任何立场,但承认它们的存在是影响数学成长的环境文化因素,他也认识到确实存在一些人纯粹是出于对数学的热爱而做数学——"为数学而数学"。怀尔德以印度数学家斯里尼瓦瑟·拉马努金(Srinivasa Ramanujan,1887—1920)的成长史为例,说明数学成长的心理因素通常是对数学文化的反应过程,以及个人对这种文化做出反应的创造性综合。[①]

3. 符号化

怀尔德强调用符号表现是人类沟通的基础,是文化和文化之间的"黏合剂",也让文化发展有了可能。在文化的进化过程中,数学的绝大部分东西都用符号表现出来了。要想学习数学,孩子们都从 1,2,3 开始学起,这些符号现在几乎是世界通用的。这些数学符号和利用这些符号运算的进化,本身就是一个文化进化中非常精彩的篇章。符号化是计数发展的基础,并最终导致了具有表意性质的数学符号的特殊类型。虽然每一个民族文化都知道计数的必要性,但符号通常以不同的形式出现。对数的进化史研究也揭示了一个事实,即在数的发展过程中,其他的数学进化动力占据着突出的地位。如"环境压力",主要是文化因素,计数设备和计算方法的出现。如"传播",数从一种文化传播到另一种文化。如"文化滞后和文化抵抗",印度-阿拉伯数字在传入西欧时,在获得认可方面遇到了困难。如"符号"在数的进化过程中,对各种符号形式和更有效符号的探索,以及对数进行符号化的系统研究事实表明,随着语言的发展,出现了一种特殊的数值进化,在这种进化中,符号在语言的进化中起着同样重要的作用。如"选择",在数字系统的进化过程中,显然涉及大量的选择。分析时代人们会惊讶于数学的进步实际上是由一种新的强大符号系统发明所组成的。牛顿用"$\dot{x}, \ddot{x}, \cdots$"表示导数,用"$x', x'', \cdots$"表示积分,这与莱布茨用"$d$"表示导数和用"$\int$"表示积分正好相反,莱布尼茨的符号有其自身的计算作用,而牛顿的符号并没有。后者的观点在欧洲大陆传播起来,而前者(大概是受莱布尼茨和牛顿发明微积分优先权的争议问题所反映的民族动机影响)继续在英国使用,18 世纪英国数学研究的滞后至少部分归因于拒绝采用莱布尼茨符号,英国数学家意识到这一时期法国和德国的数学研究取得了很大进步。直到 19 世纪初,巴贝奇和其他人成立了"分析学会",才促进了英国使用莱布尼茨的符号。

怀尔德指出,在数学领域表意符号是慢慢被接受的,尽管在数字方面它们的必

---

①   WILDER R L. Mathematics as a cultural system[M]. New York: Peragmon Press, 1981: 82-83.

要性很早就被认识到了。我们无法保证单独一个数学家采用的符号会成为数学文化的一部分。正如大家看到的那样,虽然符号"π"最初是由英国人威廉·琼斯(William Jones,1675—1749)所使用的,但可能还是由于欧拉对他的应用才使得这一符号被数学界所接受。因此,数学家个人在数学界的地位影响着他所使用的符号是否可以被数学界所接受,并在数学文化中占有一席之地(欧拉评论)。同样,这也适用于文字符号是否能成为数学文化的概念或重要部分,而且,一个曾经被接受的名称可能在将来会因为另一个名称的产生而被放弃。例如,1851 年德国数学家黎曼使用了位置分析(analysis situs)一词,并把它归功于莱布尼茨。但就在 4 年之前的 1847 年,利斯汀出版他的经典《拓扑学研究简论》(*Vorstudien zur Topologie*)中使用过 topologie 这个词。1895 年(及以后)庞加莱也使用了(analysis situs)一词,维布伦自然而然地在他 1921 年的著作中使用了相同的术语来描述庞加莱的工作。这个术语一直持续到 20 世纪 30 年代初,直到后来的豪斯道夫、库拉托夫斯基和莱夫谢兹等著名拓扑学家使用了 Topology 一词取代了 Analysis Situs。怀尔德指出,刚刚建刊之初的波兰数学杂志《基础数学》前两年的文章中这两个词都有人使用,他认为这是印欧语系的语言优势使得拓扑学家们最终选用了形容词topologische 或 topological,才使得 topology 一词最终被作为"拓扑学"的学科名称。

4. 传播

　　文化传播就是一种文化中的元素被另一种文化接纳,在文化进化过程中有着非常重要的地位。也许文化传播就是文化没有固定的进化模式的最主要原因。文明进化中,传播进程要么是通过征服(西班牙对美洲土著的天主教改造),要么是自愿吸收(美洲平原土著饲养马匹)。当然,在这个过程中涉及的文化之间相关元素的"整合"现象发生了,美洲土著将其宗教信仰与天主教进行整合,而平原土著将其生活传统与养马整合以利于捕猎和战争,并因此产生了新的"平原文化"。然而,文化传播整合过程并不总是平稳的。美洲土著的天主教化伴随着他们的文化抵抗。而"马式生活"与传统模式的整合却是个自愿的过程。人们并不希望看到科学,特别是数学的传播过程是由军事或是政治动力促成的,尽管这种情况时有发生。当非洲国家、部落被欧洲人殖民后,殖民者强迫非洲人使用欧洲的计数系统,非洲人只能将其与自己的计数系统相整合。因为非洲数学的发展本质和范围是由其独特的物理环境、传统文化资源和外部影响因素共同决定的。[①] 同样,有证据表明当阿卡德人征服了古苏美尔人时,征服者将苏美尔字母整合进自己的计数系统。自愿传播之所以会发生,是因为文化的接受方会与外来文化相关方面整合后得到好处。在数学中发生的类似传播事件是"二战"前后大批西欧数学家移民美国,将其想法

---

　　① ZASLAVSKY C. Africa counts:number and pattern in African culture[M]. Chicago:Lawrence Hill Books,1973:16.

（经常是其个人所独有的）与美国数学相整合。跟现在数学具有的国际文化特点相比，这可能是个不甚明显的进程，但这种传播之后的整合还是发生了，"二战"后美国从此在国际数学界具有了领先的地位。历史学家经常会提及，位于商业通道交叉口的节点性区域常常会成为艺术和科学的中心，原因就在于该区域为整合及传播不同的风俗与想法提供了机会，反过来也会为文化传播和整合提供强大的动力。

怀尔德指出，人们可能试图通过数字系统和代数的发展过程记录一种文化的发展阶段，却发现一个特定的文化并没有经历所有这些阶段，那是因为更高级文化中的元素传播到这些文化中，绕过了中间阶段。怀尔德以记数系统的进化历程具体说明了它的传播模式：巴比伦、埃及→希腊、印度→阿拉伯→西欧，当然这个模式仅涉及算术、几何等初等数学形式。巴比伦人和埃及人使用的数学公式通过贸易和传教方式传到希腊和印度，又传到阿拉伯，再传回到意大利和西班牙。希腊文化在数学上取得巨大进步的最初动力来自于传播，巴比伦和埃及的数学与希腊哲学相遇，产生了一种全新的、完全不同的数学融合。如果没有新的文化接触，巴比伦和埃及式的算术和几何很可能一直处于几乎静止的状态，古代中国的数学从发现到从巴比伦和埃及传播到希腊，也为希腊哲学提供了新的动力。数学在自然科学技术里面的传播，可能是有史以来最伟大的一次文化传播。没有这种数学方法和概念的传播，根本不会出现现代社会的科技文化。当然，传播是相互的，不仅仅是数学概念刺激了自然科学的发展，这些学科又为数学理论提供了模型。文化的传播很可能伴随着一些压力，例如，一些侵略者会强行把自己的一些习惯和宗教信仰加给被侵略方。在现代社会，文化传播的原因就是去满足人们的需要，在学术方面这也许就是文化传播的唯一理由。在数学领域内，分析从拓扑中借用它所需要的东西，有太多拓扑学的基础知识渗入分析里，以至于现在的分析学家通常需要学习拓扑课程。[1]

5. 抽象

毫无疑问，数学抽象的第一次重大飞跃发生在早期希腊数学的发展过程中。不幸的是，由于这一时期的历史记录不完整以及存在争议，所以没有记录下发生的确切日期。然而，我们可以相当确切地判断出它们确实发生了，这是通过比较巴比伦-埃及的数学类型和后来的希腊数学类型得到的。尤其是希腊人在数学中引入逻辑证明，这与巴比伦-埃及数学中缺乏证明形成了鲜明对比。伟大的抽象经常发生，并不是逐步进化，而是从以前的理论或概念的飞跃。这有时仅仅是由于对现有理论态度的改变。怀尔德以代数方程根的求解历程为例，拉格朗日推测在阶大于4的代数方程不能用连续分数的方法求解。即使是提出这样的一个问题，也代表着数学抽象的一次巨大飞跃。这个问题显然是由内部压力造成的，内部压力是由尝试解决方案失败而产生的挫折造成的。1813年，意大利数学家保罗·鲁菲尼

---

① WILDER R L. Mathematics as a cultural system[M]. New York: Peragmon Press, 1981: 48-58.

(Paolo Ruffini,1765—1822)证明了拉格朗日的猜想,即阶大于 4 的一般方程只用代数运算是解不出来的。接着就是尼尔斯·亨里克·阿贝尔(Niels Henrik Abel,1802—1829)和埃瓦里斯特·伽罗瓦(Évariste Galois,1811—1832)的工作,众所周知他们使置换群理论达到了顶点(反过来置换群理论又刺激了一般的群理论)。而且从那时起,在对抽象群结构的深入研究中,数学现象通常被称为"结构",结构化成为数学发展的一个显著特征,也是现代数学抽象发展的决定性因素。

怀尔德举的第二个例子是集合论,19 世纪后半叶由康托和戴德金提出并用于求解函数论问题。康托把它推广到无限领域,这是一个巨大的飞跃,尽管这些被证明是有用的,却引起了数学家们的争论。事实上,他们的成果和内在吸引力导致他们最终被大多数学家接受。这个突出例子说明数学内部压力迫使人们采用原本不可能被提出甚至不被接受的思想。到了矛盾出现的时候,集合论在其内部积累了足够的压力,刺激了消除矛盾的方法的研究,从而以相同的方式继续使用该理论。数学抽象上最后的一个飞跃,是由集合论与数学逻辑结合所导致的。希尔伯特及其学生试图对整个数学领域进行逻辑审查,主要是为了证明数学在适当形式逻辑规则时的一致性,从而创造了一个新的抽象层次,即"元数学"。由于元数学与集合论中发现不一致,因此"元数学"既涉及集合论又涉及数学逻辑。哥德尔证明希尔伯特的尝试是错的,他在 1932 年发现只要数学逻辑形式化是一致的,就永远不可能完成,这是一个划时代的发现。它解决了集合论中的许多悬而未决的问题,并进而产生了许多新的未解决问题。数学作为一个整体(当然包括数学逻辑)见证了一句格言:抽象越高,动力越大。只有未来才能揭示数学作为一个领域是否能够达到更高层次的抽象,或者某个数学的子领域能够在抽象方面取得更进一步的飞跃。历史事实表明,随着数学理论的发展,它变得更加抽象,抽象是数学进化过程中最有效的动力之一。

怀尔德指出,随着一个文化体系的制度化和发展,必然会产生更大的抽象性。这可以被看作一种文化法则且不受科学系统限制。同样的事情也发生在各种各样的哲学和法制系统中。包括数学在内的现代科学发展将越来越抽象。从定义上来说,每一门科学都发展了理论,而理论也构成了科学的中心和灵魂,即便是那些以收集和定义系统而著称的科学最终也要根据他们的研究结果而拓宽其理论。科学之所以特别是因为其概念看起来距离现实越远,它对于人类环境的掌控就越成功,更强的抽象导致更强的动力。这一悖论现在已经完全确定,最大的抽象是控制我们对具体事实思考的真正武器。

怀尔德回忆了自己亲自参与见证数学中一个最重要的领域——拓扑学的发展。虽然在 19 世纪下半叶发现可以被称为"拓扑"的最早结果,但直到 20 世纪上半叶这个学科才成为公认的学科。逐渐发展的抽象概念使得它的发展早已注定,这一直是他惊奇的原因。很明显,随着领域的发展,拓扑的概念变得越抽象,其发展出来的工具就越强大。同时,随着抽象概念的发展,一个更加广阔的观点被提出来了,早期占据该领域的成果成为更高级理论的部分。正如熟悉数学史的人所认可的,这些现象不是拓扑学所特有的,而是所有领域的特征,现代代数就是一个很好的例子,它已经发展到一定程度,以至于它的抽象概念被应用于所有数学分支中,包括拓扑学。那些担心现代数学中抽象理论正与"数学应用"渐行渐远的人们应该注意,保持抽象概念不仅必然产生数学观念中更加强大的动力,而且能够为更加先进的其他科学提供概念的源泉。不仅一些最抽象的理论被发现很有用,而且(在矩阵理论和量子力学的案例中)很早就被物理学家应用于他们的研究中。抽象概念在特殊领域的发展使得该领域能够渗透到其他领域中去。拓扑学就是这样,它起初是几何学中的特殊领域,但它的现代抽象形式已经被其他数学领域所采用,作为该领域扩展自身理论的一种手段。拓扑学被其他数学领域作为一种扩充其领域的方式而借鉴吸收,这种发展的最终结果是现代数学的大统一。

6. 概括

数学中的概括与抽象的飞跃密切相关。实际上,概括很早就成为完成抽象的工具。希腊人在数学发展过程中引入新的成分,特别是抽象和概括的成分。数和长度的原始概念发展(以及测量标准)在巴比伦和埃及文化中已经激发了一些基本类型的抽象和概括。事实上,这些成就的象征意义也可以这样说。从本质上说,随着希腊数学的发展,人们发现了抽象和概括的特殊数学形式,直到 17 世纪代数学进化出来的符号表征主义,这是每个现代数学家所熟悉的。似乎没有必要进一步评论抽象和概括的过程。怀尔德指出,一种独特的概括是通过抽象过程实现的,正如美国数学家 E. H. 莫尔所总结的那样,这个过程是基于这样一个原则:"各种理论之间存在的相似之处,这意味着存在一个一般的抽象理论,该理论是特定理论的基础,并根据这些特征将它们统一起来。"①经典的例子是群论的发展,尽管"群"一词源于伽罗瓦,但他并没有提出群的概念。群的概念是数学家通过识别算术、代数和几何运算中的相似性,逐渐以各种形式出现的。直到 19 世纪,人们才认识到群的定义,随着抽象代数的兴起,环、域、交换代数等概念也随之发展。菲里克斯·克莱因在埃尔朗根纲领中通过变换群对几何学进行的分类,虽然没有提供完整的几何学定义,但该方案在当时是一项基本贡献,这说明 E. H. 莫尔提出的上述原则对概括的贡献。现代数学家最熟悉的概括例子无疑是阿蒂亚和辛格的指标定理,它概括了经典的"黎曼-洛赫定理""希策布鲁赫符号差定理""高斯-博内-陈定理",并将现代拓扑学和分析学中的内容进行了整合,证明对于紧的、可定向的流形上的线性椭圆微分算子,其"解析指标"等于"拓扑指标"。因此,作为一种研究工具,"概括"是数学家开展数学研究最重要的工具之一,也是数学进化最重要的动力之一。

7. 整合

用来表示多样化合并的过程,分散的数学系统被整合在一个系统中。怀尔德

---

① WILDER R L. Mathematics as a cultural system[M]. New York: Peragmon Press, 1981: 65.

将之定义为,通过合并两个或多个概念或理论 T_i,意思就是创造一个新的理论,将所有 T_i 的元素合并到一个系统中,从而得到了比单个 T_i 更广泛的含义。在某些情况下,它可能仅仅是两个系统的整合,结合了两者的优点。经典的例子是解析几何(坐标几何)是代数(分析)和几何的结合,利用代数或解析方法研究几何结构,反之亦然。在整个数学进化史中,整合经常发生,正如我们所熟知的,欧氏几何是逻辑和几何结合的结果,在引入逻辑之前,几何学主要是由经验公式组成。而且其中一些公式只是近似值(就像著名的古代圆面积公式一样)。随着逻辑引入,逻辑推理证明取代了"直观"证明,公理化方法是这一过程的自然产物。一些原本不可证明或极难用早期原始方法证明的定理,变得很容易用归谬法和反证法等方法证明。

怀尔德指出,整合在现代数学领域是统一各分支的方法,[①]尽管在任何特定的整合中,这么做的目的是为了获取工具,以迅速解决问题。如三等分角问题,是运用代数知识解决问题,虽然这并没有建立一个新领域。在 20 世纪上半叶发生的代数和拓扑的整合是两个领域的整合,目的(在拓扑学方面)是解决一些问题,这些问题很难由集合论得到解决。数学中的整合通常是保持领域完整性的整合。在上述的整合情况下,拓扑和代数本身就是一个蓬勃发展的领域,而且已经采用由整合领域创建的一些工具。微分拓扑学也是这样的,分析和拓扑得到了有效的整合,也引入了数学的其他分支。通常在数学中由整合产生的领域可以通过其名称来判断,如代数拓扑、点集拓扑、统计物理。统计物理告诉我们,数学在其应用学科中也得到有效的整合。在自然科学和社会科学的领域中,可找到许多这样的例子。随着现代数学的发展,在专业领域一定会出现这样的事情:敏锐的数学家提出新的理论结构,把性质类似的概念归到一起。在上述过程中,若干个数学家致力于"整合",推动了整个数学的发展。整合进程应为每个初出茅庐的研究者提供有价值的工具,特别是看到现代数学领域已具有数量众多且差异性巨大的理论分支,"整合"的机会自然到处都是。"专业化"必然导致"整合"。

怀尔德分别从"动力"(force)和"过程"(process)两个角度分析了"整合"问题,他强调有时候推动数学进化的是"动力",有时候是进化的"过程"。怀尔德指出他在 1953 年的文章案例中使用了术语"融合"(fusion),[②]但是术语"融合"仅能描述"整合"导致所涉及的某种元素特性丧失的情况。在这之所以强调并选择术语"整合",因其意比"组合"或"融合"更恰当地表达进化现实中发生的过程,"整合"比"融

① WILDER R L. Consolidation: Force and Process (unpublished)[A]// Raymond Louis Wilder Papers, 1914—1982, Archives of American Mathematics, Dolph Briscoe Center for American History, University of Texas at Austin. Box 86-36/15. 在得州大学奥斯汀分校多尔夫·布里斯科美国史中心保存的怀尔德档案目录中,这篇文章他生前并未发表(感谢张溢同学帮忙申请复制该篇的扫描件),但怀尔德后来把其进行修改后放在《数学作为一种文化体系》一书中作为单独的一章,详见:WILDER R L. Mathematics as a cultural system[M]. New York: Peragmon Press, 1981: 84-104.

② WILDER R L. The origin and growth of mathematical concepts[J]. Bull. Amer. Math. Soc., 1953, 59: 423-448.

合"更普遍,被整合的元素也不会失去其特性。在文明进化过程中,整合是最常见也是最显著的推动动力之一,文化本身毫无疑问是整合的结果。将整合作为历史现象识别,可帮助我们把特定历史进程系统化、范畴化。如在生物学中,细胞整合形成的结构性质与单个细胞的性质大相径庭。在生殖过程中,基因交换与重排所形成的整合决定了新生个体的基因结构。如化学中混合物与化合物的例子,阿司匹林所具有的性质,碳氢氧却不具有,在化学中"整合"达成的方式是化学键性质决定了整合所得物的类型。如机械发明史上蒸汽船是船和蒸汽机的组合,飞机是平板和引擎的组合。如在社会进化中,整合起着基石性的作用。原始社会家庭单元的形成,氏族和部落的组织,有利于农业和畜牧业发展的稳定社区建设。进入现代社会后的工业兼并与政治团体都是整合的例子。

怀尔德给出了"整合"的规则:"当结果的影响更大时,整合最终一定会发生;整合得到的主体,其特性并不被参与整合的各个元素所具备。"作为社会或文化现象,我们可从文化角度或个体认知角度两方面考察整合进程。这两方面并非是不相干的,因为动机引导着施行整合行为的个体,其本身也是一种文化现象。文化整合的特点是范围广且时间长,包括不同时代个体做出的贡献,而且可能某些工作是由多人同时做出的。每次整合过程都是在文化激励下,参与的各部分和主体逐渐整合成型。对个体来说,整合是一件基本工具,类似搞发明的设备,从而应用整合的目的性很强。当他们发现问题不能得到解决时通常不会放弃,而是会转向问题的其他源头,看看是否能够得到一个解释的方法。历史上的典型例子是在飞机的发明过程中,个体的整合行为是作为对文化压力的反馈而出现的。在数学中,我们发现整合的工具性在"自由创造"的氛围中表现得特别明显,通常认为这促进了非欧几何的发明。今天的数学家们会毫不犹豫地从表面看来毫不相关的数学领域间借用概念。这类整合可以解决那些过去被认为是不可解的重要问题。以前,在特定领域工作的数学家,经常满足于仅使用其领域内的工具,同时并不考虑引入其他领域的工具和概念,即使其他领域已经可以和他所在的领域进行整合。如今,从其他领域寻找想法和建议已成为寻常事。例如,通过这种方式,一些诸如倍立方体、三等分角和化圆为方之类的著名问题已经得到了解决,前两个通过代数手段、第三个通过分析手段得以处理。代数概念、分析概念分别与几何概念整合,从而解决古典模式下单一领域内无法解决的问题。

怀尔德还给出了数学史上 15 个经典的案例,用以说明数学中的"整合"行为是如何起作用的。当然这些案例不是毫无遗漏的,甚至,它们也不是数学史中最重要的 15 项整合事件。例如,并不能跟整合微分和积分的微积分基本定理相提并论,或是跟将复数与平面上的点一一对应的整合相比较。但它们确能揭示整合是如何发生的。更明白地说,它们能帮我们认识到各种文化进化动力是如何参与整合过程中的。一般情况下整合并非在单一动力支配下发生,而是由多种动力酝酿、组合并促进的。整合通常是通过其他进化动力的作用来实现的,尤其是遗传压力、抽象和概括。在对不同类别的对象使用不同类型的数字文化中,对所有类别使用单一形式数字的最终过渡可能是涉及文化压力巩固或抽象的基本形式。随着数学的发展,不仅有更多的整合机会,而且遗传压力经常迫使它发生。整合几乎普遍是由遗传压力引起的,并伴随或通过概括和抽象来完成。

案例 1：阿卡德人将古苏美尔语中"乘以""找出某物的等价量"之类的词语用作特定数学符号。这是阿卡德和苏美尔文化间符号传播时发生整合的例子。这是一个非常好的整合,因为算术完全依赖于自然语言,其发展常滞后于可操作技术。尽管特定数学领域,特别是那些主要基于逻辑推理的领域(如几何)可以不需要表意文字即可发展,计算(如代数)只有当特定符号出现时才能发展。

案例 2：数字系统的整合,将巴比伦位值制扩展用来表示分数。传播并非数学中仅有导致整合过程发生的因素。在重要的数学进化过程中,其他进程或动力也会导致整合发生,其中最引人瞩目的就是遗传因素。本案例既包含遗传因素,也受到数学记号的影响。分数推广可看作是个艰巨的任务。尽管巴比伦人很早就使用常见分数,但认为使用位值制表示分数的用法源于巴比伦却并无事实依据,苏美尔人应该已经知道这一点。因此,尽管我们能从逻辑的角度分析遗传动力,特别是符号压力的影响,在位值制与分数的整合过程中起重要作用,但我们并不能完全确定这一历史事实。

案例 3：爱奥尼亚数字符号和巴比伦位值制在克罗狄斯·托勒密(Claudius Ptolemy,约 90—168)"天文学大成"(almagest)中的整合,对于巴比伦计算天文学和希腊几何天文学的整合而言,被誉为西方科学源起之钥,是科学诞生过程中必要的一环。托勒密使用六十进制位值制作出巴比伦数表时,通过将难用的巴比伦字符替换成爱奥尼亚数字符号,从而简化数表。现代对角度、分和秒的应用就是托勒密留下的遗产,尽管现在越来越多地使用小数表示。明显地,符号本身带来的压力在本案例中起到了很大的作用,但在案例 1 中没有那样显著,尽管它也可能是使整合发生的影响因素之一。

案例 4：印度测量学、美索不达米亚解方程法和希腊几何代数学形成阿拉伯代数的整合。在本案例中,传播的作用很明显,这是如下堪称奇迹现象的开始：希腊数学基础与东方数学概念均被妥善保存,并向西欧传播。通过阿拉伯人及早期希腊文献中想法的进一步推广,以及稍后西欧对于阿拉伯和希腊数学工作的吸收,一个明晰、连贯的整合过程呈现在世人眼前。

案例 5：数与直线形成早期分析的整合。这是一个关于一串动力推动整合过程的清晰例子。希腊时代,数学家就将数字和直线联系起来了,数能和给定单位的直线上对应长度的线段一一映射,希腊人称之为"度量"。由于无理数在希腊数系中无法表示,因此他们被迫(遗传压力)设想了上述概念。同样地,早期欧洲数学家能够证明,一个函数若在 $x=a$ 时为负,而在 $x=b$ 时为正,则在 (a,b) 之间某处函数值为 0,因为在函数自 a 向 b 变化时,它必然要穿过 0,至少这个例子他们认为是需要证明的。直到分析算术化时代，在 19 世纪后半叶，实数和欧氏直线的一一映射才得以建立（康托公理）。这种"从几何中自由感受分析"的重要性，并不仅仅从理论和证明的角度衡量几何和分析早期依存度。接下来在实变和复变函数论中，特别是帮助直观理解上，都要依赖几何解释。进一步来说，在泛函分析和点集拓扑中，由此而建立的几何直观是抽象空间技术引入的一个重要因素。

案例 6： 艺术和地图测绘中的投影概念与欧氏几何相关概念形成射影几何的整合。本案例中的整合是关于从艺术和制图中的透视和投影中借用理论方法到几何中，从而形成了投影几何的过程。文化压力和概括的动力起了作用，这里的"文化压力"是指文化上的需要使得第一位投影几何学者笛沙格首次在建筑设计和工程中使用投影方法。"概括"的动力则是他发现投射是"一种用来将圆上已证明的性质扩展到所有圆锥曲线上的一般方法"。虽然，笛沙格及其追随者的工作在 17 世纪末已消失无踪，直到一个世纪后才由简·维克多·彭色列（Jean-Victor Poncelet，1788—1867）及其他人再次做出。①

案例 7： 布尔将代数与逻辑形成数理逻辑的整合。这是一个非常有趣的例子，其漫长的过程见证了逻辑及代数两个领域的发端，以及最终整合的全过程。"漫长"是由于代数必须要经历足够的进化才能达到使整合有效的程度。希腊时代逻辑和几何的整合，明显是逻辑学移植到了几何学中，正像数理逻辑例子中代数学移植到逻辑学那样。因为布尔正是上述过程的引入者，从头开始创立了数理逻辑学。数理逻辑的概念并非全新的，在布尔之前是有人奠基的。换句话说，有意义的数理逻辑在整合作用下出现之前，抽象代数要被创造出来。从数理逻辑（符号逻辑）的进化过程讨论中，可以发现在"整合"中最主要的文化压力就是遗传动力，主要体现在符号形式的影响上，特别体现在莱布尼茨探究"推理的微积分"，在数学文化中体现数个世纪。抽象和概括的动力也在整合过程中出现，这在历史上可以得到证明。

案例 8： 代数与几何形成解析几何的整合。这是整合中的经典案例，弗朗索瓦·韦达（François Viète，1540—1603）完成了代数的奠基工作，他是 17 世纪代数主义者的先驱，指导着代数在几何中的应用。而且这一努力由 17 世纪的继承者们继续推进，解析几何的发明者笛卡儿和费马亦包括在内。一般来说，一个理论被多人独立发现时，称遗传起了作用是比较可信的，套用俗话讲就是这一理论已经"弥散在周围的气氛中"。从这个角度说，我们可以加上这一事实，即曲线特别是圆锥曲线的性质，在 17 世纪天文学、光学和军事科学中的应用显得特别重要，因此环境（文化的）压力是起了作用的。

---

① WILDER R L. A culturological study of the demise of PG17：why did a seventeenth century field of mathematics disappear？（1976）[A]// Raymond Louis Wilder Papers，1914—1982，Archives of American Mathematics，Dolph Briscoe Center for American History，University of Texas at Austin. Box 86-36/17. 在得州大学奥斯汀分校多尔夫·布里斯科美国史中心保存的怀尔德档案手稿，是他于 1976 年 AMS 在得克萨斯州的圣安东尼奥举办会议上的演讲（感谢张溢同学帮忙申请复制该稿的扫描件）。

案例 9：利用代数和分析探索数论。这里涉及应用现代代数及分析技术解决源自古典领域问题的现象。很多数论里面最有意思的理论，如素数个数定理，没有基本的分析学知识甚至无法加以理解。反之，数论中许多结果并不只是在代数和分析中重要，对于数理逻辑和拓扑学及其他更多的现代数学领域也是重要的。这些例子中遗传压力、抽象与概括的影响非常明显。

案例 10：多种数学结构特征形成抽象群论的整合。在很多情况下的"概括"就是一种特殊模式的"整合"，在现代数学中越来越普遍。当多种不同分支的数学理论在某些方面展现出相同的形态，这些方面可能被整合成一个理论来描述该形态。在群论的案例中，抽象和概括在代数学和几何学领域生成了类似的理论，其中可被识别的性质构成了整合的基本元素，抽象群论便得以从中定义。应当意识到遗传动力在这一整合类型中起到了一定作用，愈发明显的证据就是从不同理论中抽取了特定性质作为新理论的基础。当新理论从自己的角度发展的时候，无论新的还是旧的数学分支都会从中得到好处。

案例 11：泛函分析——函数概念与抽象空间的整合。从 19 世纪末 20 世纪初发生的现象中我们可以发现现代数学的一些特征。分析学从其他数学领域，特别是代数和拓扑学中借用（移植、融合）的概念。分析的代数化开始在 19 世纪末，从拓扑学中借用来函数空间的概念后，数学家们习惯对整体函数类讨论，而非单个函数行为。20 世纪初，抽象空间由莫里斯·弗雷歇（Maurice Fréchet，1878—1973）在他的一般分析学中引入，之后巴拿赫空间、希尔伯特空间等出现了。在这个发展过程中，我们可以依稀辨认出遗传压力、传播、抽象、概括的影响，还有影响整个分析、代数拓扑整合过程的"子整合"过程。在这一进程中，有效的"符号"对抽象理论的表达影响巨大。

案例 12："点集拓扑"与"组合拓扑"形成"代数拓扑"的整合。这个例子是因为遗传压力及随之而来广泛的抽象和概括所推动的整合。直到 20 世纪 20 年代，拓扑学沿着两条主线发展：一个被称作"组合的"，利用经典的代数工具；另一个被称为"连续的"或"集合论的"，特征是利用集合理论。1908 年，舍恩弗利斯发表的报告抨击了利用集合论方法讨论平面拓扑问题，赞美了利用多边形性质进行讨论的行为。因为他希望学习平面上的点集形式，对他而言，合乎逻辑的是，利用已知的欧氏几何（特别是多边形）来估计点集的形状，将已知欧氏平面几何和拓扑学进行整合。更进一步，他认为自己的探索工作可扩展到三维及更高维度上去，但要知道表面的连通数。这个数被早期探索者（如黎曼、庞加莱）引入，并形成了代数拓扑中一个主要的论点。在 20 世纪 20 年代，一般空间的同调理论对该问题进行了概括化，使得点集拓扑学和代数拓扑学的整合成为可能。

案例 13：数理逻辑与集合论解决集论中基本问题的整合。这个例子，与以下长期悬而未决问题的求解相关，例如康托的连续统假设、苏斯林问题（Suslin problem），以及其他分析、代数及拓扑学中的问题。使用向量形式表示时，可结合符号逻辑和集论向量的潜力来解决上述问题。下面是一个典型的例子：选择公理（AC 公理）是一个非常有用且充满争议的集合论公理，但因其太过自然，直到被发现之前，常被人们（甚至是康托）毫无意识地使用。一旦它被当作集合论公理（如 ZF 公理）提出之后，将其与 ZF 公理分离就立刻成为一个问题。在符号逻辑学中证明上述分离的一个公认方法是基于模型的使用，哥德尔和科恩曾用来说明选择公理是独立的。特别地，AC 公理和 ZF 公理形成了无矛盾的系统（仅保留 ZF 公理亦是如此），模型在两种情况下均成立。连续统假设问题也是这样解决的。进一步说，多到令人吃惊的集合论陈述已经表明在任意满足集合论假设的合理范围内是不可证明的。结论就是，我们可以同时拥有很多类似 ZF 公理的集论系统，每一个都基于不同的公理选择。然而，这对于那些柏拉图主义者来说很不愉快，他们认为对于选择公理这样的假设，其结果非对即错，像现在这样选择公理与已经公认的集论公理相独立的现象只能说明还有集合论公理尚未被发现。

案例 14：数学理论与物理理论形成数学物理的整合（应用数学整合的特殊案例）。这是应用数学整合的古典例子，结果是从两个方向做出的：提出新的数学理论和物理理论。很多优秀数学家在来自物理学的文化压力下取得成果；数理方程其实就是对持续不断新遗传压力的回应，利用数学理论来扩张与解释物理想象。应用数学就是一个成果斐然的相似"整合"例子。

案例 15：无限与分析中有限的整合（如数列求和）以及无限与拓扑的整合（如紧性）。这个案例具有不寻常的特点，无限概念是数个世纪数学家与数学哲学家争论的内容。问题甚至涉及基本计数 $1,2,3,\cdots$（自然数），这将会影响它们的无穷类型。一类数学家坚持称这些数的类型是潜无限的，也就是说，这些数是一类永远在扩张但不会真的变成无穷的东西。集合论里则称之为全部自然数的集合，并说这是个无穷类。我们并不关注这两类人的对错，我们关注的是，现代数学中的无穷类是如何与只能处理有限问题的数学框架整合的。例如，我们可以在自然数集的基础上建立数学归纳法，通过该方法在自然数集有限子类上成立的性质能推广到对应大类的所有元素上去。进一步说，康托将自然数扩展到超越数时，超越归纳及其他方法也一同被发明了。在拓扑中，类似的东西也出现了，通过一些法则，如有限覆盖定理，有限类上的性质可被扩展到整个类上；经典的"ε 语言"被发明来描述无穷小。在这些例子中，最明显的刺激动力是遗传压力，在康托的言论中体现得很明显："我被逻辑逼到了……这个观点上（接受实无穷），这几乎也违背我的意愿，因为这与我所珍视的传统相背离……"抽象和概括再次在这一过程中起到了主导作用。

怀尔德还讨论了"整合"过程中的"文化滞后"和"文化抵制"问题。在对整合的波澜壮阔的描述中，整合被抗拒的情形并非少见。在解析几何建立、射影几何探索中特定符号系统得到普遍认可，强烈的文化抵抗就出现了，即传统几何中的综合型证明，并通过 17 世纪的笛沙格及其追随者的工作形成复杂的抗拒因素。然而，在之后的时期，特别是 19 世纪，出现了一批著名数学家强烈支持"综合"的方法，同时其他人支持"分析"的方法。关于两者优劣的讨论出现了，有时讨论还很激烈。类似的事情发生在 20 世纪早期，一些拓扑学者抗拒代数和拓扑的整合，其中点集拓扑学者和代数拓扑学者相互对立。代数拓扑学者曾抱怨，在研究过程中要学习关于抽象空间、连续曲线之类的内容，相当一部分文献是源于集合论学派的。另一方面，很多点集拓扑学者（如怀尔德的导师 R.L.莫尔）拒绝代数拓扑学者进一步发展他们工具的想法。这类文化抗拒一般会在有继承关系的两件事间出现，毫无疑问，当一个人的方法论似乎足以应付他所感兴趣的问题时，他就不愿意学习新方法。这也就可以用来预测现在主攻一般空间的点集拓扑学家，满足于利用自己的方法论来解决问题。领域间"整合"并不一定意味着这些领域的传统方法会被淘汰。

　　怀尔德指出，在整合过程中，最为显著的影响因素是"遗传"和"传播"。在遗传压力中，"能力"和"概念压力"是两个组成因素最常见的作用形式。当某领域的能力在进一步的数学研究中被耗干时，该领域要么失去其重要性，要么通过从其他领域引入想法而更新，从而增强其"能力"。甚至，某领域的"能力"并未耗尽时，概念压力在某些方面会出现，促使概念借用并实现"整合"。"传播"作用在古代是文化间交流的征兆，如今更多地在领域间出现。虽然各国数学家依然有各自的特点，但并不像以往国家间几乎不交流的时代那样明显。如今数学本身已成为一种文化，因此，传播更多出现在其领域间的整合之中。综合上述案例，怀尔德结合整合过程对整合进行分类命名。例如，领域整合就是一种整合类型。不幸的是，会有一定数量的随机事件出现，其中如何界定领域这一问题不可避免。另一个困难则是，起初被认为是领域整合的事件，更合乎逻辑的说法则是方法整合。例如，案例 2 第一眼看上去会被认为是领域整合，却在被广泛认同之后，最终被认定为是方法整合，即集合论方法和组合方法的整合。同样地，案例 2 既可被看作符号的整合也可被看作数字系统的整合。根据整合对象名称对整合进行分类的尝试并不准确，有时候也不全都有效。

　　怀尔德提醒我们注意与整合相反的作用，"分拆"为整合提供了必要的因素。甚至，整合的意外类型——不同文明间因素的融合，若没有文化的分拆，也是不能发生的。在案例 1 中，苏美尔和阿卡德的语言分拆是必要前提。在当代，"专业化"是最常见的分拆方式之一。随着专业化的推进，新概念和新方法的出现，专业化间的类比很自然地会导致类型的整合或领域的整合。一个说明数学在其他科学中应用的良好例子也许是意识到整合数学概念和物理猜想来形成更为一般化的理论。在发明的案例中，大部分伟大的科学及突破，尤其是数学领域中的突破，都是整合的产物。有时我们需要深挖背景来寻找整合的源头，且有可能只找到一个因素。例如，公理化方法和它在逻辑推导上的应用，源于希腊几何学，明显是哲学概念和数学概念的整合，由遗传压力推动完成的结果。几何理论和算术理论整合促进天文学大发展。17 世纪分析学的大发展受益于代数和几何的整合。数理逻辑是诞生于抽象代数和逻辑整合阵痛之后的。对于数学和科学中已获得的好处而言，源于 17 世纪的学术发展不应被忘记。自那时起,为意见交流而形成或大或小的组织趋势就已经开始。今天的数学界,国际数学联盟已将各主要国家的数学圈结合在一起。基于地域和学科的数学团体不断出现,把对特定问题和方法感兴趣的数学家吸引到一起。总之,将数学看作文化系统时,"整合"是最为重要的动力之一,整合是个很自然的现象,是在达成人类目标中为高产有效而努力的过程中最为必要的部分,无论是在适应并改造自然的活动中,还是在智力创造领域。①

8. 多样化

有时候,看似整合的东西实际上只是泛化。例如,如果一组公理因删除其中一个或多个公理而被削弱,那么得到的公理集可能会体现出几个理论共同的重要理论。但是它产生的过程是一种相当琐碎的概括,而不是整合那些被认为是几种理论共同元素的结果。结果可能是相同的,但实现的过程却不同。当从一个数学系统的不同方面出发,创造出概括或扩展这些方面的新系统时,多样性就产生了。同整合一样,它在现代比以前更加重要。通过对历史细节的一些自由处理(这些细节并不完全符合模式),现在存在的数字系统、几何图形等的激增在很大程度上是由于多样化。职业数学家在引出多种多样的例子时不会有困难。在这里,抽象和概括再次发挥了重要作用,尽管遗传压力通常是启动多样化的工具。

怀尔德指出,一个重要的数学新发现通常是由几个人独立完成的。考虑这种现象的原因,他认同怀特的观点,发明、发现或其他重大进展是文化过程的组成部分。在文化的互动交流中,它是一个新的组合或合成,它是先行和伴随的文化动力和元素的结果。当数学定理发展到一个特定阶段时,下一个要被证明的定理通常被发现(不一定遵循单一的顺序),这成为从事此研究学者的共同知识。考虑到这些学者相似的能力,可以预想,这些定理的某些证明将被该领域一些学者同时发现。牛顿、莱布尼茨对微积分的独立发明是经典案例。高斯、鲍耶、罗巴切夫斯基对非欧几何的独立发明,正如数学史学者评论的:"这是数学历史中一个惊人的事实,在不同时期,重要的结果会被不同的人独立地讨论出来。"②怀尔德认为从文化基础的角度上看,这种情况当然没什么可惊讶的。这不仅出现在数学领域,也出现在其他科学领域中。当一个文化系统成长到一定程度的时候,一些新概念或方法就会被发明出来,我们可以预测它不仅会被发明,而且不止一个科学家将其发明出来。

9. 文化滞后

文化滞后指文化没能接纳或适应创新,长时间以来一直被人类学家和社会学家研究和讨论,这与个人层面的拖延有些相似,也叫保守主义。但是对于个人来说克服拖延是有可能的(只有当个人受拖延困扰的时候),在文化层面上,它代表了一个相当不一样的问题。作为一个普遍的现象,文化滞后中蕴含了人类学家所说的

---

① WILDER R L. Mathematics as a cultural system[M]. New York: Peragmon Press, 1981: 84-104.

② COOLIDGE J L. A history of geometrical methods[M]. Oxford: Oxford University Press, 1940: 72.

"生存价值"。在非数学领域,美国的公制计量被认为是一个很好的例子。这一案例中,几乎没有什么可用来反对这一变化的理由,况且这一变化会带来很多好处。然而,这一尝试似乎没有达到其目标。在数学中最基本的文化滞后案例,就是人们数数和计数的方法。举一个经典的例子,希腊数字由希腊字母表中的字母组成,由三种古老字母所补充,附加上诸如重音这类修改性符号,这种数字非常简单易用且能满足日常生活中的计算。尽管其他数字体系如巴比伦位值数字体系以及后来的印度-阿拉伯数字体系都为希腊人所熟知,但是传统数字体系的使用不单贯穿整个希腊统治时期,而是一直使用到 15 世纪的东罗马帝国时期。

10. 文化抵制

文化抵制作为一般的文化动力,主要是传统所起的作用,以防止采用明显更有效的工具或概念。毫无疑问,一种惯性往往是它的基础,而不是传统。数字符号的改进未能从一种文化传播到另一种文化,这无疑在很大程度上是由于文化抵制。笨拙的罗马数字在罗马帝国消亡之后存活了很长一段时间。1299 年意大利官方颁布的法令,命令佛罗伦萨的商人停止使用阿拉伯数字,改用罗马数字。因此,有一些类型的文化滞后现象可以更贴切地定义为"文化抵制",特别是对创新的拒绝。在数学中这一现象不经常出现,不管新的方法体现出怎样的优越性,对于它们的拒绝依旧强硬。在文化的阻力下,可以聚集较少的消极力量来抵制变化,它可能以民族主义的"小团体主义"的形式出现(数学家们有时也会坚持术语或概念上的方法,因为他们可能不喜欢明显优越的反例的来源部分)。尽管整个欧洲大陆已经开始使用更有效率的莱布尼茨微积分记号,但牛顿的计算符号在英国仍然持续使用了很长一段时间,这可以看作一个因为国家尊严而引发的文化抵抗的经典案例。可以预料到,新的概念一旦在数学中提出,并且与长期存在的概念和定理相对时,它马上就会被反对。例如,对虚数和复数的长期反对在科学史学家的脑海中仍记忆犹新,这也是一场关于承认康托超限数的战斗,这也违反了康托自己的哲学信仰,但是为了解决三角函数的表示问题他自己还是被迫地接受了。

11. 选择

即"自然选择",因在达尔文主义和植物学现象中的讨论而被广为人知,但是请注意,我们不是以"模仿"这一概念在自然科学中的成功运用来介绍它。对于数学中产生的选择类型来说,它们或多或少地与自然选择有相似之处,在大多数案例中,选择有着极为醒目的特征。随着时间的推移,人们经常发现,为了表达或处理一个概念,出现了各种各样的符号手段(或仅仅是特殊的符号),最终只有一种符号得以存在。这是选择在数学进化中起作用的一个基本例子。数学作为一种构成整体文化连续体一部分的有机体,不可避免地朝着与文化保持最密切联系的数学群体所采取的方向发展,而这些群体通常位于所谓的"重要的"数学中心。这些数学创造物的生存价值可能具有重大意义并最终在它们所处的时代之前被命名。如果数学研究的方向是类似的,那这些创造要么被重新发现,要么被认识到其重要性的人发掘出来。数学中一个非常重要的选择类型,就是控制研究方向的选择,它指导着新数学的建立,尤其是数学同仁认为重要问题的选择。这种类型的选择毫无疑问被其他进化的动力所支配,尤其是遗传压力。除了经典的数学类型外,还有完全不同的类型,称为"构造型"和"非标准型"。尽管目前大多数数学家在教学和研究中都采用了经典的方法和理论,可以肯定的是,未来的发展将导致对数学基础的构造性或非标准方法的选择,甚至是一些尚未提出的传统数学类型的变式,这似乎构成了一种类似于达尔文类型的"选择"。

怀尔德指出,人类学家还没有研究文化系统如何做出选择。达尔文的理论中,选择即所谓的"适者生存"法则,虽然这样的标准可解释数学中的一些选择案例,但在许多其他案例中,很难用这种方式对其进行分类。例如,从一个所谓的"著名"数学研究中心产生的数学理论,要比默默无闻的学者发表的理论有更大的生存机会,格拉斯曼和汉密尔顿就是这样的一个例子。汉密尔顿于 1843 年发现了四元法,格拉斯曼于 1844 年出版了他所谓的"扩张理论",其中包含类似于非交换代数理论。汉密尔顿不仅是都柏林三一学院的一名成员,而且以结晶学的研究而声名显赫,30岁时被封为爵士。格拉斯曼是德国一所中学里一位默默无闻的教师。汉密尔顿的成果被直接上报到爱尔兰皇家学院并且马上就得到了关注,而格拉斯曼的成果只是慢慢地被承认。而且,格拉斯曼的成果以一种非传统的术语表达,使得其著作十分难读。很明显,如果让读者在一种理论的两种不同阐述中去选择的话,其中一种是以传统的语言清晰地呈现的,另一种用了新的语言,前者被选中的概率更大一些。在表意符号与术语的案例中,一个能够接触到最新术语的著名数学研究中心价值可被广泛认可,在这一案例中,几乎没有可能将选择定义为"适者生存"。选择的原因因人而异,虽然一般理论的选择最初可能主要受作者的知名度和他所处机构的地位影响,但从长远来看,一般理论的生存更多地取决于它的数学意义,即它对其他理论的有用性,尤其是它促进数学总体进化的能力。

五、数学进化的规律

怀尔德在 1968 年出版的《数学概念的进化:一个初步的研究》一书中,在讨论完上述数学概念进化过程中起作用的各动力因素之后,为了进一步讨论这些动力是如何展现出来以及它们的完整性,怀尔德给出了数学进化的 10 条规律。当然,他也指出这些建议的原则似乎值得深入研究,以便为其辩护或驳斥。①

规律 1:在任何给定的时间段,与现有数学文化高度相关、以增强满足自身遗

---

① WILDER R L. Evolution of mathematical concepts: an elementary study[M]. New York: Wiley & Sons, Inc. , 1968:199-203. 郑毓信教授曾把其作为《数学文化学》一书的附录介绍给国内读者,在这里笔者参考了他们的翻译,但又根据自己的理解做了进一步修正。详见:郑毓信,王宪昌,蔡仲. 数学文化学[M]. 成都:四川教育出版社,1999:389-393.

传压力或主体文化环境压力要求的实效性的概念将会得到进化。

规律 2：一个概念的可接受性和接受程度将取决于其成果的丰富程度。特别是，一个概念不会因为它的起源或者诸如"不真实的"这类形而上学标准而永远被拒绝接受。

规律 3：一个概念在数学上持续具有重要意义的程度，既取决于它的符号表达模式，也取决于它与其他概念的关系。如果一种符号模式趋向于晦涩难懂，甚至导致这个概念完全被拒绝，假设这个概念有用，那么将会出现一种更容易理解的符号形式。如果一组概念是如此的相关，以至于可将它们全部整合成一个更一般的概念，那么整合后的概念将会得到进化。

规律 4：如果某个确定问题的解决将推动数学理论的进步，那么该理论的概念结构将会以使该问题得到最终解决的方式进化。有可能是在若干研究者彼此独立情况下解决的（但不一定会发表）。（不可解的证明也被认为是问题的解决之道，这方面的例子如化圆为方、三等分角以及类似的问题）。

规律 5：传播的机会将直接影响新概念的进化速度。这些机会如可被普遍接受的符号、出版物渠道的增加，以及其他的交流意义。

规律 6：主体文化的需求，特别是伴随着工具增加给数学子文化提供养分时，将导致新概念手段的进化以满足需求。

规律 7：僵化的文化环境最终会扼杀新数学概念的发展。不利的政治氛围或普遍的反科学氛围也会产生类似的后果。

规律 8：当前概念结构暴露的不一致性或不完备性可能产生的危机，将刺激新概念的加速进化。

规律 9：新概念通常依赖于当时仅凭直觉感知的概念，但这些概念的不完备性终将导致新的危机。同样，一个悬而未决问题的解决也会产生新的问题。

规律 10：数学进化永远是一个持续进步的过程，它只受到规律 5～规律 7 所描述的偶然事件所限制。

怀尔德指出，所谓"主体文化"是指把数学作为子文化的文化。不幸的是，它不是唯一可定义的。从历史上讲，它在某时是由国界决定的，就像中国古代数学一样。在现代，除非有政治力量介入，否则主体文化通常会超越国界。在规律 6 中，考虑美国自"二战"开始以来数学发展状况是很有启发性的。主体文化的经济和政治需求刺激了计算机的发展，并最终在理论和应用数学中翻开了崭新的一页。其他新的数学结构也直接归因于战时需要。后来，政府通过国防机构和国家科学基金会的资助来促进数学研究政策，导致了新数学概念的加速进化以及最终成为数学家的学生人数增加。规律 1 不证自明，新概念总是以某种方式与现有数学概念相关，它们的发明是由解决现有数学文化（遗传压力）或主体文化（环境压力）提出的紧迫问题需要所推动的。一个人可能拥有令人钦佩的创造现代代数概念的心智结构，但他碰巧是个古希腊公民，那他肯定永远也创造不出现代代数概念。一个支持规律 2 的好例子是数学中最终被迫接受负数和虚数。只要这些数字不是不可或缺的，它们就会被以"不真实的"或"虚构的"理由拒绝。规律 3 的例证是实数位值表示系统的进化。巴比伦密码符号被其他更简单的符号所取代，但是巴比伦扩展到分数的位值系统幸存下来，形成我们数字系统的起源。此外，当人们发现可以概念方式用无限小数来表示任意实数时，它的永久使用就得到了保证。在过去 50 年里观察数学发展的专业数学家不难想起，在更高数学水平上对符号手段的简化和相关概念在更广泛概念框架下的整合。描述规律 4 最著名的例子是欧几里得平行公理这一经典问题。该解决方案通常被认为是高斯、罗巴切夫斯基和鲍耶在 19 世纪前 30 年独立工作的结果。现代数学中这类实例比比皆是。怀尔德认为似乎没必要像人们所期望的那样，详细阐述中国古代数学的规律 5 和规律 7。中国古代数学就像它的主体文化本身一样，变得僵化了。同样的例子是希腊人数学创造力的下降与那个时代普遍文化衰退同时发生。关于规律 8 人们可以首先指出希腊数学的危机，这种危机是由于发现无理量和芝诺悖论而造成的，接下来是希腊几何学发展的热情创作期。关于数学分析基础的危机最终导致了实数系的概念，也很好地描述了规律 9，因为它将集合概念引入数学，而这又在 20 世纪初引发一场新的危机。人们发现，不加控制地使用集合这个概念会产生矛盾，因此必须对其进行分析。只有对数学史进行更全面的论述，才能充分支持规律 10 的主张。毫无疑问，创造性的职业数学家们通常会根据自己的经验来达成共识，事实上，规律 10 实质上是规律 8 和规律 9 的必然结果。

怀尔德的《数学概念的进化：一个初步的研究》一书出版之后，得到众多数学家、数学史家、科学史家、人类学家和数学教育家的积极评论，其中赞赏和批评的不同意见都有。例如，曾在 1966—1968 年担任过美国数学教师协会主席的明尼苏达大学数学教授多诺万·A. 约翰逊（Donovan A. Johnson，1911—2007），给怀尔德这本书写了书评，详细地介绍了全书的主要内容，他认为这是一本值得学者用来引用和作为参考文献的参考书，这本书最成功之处是把数学作为一个动态的知识领域，以应对社会发展的需要。该书最重要的用途是作为培养中小学数学教师的"数学文化课程"教科书使用。[①]

英国格林尼治皇家海军学院数学教授托马斯·亚瑟·阿兰·布罗德本特（Thomas Arthur Alan Broadbent，1903—1973）在英国《数学公报》撰写书评，指出怀尔德这本书的一大优点是：没有为人们提供一系列圆滑、肤浅的答案，相反，它陈述事实、提出问题，并提出了可能的解释。作者主要研究了数和几何概念的进化。他的方法既是数学家的，也是人类学家的。该书是对文明史的重要贡献，大大加强了联合国教科文组织（United Nations Educational, Scientific and Cultural

---

① JOHNSON D A. Book review of evolution of mathematical concepts: an elementary study[J]. The Arithmetic Teacher, 1969, 16(6): 500-501.

Organization，UNESCO)在"人类史"百科全书中对"数学"词条的不慷慨处理。美国宇航员尼尔·奥尔登·阿姆斯特朗(Neil Alden Armstrong，1930—2012)在前往月球路上写的评论指出，无论这是我们文明的胜利还是灾难，它肯定取决于数学技能，对当代世界的任何审慎研究都不能忽视数学在其中的重要意义，尽管这种重要性经常被低估。怀尔德教授谦虚地把他的书称为"一个初步的研究"，事实也是如此。但人们还是希望这是朝着更深入、更全面研究所迈出的第一步，并拓展讨论20世纪下半叶数学在文化中的地位。①

美国著名数学史家博耶在《科学》杂志上给怀尔德写了书评，直接给这本书定义为"数学人类学"(the anthropology of mathematics)，博耶指出，心理学研究表明，数学能力是非常微妙和难以捉摸的，这在阿达玛名著《数学领域的发明心理学》中已经指出。怀尔德的工作是对阿达玛这方面问题的一个补充，不妨可称之为"数学领域的发明人类学"，因为该书主要关注了"数学作为文化有机体的进化过程"，尽管作者的主要成就是数学研究，但该书更多地采用人类学家观点胜过秉承数学家的观点。博耶认为怀尔德尽管用整整一章来讨论实数，却几乎没有涉及对负数和虚数文化基础问题的讨论。对于几何概念的进化也比数概念进化所用的笔墨少，而且他也没能运用自己的内部(遗传)和外部(环境)压力原则讨论为何在17世纪射影几何会被以如此冷淡的态度对待。博耶认为怀尔德关于数学概念为什么被创造和发展的讨论，并不是对这一话题的最终解答，而是在这个方向上的代表性尝试工作。怀尔德以广泛熟知的历史材料、精准的数学素材，以及吸引人的风格书写了这本著作。尽管有些人不会完全认同他的相关论点，但该书以非常乐观主义的态度结尾："当前数学的发展状况导致令人激动的现实是，因为数学的文化本质，它的进化不会终止。"②

美国著名数学史家斯特洛伊克在《美国数学月刊》上给怀尔德的书写了书评，他指出，从文化视角对数学的地位及其发展，以及其从一个文化向另一个文化传播的研究还很少。怀尔德的研究从文化学的观点多于从心理学的观点，尽管我们已熟知一些庞加莱和阿达玛等现代数学家的特定观点。该书将会引起历史学家、文化人类学家以及中学数学教师的兴趣。斯特洛伊克将自己的观点跟怀尔德的观点做了比较，怀尔德称为环境压力的因素，就是他自己曾经强调的社会经济和政治因素，以及他自己也曾类似地讨论过"概括"和"抽象"因素。他同意怀尔德的观点："尽管个别数学家的观点认为，我们文化中数学的功能是一门基础科学，正如我们所见到的数学对其他科学的支撑，但数学的人文方面可能更重要。无论如何，这是一本非常有用也写得很好的书，推荐给那些喜欢数学史并想知道数学家为什么研

---

① 　 BROADBENT T A A. Book review of evolution of mathematical concepts：an elementary study[J]. The Mathematical Gazette，1970，54(387)：70.

② 　 BOYER C B. Book review of evolution of mathematical concepts：an elementary study[J]. Science，19691，63(3869)：799.

究数学的人阅读。"①

美国文化人类学家、文化进化论的代表性人物埃尔曼·罗杰斯·塞维斯(Elman Rogers Service,1915—1996)给怀尔德的书写了书评,②开篇即引用了被誉为现代人类学之父的英国人类学家爱德华·泰勒(Edward Tylor,1832—1917)的话:"人类学的真实影响是减轻学习的负担,而不是加重。在山区,我们可以看到挑夫搬运重物时,除了这些重物之外,还情愿增加一条扁担,因为他们发现扁担的重量可以以其挑东西的极大便利作为更大补偿,它既能挑货物又能使挑物平衡。因此,人类学是一个把日常教育零散科目整合为一个便于掌握的整体性科学。学习和教学的困难在于,研究者不能十分清楚每一门科学或艺术因何而存在,它们在人类生活中居于何种地位。如果他们多少能了解一些科学或艺术的早期历史,并且知道它们是怎样因为人类环境和生存的简单需要而诞生,他们就会发现自己更有能力掌握它们。而不是像极为常见的情况那样,一些人从事某种深奥学科研究时,从其中间开始,而不是从头开始。"③塞维斯认为怀尔德的书实现了泰勒关于人类学具有跨学科实用性的有益尝试,在他的数学家大会演讲和后续几篇文章的基础上形成了"数学人类学"的研究。怀尔德以他自己独特的方式讨论了数学的进化、专业化时代的实践应用及数学与其他学科的关系,重要的是怀尔德是基于一般文化进化的视角出发的。这本书应该引起更广泛的读者兴趣。一个职业数学家利用其对人类学的兴趣,为数学理论写了独到的介绍,它将能够吸引任何一个受过数学训练的读者。塞维斯指出,自己作为一个职业的人类学家,在数学方面一点也不专业,但这本书吸引了他的注意力并教会他很多,带来意外的惊喜。这本书可以推荐给人类学家(无论他数学水平怎么样),怀尔德的工作恰如泰勒对人类学评述的那样。

普林斯顿大学历史系科学史研究方向的迈克尔·肖恩·马奥尼(Michael Sean Mahoney,1939—2008)教授认为,这本书既能使数学史家感到振奋又令人沮丧。令人振奋的是怀尔德从深刻洞察的承诺开始,他指出:"数学是人类自己的创造,这种数学类型和人类任何其他适应机制一样,都是当时文化需求的函数。"④但后

---

① STRUIK D J. Book review of evolution of mathematical concepts:an elementary study[J]. American Mathematics Mothly,1969,76(4):428-429.

② SERVICE E R. Book review of evolution of mathematical concepts:an elementary study[J]. American Anthropologist,1970,72(6):1468-1469.

③ TYLOR E B. Anthropology:an introduction to the study of man and civilization[M]. New York: D. Appleton and Co. 1896:vi-vii. 泰勒被视为文化进化论的先驱,在其名著《原始文化》和《人类学》中,他定义了"人类学"的科学研究语境,将之立基于达尔文的进化论。详见:泰勒. 人类学:人及其文化研究[M]. 连树声,译. 上海:上海文艺出版社,1993:1-3.

④ WILDER R L. Evolution of mathematical concepts:an elementary study[M]. New York:Wiley & Sons, Inc. ,1968:4.

来怀尔德却没能实现这一承诺,显然是因为作者没有认识到自己论点的深刻性。怀尔德虽然尝试了"数"概念的文化史研究,详细地对古希腊几何在塑造西方数学思维习惯中的作用进行了审视,但不幸的是没能让批判的读者满意,部分原因是有些数学内容的历史不断冲突。怀尔德忽视了他著作的主旨,即如果数学能反射出文化,那么历史学家应该在其文化背景下对待以往的数学。而怀尔德频繁地忽视历史分析,总是沉溺于"如果"的幻想里,如果巴比伦人这么做,如果希腊人这么做,等等。这种推测仅能提供微小的历史洞见,且制约了他对自己观点的正确回答。他不断地重复对"实无穷"的反对,陈述康托的数理论,好像今天所有的数学家都同意似的。这本书为数学史指出了一条很好的道路,不幸的是,仅仅是指出了道路而已。①

美国圣母大学科学史与科学哲学教授迈克尔·J.克洛(Michael J. Crowe, 1936—　)也曾探讨过关于数学历史演变的"10条规律",②1974 年 8 月 7—9 日,美国艺术与科学学院在马萨诸塞州的波士顿举办"现代数学的进化"工作坊会议,克洛教授也做了相关的内容演讲。③ 在会上,美国女数学家伊莱恩·科佩尔曼(Elaine Koppelman, 1937—　)也给出了类似的"数学的 6 个历史进程"。④ 克洛后来曾质疑过怀尔德一书提出的若干条数学进化规律,包括进化"动力"(forces)一词的本质含义,以及各条进化规律中词语的使用等问题。当然,他也提醒读者,不要因为上述批判性评论就错误地认为怀尔德的书不值得严肃对待,这本书不仅是教师的出色数学史工具书,而且是所有创造性的数学史家必须面对并将从中获益的一本书。⑤ 怀尔德对此给出了积极的回应,强调了他所运用的"动力"一词是"文化进化论"中的概念,都是人类学家使用的词语,怀尔德逐条对其质疑进行了辩驳,并认为在一些规律上二人的意思大致是一致的,但对克洛称他为一个"实用主义者",怀尔德认为自己同时也是个"概念主义者",或者更愿意将自己界定为一个"文化进化主义者"。⑥

怀尔德在 1981 年出版的《数学作为一种文化体系》一书第七章《支配数学进化的规律》中,结合自己曾提过的观点和克洛等人的批评,将原来在《数学概念的进

① MAHONEY M S. Book review of evolution of mathematical concepts: an elementary study[J]. American Scientist, 1969, 57(4): 348A.

② CROWE M J. Ten "laws" concerning patterns of change in the history of mathematics[J]. Historia Mathematica, 1975, 2: 161-166.

③ CROWE M J. Ten "laws" concerning conceptual change in mathematics[J]. Historia Mathematica, 1975, 2: 469-470.

④ KOPPELMAN E. Progress in mathematics[J]. Historia Mathematica, 1975, 2: 457-463.

⑤ CROWE M J. Book review of evolution of mathematical concepts: an elementary study[J]. Historia Mathematica, 1978, 5: 99-105.

⑥ WILDER R L. Some comments on M. J. Crowe's review of evolution of evolution of mathematical concepts[J]. Historia Mathematica, 1979, 6: 57-62.

化：一个初步的研究》一书第四章所给出的 10 条数学进化的规律扩充为 23 条规律。①

规律 1：未解决问题的多重独立发现或解决是有规则的，而不可能是例外发生的。

怀尔德指出，最近符合规律 1 的案例可能就是四色问题，虽然肯尼恩·阿佩尔（Kenneth Appel，1932—2013）和沃夫冈·哈肯（Wolfgang Haken，1928—　）等人利用计算机解决了这个问题。可能更简单的、也可能不涉及使用计算机的证明即将到来，而且可能以多种形式到来。因此与规律 1 相关联的表达 1a："一个重要定理的最初证明之后通常会有更简单的证明"也显然成立。规律 1 陈述的模式无疑是遗传压力的原因，尤其是需要更简单证明所带来的挑战。

规律 2：通常一个新概念的进化要么是对遗传压力的反应，要么是对主体文化所展现出来的环境压力的反应。

怀尔德指出，遗传压力是数学发明丰富的推动者，这是毫无争议的，实际上它是数学进化连续性的必然结果。一方面，一个概念直到它的基础工作全准备好才能进化，例如所需的代数概念如果没有被发展，布尔就不可能发明符号逻辑。另一方面，一个概念直到它因某种数学目的需要或要满足某种环境需要才能进化，例如，巴比伦人几乎不可能发明无限的概念，即使他们的数字系统是无穷延伸的。至于在新概念发展中的环境压力的影响，我们总是要想考虑到计数数字——自然数——它显然是在其主体文化中的一个必然性结果。数学、物理这条双向街道，以及由于战时迫切需要产生的新数学领域（如运筹学），特别是电子计算机及其相关理论的发明，所有这些都证明了环境压力对数学概念创造的影响。

规律 3：一旦一个概念在数学文化中被提出，它的可接受性将最终由其概念的丰富程度所决定；它永远不会因其起源或因形而上学以及其他标准指责其"不真实"而被排斥。

怀尔德指出，概念成果的"丰富"程度不仅在新概念的问题解决能力方面有益于数学，有助于开拓新的数学研究领域，而且也会给实践者带来美学上的满足感。当然，在新概念的发表和其最终的丰富成果之间可能会存在一种滞后现象，这种情况已通过"超前其时代"现象被科学家充分地证实。至于新概念常常因其"不真实"而遭摒弃的案例，复数（负数）以及康托的无穷理论都是代表。然而，如今数学中一个概念因其"不真实"而被摒弃几乎不太可能了，除非它确实采用某类构造性数学——那些被认为是数学中"不真实的"非构造性部分。

规律 4：一个新数学概念的创造者之名望与地位，在此概念的可接受性中扮演

①　WILDER R L. Mathematics as a cultural system[M]. New York：Peragmon Press，1981：127-148. 郑毓信教授曾将其作为《数学文化学》一书的附录介绍给国内读者，在这里笔者参考了他们的翻译，但又根据自己的理解做了进一步修正。详见：郑毓信，王宪昌，蔡仲. 数学文化学[M]. 成都：四川教育出版社，1999：389-393.

着令人信服的角色,尤其在新概念打破传统的时候。类似的结论对新术语和新符号的发明也适用。

怀尔德指出,数学符号提出者在数学界的地位,对该符号是否能被数学界和数学文化所接受,通常有着重要的影响。他举例比较汉密尔顿关于"四元数"的讲稿(1853)以及格拉斯曼的"扩展理论"(1844)。汉密尔顿因其声望而被那些没读过他书的人过度赞誉,然而格拉斯曼作为没发表过文章的高中教师,在18世纪60年代他的书被当作废纸之前,只有极少数人读过。再如罗巴切夫斯基和鲍耶的遭遇,他们的著作在出版30年后才被人所了解,而闻名于世的高斯去世后才得以发表的一些信件,就引起了数学家们对非欧几何学的兴趣。

规律5:一个概念或理论能否保持其重要性,既依赖其成果的丰富程度,也依赖其符号表达模式。如果该概念保持其成果的丰富性,但符号表达模式却趋于晦涩难懂,那么将进化出一个更易于操作和理解的符号表达。

怀尔德指出,人们可能会怀疑这条规律,因为代数符号发展了几个世纪,其符号模式几乎没有遗传压力,直到韦达的时代,代数符号模式的遗传压力才建立起来。这一点上微积分对符号遗传压力响应的时间较短,微积分的丰硕成果作为经典分析的基础,以及其对环境压力(力学、物理等)的响应,必然导致它选择了莱布尼茨的符号表达。在18—19世纪,优秀的符号论认知已经成为共识。例如,凯莱引入了矩阵,布尔符号化了逻辑,尤利乌斯·普吕克(Julius Plücker,1801—1868)为射影空间设计了齐次坐标系统,格里奥·里奇(Gregorio Ricci,1853—1925)的张量计算为爱因斯坦相对论奠定了基础。

规律6:如果一个理论的进步需要依赖某个确定问题的解决,那么该理论的概念结构将会以使该问题得到最终解决的方式进化。一般来说,该问题的解决将会带来一大批新的结果。

怀尔德指出,一个问题的解决可能需经过几个世纪,如平行公理及其与其他欧氏几何公理的关系问题,解决之后诞生了新的非欧几何。鲁菲尼、阿贝尔和伽罗瓦用代数方法解决方程可解性的问题,随后群论、代数域和抽象代数的工作才发展起来。约翰·汤姆森(John Thompson,1932—　　)1963年证明了威廉·伯恩赛德(William Burnside,1852—1927)猜想(所有的非交换单群都具有偶数阶),才使19世纪后半叶就已被宣告"死亡"的有限群学科得以复苏。实数连续性问题在19世纪被戴德金、康托等数学家解决,才使波莱尔、勒贝格等人新的积分理论发展成为可能。

规律7:如果某些概念的整合将会促进一个数学理论的发展,尤其是当这一理论的发展依赖于概念的整合,那么这样的整合将会发生。

怀尔德指出,通过整合才能加快问题的解决,一个经典案例是点集拓扑和组合(代数)拓扑的整合。还有就是代数与几何学的整合形成解析几何。20世纪尤其是"二战"以来,数学领域内的整合已然司空见惯。进而,怀尔德给出了"整合定律"：只要能产生更大的效率和(或)潜力，整合终将会发生；整合后的实体将不再拥有被整合过的实体的属性。怀尔德认为，这似乎是自然界的一条普遍规律，在数学中适用，在生物学、化学乃至自然界和其他社会领域，都能看到这种整合的趋势。

规律 8：每当数学进化发展需要引入看似荒谬或"不真实"的概念时，这类概念就会通过创造适当的可接受的解释提供出来。

怀尔德指出，已在第二章第七节《抽象概念的强制性由来》部分，通过虚数、欧多克斯比例理论、康托无穷集概念等例子说明，无论任何情况下，只要当数学的进化需要引入看似荒谬或"不真实"的概念时，后者将会由适当的、易于接受的解释来提供。这部分在上述规律 3 中也有所提及。

规律 9：在任何给定时间段，都存在数学共同体成员所共有的一种文化直觉，这种直觉体现了对数学概念的基本和普遍公认的意见。

怀尔德指出，数学文化直觉包含了大多数数学家关于基本数学概念的理所当然的信念。这些信念是由数学经验累积起来的假设，其存在被认为是理所当然的，直到它们通过数学概念的进化而被迫公开化。怀尔德列举了从古希腊毕达哥拉斯学派不可公度问题开始，以及之后 2000 年的时间里欧氏几何平行公理、非交换代数、实连续函数、点集拓扑、分析中的连续曲线等例子来说明，每个数学领域都有它独有的共同直觉，当然也有各自的实践者。通常个人的直觉在重大问题上与其他人的共同直觉是一致的，但并不总是如此。没有这些集体的和个人的直觉，数学研究几乎是不可能进行的。数学家个体通常试图证明他直觉上认为是"正确的"东西，谁能成功地证明一个与其专业集体直觉相悖的命题，谁就能获得更多、更长久的关注。

规律 10：不同文化或领域之间的传播经常会导致新概念的诞生和数学的飞速发展，并总是假定接受对象具有必备的概念水平。

怀尔德指出，数学从巴比伦、埃及向希腊文化的传播，以及从阿拉伯文化向意大利、西班牙等欧洲文化的传播，说明了数学从较先进文化向原始文化传播的基本事实，传播可能是为了填补文化差距。并且在接受一方的文化没能达到必要的水平之前，无法期望这种传播产生新的数学概念。怀尔德列举了中国、印度、欧洲(包括德国、波兰、匈牙利)等文化情况，来说明不同文化交流和思想传播的重要性。怀尔德指出，近代以来由于数学文化本质上的普遍性，其主要传播形式是在文化内的数学领域间传播。怀尔德认为从一个数学领域到另一个数学领域的传播，通常是为满足接受领域中公认的需求。在这种情况下不存在概念层面的问题。每当一个数学领域借用另一个领域的概念时，它通常会把其与本领域已有的概念结合起来。现代拓扑领域中的惊人进步在很大程度上是由于它将拓扑概念与代数、分析的概念整合起来。而成熟数学领域间的传播又往往是相互的，代数与拓扑、数论与分析、几何与分析都从对方领域的思想中受益。这种领域间传播的优势已成为数学加速发展的主要贡献之一。

　　规律11：主体文化及其中各子文化（如科学文化）所产生的环境压力，会引起数学子文化的明显反应。根据环境压力的性质，这种反应的特征可能是新数学概念创造的增加，也可能是数学成果的减少。

　　怀尔德指出，数学作为一种子文化，在主体文化表征系统中只构成其中一个向量，它将受到系统其他向量所施加压力的影响。例如，"二战"时期乃至战后数学家受到军事向量所带来的环境压力影响，运筹学等新的领域发展起来，同时也导致核心数学研究工作的减少。经济向量的环境压力，导致更多学生放弃了核心数学学习，转而学习计算机、统计学、保险精算等更"实用"的课程。各种机构、各类基金对数学研究和教育的资助对数学进步产生了显著的影响。自然科学对数学的依赖，为新数学的创造提供了动力。很多数学都是由当时从事科学、商业、建筑和其他活动的工作者根据环境需求所创造或提出的。当然，由于主体文化的压倒性优势，事实上有时可以消灭那些诸如学术、艺术、科学等被认为在文化生存中需求最小的向量。

　　规律12：当数学领域取得重大进展或突破时，需要留出时间以便数学公众吸收它们的含义，由此通常会对以前只能部分理解的概念产生新见解及有待解决的新问题。

　　怀尔德指出，"在通信手段如此便利的今天，有关'时间'的限制显得不那么重要了。但不要忘记，非欧几何直到出现在高斯的论文和黎曼的资格论文（1854）中才受到重视。我们也是在事后，才认识到17世纪后期牛顿和莱布尼茨微积分公式的意义，随后分析学的蓬勃发展证明其伟大影响以及有待解决的遗留问题。19世纪末，集合论的重要性并没有被普通的数学公众所认识到，直到后来人们才逐渐意识到这个新概念的引入，对20世纪数学发展产生了多么巨大的影响。"

　　规律13：当前概念结构中发现的不一致性或不完备性，将会导致补救性概念的创造。

　　怀尔德指出，经典的现代例子是在19世纪90年代和20世纪初期发现的集合论悖论。对此进行的概念补救形成数学哲学新的基础，即直觉主义、形式主义和逻辑主义。最终公理方法以其新形式被用来限制集合理论的概念范围，以证明大多数基础研究者选择的方法，不仅要避免这种矛盾，更重要的是要探讨选择公理和连续统假设等常用工具的地位。怀尔德成功例证了现代集合论和现代数理逻辑领域的成就。同时，怀尔德指出，本条规律所讨论的不是那些在特殊定理和数值计算中可能出现的小矛盾。

　　规律14：革命可能发生在数学的形而上学、符号论和方法论中，但不可能发生在数学的核心中。

　　怀尔德指出，托马斯·库恩的"科学革命"理论，可能并不适用于数学进化。在自然科学中，关于自然界的各种理论可根据新的实验证据而被抛弃，从而引发革命。与自然科学不同，数学不受实验验证的约束。当然，数学的使用者可能会抛弃数学理论,但这不会涉及数学的核心。在几何中,添加新的几何图形,但不丢弃旧的几何图形。我们现在有了由极限理论发展起来的非标准分析,但没有人期望抛弃经典分析。尽管可以说同调(或上同调)是最常用的,但弗雷歇维数、布劳威尔-门格尔-乌雷松(Brouwer-Menger-Urysohn)维数都没有被抛弃,所有这些维数理论都继续存在。在应用数学中,革命可能会发生。数学的形而上学中会发生革命,非欧几何改变了"数学作为一种绝对真理"的信念。数学证明的严谨性标准也引发了革命,正是在这种严格的标准下,导致数学的发展进化和重大变革,也使数学文化声名狼藉。符号论中"革命"就是旧的符号往往会被抛弃,取而代之的是新的符号,现在没有人会用"位置分析"来表示"拓扑学"。笛卡儿把代数引入几何研究,构成了数学方法论上的革命。

规律 15:数学的不断进化伴随着严谨性的增强。每一代数学家都认为有必要去证明(或拒绝)前代人给出的隐性假设。

怀尔德指出,数学的历史证实了这一断言,这一断言肯定会得到大多数数学家的认可。在第二章第十节《数学严谨性的相对性》中,怀尔德指出,一种"证明"在现在可能是正确的,但到下一代或者更久之后,它便不再适用。在每一代的数学文化里都有一个广泛认同的"证明"。在一定时间内都有一个可以被大众接受的证明标准,但现在的标准在以后并不一定适用。数学证明要依靠逻辑,如果去分析一个数学证明的过程你会发现,总会有一个隐性的数学假设,而这些假设通常都只能在一定时间内的数学文化中被接受。每一个年代的数学家都认为对从前的数学假设做出修改是很有必要的。

规律 16:数学体系的进化只能通过更高的抽象,辅以概括和整合,而且通常由遗传压力引起。

怀尔德指出,抽象不仅适用于数学体系,而且适用于宗教、政治等其他文化体系。就数学而言,进化的原因似乎在于实现数学增长的动力,也就是概括和整合(经常伴随着传播),主要通过引入更高的抽象起作用。促进这种增长的动力一般来说是遗传压力,尽管在某些情况下,这种动力可能来自环境压力。

规律 17:数学家个体除了与数学文化主流保持联系外,别无他法;他们不仅受数学文化主流发展状况和已有工具的限制,而且还必须适应那些即将走向综合的概念。

怀尔德指出,以经典的布尔和数理逻辑为例,在数学文化体系的早期状态下,几乎不可能创造出数学逻辑,代数学的新观点认为代数符号不一定代表数字,而是代表一种满足某种运算定律的任意对象,这是符号逻辑创造的必然先导。

规律 18:数学家们阶段性地声称他们的主题近乎"彻底解决",所有基本的结果都已得到,余下皆为有待补充的细节。

怀尔德指出,文化层面的一个例子是在 18 世纪末被发现的,当时似乎有种普遍的感觉,认为数学正在变得能够"彻底解决"。类似个人感受的表达可在数学史言论记录中随处发现。例如,巴贝奇在 1813 年宣称"数学著作的黄金时代无疑已经过去了"。在 20 世纪 20 年代初,拓扑学正处于显著增长的临界点上,一个年轻的数学家刚获得拓扑学博士学位,但由于他认为拓扑学问题"显然一切都解决了",他决定不再在这一领域进一步开展研究工作。[①]

规律 19:文化直觉认为每个概念、每种理论都有一个开端。

怀尔德指出,我们有给理论、方法、概念等以它们被假定的创始人名字命名的习惯,后来的历史研究表明,许多创始人并不是最早发现它们的人。由于文化进程的普遍连续性,往往几乎不可能选择一个创始人,或调查整个文化事件千变万化的全部事实。设定希腊演绎几何为"开端"的惯例就是一个很好的例子,即使像泰勒斯(Thales,约公元前 624—前 546)这样的人物,把开创一种渐进的文化进化归功于他似乎也是荒谬的。

规律 20:数学的最终基础是数学共同体的文化直觉。

怀尔德指出,文化直觉不是固定不变的,而是随着数学自身进化而进化的,它也不是一个普遍共有的实体,因为不同数学领域的工作者都有自己的直觉,这些直觉来自于他们所熟悉的特定研究课题。像 20 世纪初的尝试一样,为全部数学建立一个稳固基础的尝试,对数学思维做出了显著的贡献,但作为全部数学基础的尝试注定要失败。这并不是因为诸如哥德尔不完备定理之类的事件,哥德尔不完备定理常被作为希尔伯特计划的破坏者,而是因为没有一种结构能够成功在直觉中展现所有可能的概念,更不用说那些尚未出现的概念,也不能从集体直觉中得到。然而,无论数学变得多么抽象,它永远无法避免将直觉概念纳入其基本原理中的必要性。没有集体直觉,数学研究就会变得枯燥无味,一个人的直觉永远是新概念的源泉。

规律 21:随着数学的进化,隐性假设被发掘出来并变得明晰,结果它们或被普遍接受,或被局部或整体拒绝;接受通常是在对假设进行分析并用更新的证明方法证实它们之后。

怀尔德指出,现代数学中的选择公理是一个很好的例子,其作为一个隐性假设被康托用过。1890 年,选择公理首次出现在皮亚诺的叙述和应用中。1902 年,比波·勒维(Beppo Levi,1875—1961)认识到它是一个独立的证明原理,但人们似乎并没有更多关注它,直到策梅洛发表了他的良序定理证明。波莱尔立即指出良序定理和选择公理二者是等价的。选择公理的重要意义现在已被完全认识到了,后续研究揭示了它的一系列等价性质。它在集合论中被完全保留下来,除了坚持构造性数学哲学的那些人外,选择公理被普遍地接受。历史上另一个突出的例子是直线连续性和实数系统的出现,这可以追溯到欧几里得的《原本》,但那时并未给出

① WILDER R L. The origin and growth of mathematical concepts[J]. Bull. Amer. Math. Soc., 1953,59:423-448.

明确说明，最终由 18 世纪的研究者(柯西、波尔查诺、魏尔斯特拉斯)实现其进化。类似的例子在无穷级数的敛散性、极限的存在性、微分等理论的进化中也可以找到。

规律 22：数学中非常活跃期出现的充分必要条件是存在一个合适的文化氛围，包括机会、刺激(如一个新领域的出现，或者悖论或矛盾的发生)和材料。

怀尔德指出，他在 1950 年世界数学家大会上的报告《数学的文化基础》中就曾指出微积分、解析几何诞生的时代是数学史上一个非常活跃期，这一时期的数学文化发展是一个令人着迷的研究课题，有待文化史学家们深入研究。他指出，这一时期能够造就众多"天才"的必要条件是具备合适的文化环境，包括机遇、刺激和材料。怀尔德的目的是把数学的创造归责于主体文化，当然也包括数学文化自身。而个体潜能的实效性对于开创和保持这种活跃期，可能被认为是理所当然的。①

规律 23：因其文化基础，数学中就没有绝对的事物，只有相对的。

怀尔德指出，《数学的文化基础》报告中论证的本质是数学概念的文化基础，从中产生其所属的数学结构。例如，由数理逻辑学家构想且研究的数学基础问题在文化的基础上得到了极大的支持。就能存在和已存在的不同文化、不同思维形式，以及不同数学而言，似乎不可能认为数学如他已指出的那样，它除了是人造的外，并没比其他文化特质具有更多的必然性或真理性品质。数学存在性问题诉诸任何数学教条都永远不可能得到解决。事实上，除与特定的基础理论有关外，它们没有任何的有效性。例如，关于选择集的存在性问题，对直觉主义者和形式主义者来说是不一样的。直觉主义者可以言之凿凿地声称"根本就没有连续统假设这样的问题"，前提是他们补上"对直觉主义者而言"，否则他就是在胡说八道。

六、数学进化的奇异性

怀尔德认为文化作为一个超有机的实体，有其自身的发展规律，不受个体的影响，最好的证据是可以预测在数学进化中观察到的规律。他所给出的一些例子中，数学进化的文化特征所展示的规律以及这种既定行为模式所显示的主导地位，提供了令人信服的证据，证明一个文化体系的运作方式很难用偶然性来解释。文化概念似乎包含了解决方案，但它只是模糊地决定了文化是如何运作的。从数学家个体层面出发，怀尔德也承认，数学作为一种文化有机体的进化，那些作用于个人或心理层面的动力，作为偶然性因素确实也在影响数学的发展过程。数学发展需要靠数学家个人的努力，尽管他们受到文化动力的引导和限制。探究这些数学家个体心理因素与文化层面进化动力之间的相互作用是有益的。数学史上可能会

① WILDER R L. The cultural basis of mathematics[C]// GRAVES L M, SMITH P A, HILLE E, et al. Proceedings of the international congress of mathematicians, Cambridge, Massachusetts, U. S. A. August 30-September 6, 1950：Vol 1. Providence：American Mathematical Society, 1952：258-271.

出现被称为"群英荟萃"的现象,因爆发式出现的数学创造性活动和显著的成就而被冠名"天才"的研究者参与其中而得名。对这一现象的一种"解释"是基因突变刺激了"伟人"的诞生,因其过人的智慧,这些"伟人"也必将创造"群英荟萃"这一现象。

数学"天才"的创造容易造成一种"超前于时代"现象,新概念出现但并没能马上发展的现象,或数学文化体系中某方向超前发展但并未引起足够重视,怀尔德将之称为"奇点"。超越社会时代的奇点特征如下:他们提出的新理论或新技术,当前的相关文化被忽视或被逐渐遗忘,而后原始文献被重新发现,或是理论或技术被重新创造,并发展成某领域中成熟的子系统,或是在新领域中探索他们自己的新特性。在某种程度上不得不说,原创者能通过某种神秘的途径,看到他自己的未来,这不能仅用他自己努力来解释,从本质上说这只能通过事后分析才能意识到。我们不禁要问这些"天才"是怎么看到的,即为什么他们要提出事后看来是超前的概念,并且为什么其他人未能跟上?

怀尔德认为文化背景与他感兴趣的领域之间的关系非常重要,找到那些环境因素,从中发现促使他做出发现的激发因素,正是那些发现使他们被后世历史学家称作超越时代的人。我们可能必须承认,他毫无疑义是个不一般的人,也许是个天才,但没有一些激励和一些基础的话,他的创造行为也不会走那么远。数学中一个杰出的例子就是"射影几何"的发展历史,17 世纪早期始创于笛沙格,但直到 19 世纪早期才被彭色列和其他数学家重新定义,在此之前,它一直处于被遗忘的境地中。从数学文化进化的观点来看,将射影几何放入数学整体内进行观察会很有意思。数学文化体系概念由向各方向无限延长的向量组成,这是一个很有用的解释方法。那时,代数向量和几何向量在参与创造分析几何学的过程中十分活跃,与此同时,几何向量经俄罗斯艺术家、工程师和绘图师用投射法做出来后,很明显地推动了数学家在纯粹几何学中应用投射法,正如我们后来知道的更多历史细节,这一推动也为法国建筑师兼军队工程师笛沙格正名。[①] 总的来说,"超前于时代"现象,产生于每一次文化载体成功突破其他更强的载体抑制,然后在更适宜的时候,载体获得认可并在相关的科学领域进化中获得必要且合适的发展。此现象最开始的推动力,可能是因为拥有独特经验的个体存在,这种完美的经验和知识使得它"整合"吸收了来自文化的动力。

对此,怀尔德支持人类学家怀特的观点,在文化生长的过程中,数学家的发现

　　① WILDER R L. Singularities in the history of mathematics, with special reference to Girard Desargues(1977)[A]// Raymond Louis Wilder Papers, 1914—1982, Archives of American Mathematics, Dolph Briscoe Center for American History, University of Texas at Austin. Box 86-36/17. 在得州大学奥斯汀分校多尔夫·布里斯科美国史中心保存的怀尔德档案中有这篇文章的手稿(感谢张溢同学帮忙申请复制该稿的扫描件),但怀尔德后来将其修改后融入《数学作为一种文化体系》一书第六章中,详见:WILDER R L. Mathematics as a cultural system[M]. New York:Peragmon Press, 1981:105-125.

或者发明中人类大脑也仅仅是个催化剂。这一过程无法单独存在于神经组织中，但是人类神经系统功能仅仅使两者产生互动和文化因素的重新合成。明确地说，个人与催化剂、电导体或其他介质一样。一个人只有一个大脑，而这个人将数学看作一个文化系统，也许他的大脑是一个更好的能够令数学文化进化的媒介，他的神经系统可能是一个更好的文化进化催化剂。因此，数学文化更可能选择这样的大脑来当作表达媒介。大脑中一定能够在与文化互动的同时合成文化，如果文化因素缺失，大脑中较高级别的区域将无用武之地。在美国原住民或最落后的非洲都存在和牛顿一样聪明的人，但微积分不可能在这些环境被发现或发明，因为这些环境缺乏能使其诞生和发展的文化因素。造就"天才"的必要条件是具备合适的文化环境，包括机遇、外部动力和原料。谁会怀疑希腊潜藏着伟大的代数学家？然而，虽然希腊具备了机遇和外部动力，但其文化原料中却并没有合适的符号机制。人类学家拉尔夫·林顿（Ralph Linton，1893—1953）曾指出："数学天才只能从其文化中的数学知识业已到达之处继续前进。因此，假如爱因斯坦出生在一个计数不超过 3 的原始部落，即使他终身应用数学，可能也不会使自己超越基于手指和脚趾的十进制系统而发展。"[①]相反的，当文化因素充足的时候，此类发现和发明就必然独立地同时产生于两个或三个神经系统当中，就像战无不胜的将军一样，数学或其他领域的"天才"就是能够在神经系统发生重要的文化整合之人，他就是文化历史中划时代大事件的核心所在，在他手里完成了前人积累知识和经验的伟大综合，欧几里得、牛顿、麦克斯韦、爱因斯坦等都是类似的伟大头脑。

七、数学的进化论

在得州大学奥斯汀分校多尔夫·布里斯科美国史中心保存的怀尔德档案中有一篇手稿，标记的出版年限为 1976 年，但在怀尔德出版的论文中无法查询到该文，很有可能是他在这一年度某个会议场合的演讲稿，主要阐述的是"数学的进化观"。[②] 他开篇第一句就说："现在，我们来讨论一下数学从其原始文化的起源，直到成为一门成熟科学的发展状况。我们采取的方式是传统的历史习惯，特别是考察数字及其符号化的发展高峰，几何在近东地区的支配性地位及其与代数的关系，以及笛卡儿和费马对二者的最终整合，最后是微积分的发展及其现代应用。我们现在从进化的观点简要重述这一发展历程。"

怀尔德认为，只要我们详细考察历史事实的细节，就会发现我们遗留一些悬而

---

　　① LINTON R. The study of man: an Introduction[M]. New York: Appleton Century Crofts, Inc., 1936: 319.

　　② WILDER R L. An evolutionary view of mathematics (1976)[A]// Raymond Louis Wilder Papers, 1914—1982, Archives of American Mathematics, Dolph Briscoe Center for American History, University of Texas at Austin. Box 86-36/17.

未决的问题,不能通过如下说法回答,例如"A 在某个时间做了这个事情",或者"C 和 D 同时发现了……",或者"B 发现了……";再如"为什么 A 在这个特定的时间做了这个?",或者"为什么 C 和 D 同时发现了……",或者"B 的发现是怎么发生的?"也会出现一些根本不涉及人身攻击的问题,诸如"为什么巴比伦人没能通过进一步的头部集中化来改善他们的位值系统?""为什么这么多重要的数学结果是多重发现,也就是说,为什么它们会被几个人同时发现,就像牛顿和莱布尼茨独立发明微积分一样?"这些问题不能靠诉诸个体的个性和表现来回答。回答这些问题,需要从全球或文化的视角审视数学史,并且应用文化进化的概念。

　　怀尔德指出,这种进化论的观点与以往历史的观点相比有何区别呢?进化论的视角,更多的是关注数学思想形式的变化,而不是过多关注历史记录中特定人和特定的数学定理。这些变化将揭示在相似的文化条件下,我们可期望重复出现的某些模式和(或)过程。了解这些变化不仅有助于我们理解过去,还有助于预测未来。例如,考虑所谓的"多重发现"模式。我们从历史中可以看到,当一个新的重要发现即将发生时,它通常会由不止一个人制造。莱布尼茨与牛顿,以及鲍耶、高斯、罗巴切夫斯基等人独立发现引起争议就是经典的例子。通常情况下,一个发现是"多重的"这一事实并不是立刻就能弄清楚的,特别是(现代数学中经常发生的情况)当一个发现者比其他发现者先发表出来的时候。当同时工作在世界各地的数学家宣布同样的研究结果时,人们并不会对这一事实感到惊讶,这种现象背后的根本原因在于数学的文化连续性。

　　怀尔德认为,数学形成了它所处的一般文化的一个子文化。文化和子文化都是为了应对进化动力或压力而进化的,这些动力或压力会在个体中产生"求知欲",并影响其以达成文化共识的方式前进,如源于古希腊时代的逻辑规则。逻辑规则是我们文化装备的一部分。一般来说,数学的进化受到两大文化压力的影响:环境压力和(数学)内部压力。数学作为一种子文化,对来自于母体文化的压力做出反应。因此,巴比伦、埃及和玛雅文化中的数学都是根据其文化需要发展起来的。古希腊的几何在数学中占主导地位,主要是由其哲学和天文学的环境压力导致的,大多数的古希腊数学家都是哲学家或天文学家。随着不可通约数、芝诺悖论的发现,以及倍立方体、三等分角和化圆为方问题带来的压力,古希腊数学内部建立了强大的内部压力来解决这些现象带来的问题,因而导致比例理论等优秀数学的诞生,这些例子说明了好问题的重要性,他们在数学内部压力的发展中发挥了重要作用。这些内部的压力可归结为一个术语——"遗传压力",强调在任何时间点它们都是过去所积累的压力之结果。

　　怀尔德同时指出,作为一个规则,一个子文化内部的遗传压力不会非常强烈地积累,直到子文化得到实质性认同。巴比伦和埃及的文化中,数学没能因遗传压力发挥更大作用而获得充分认同,数学只是满足当时那个时代环境的需要。希腊数学的繁荣则是环境压力和内部压力共同作用的结果。数学在希腊文化中获得了充分认同,从而积累相当大的遗传压力,人们无法避免这样一种感觉,即只要有适当的环境条件,数学将会在后希腊时期继续发展。然而,文化进化需要文化的连续性。不幸的是,希腊数学并没有把它的文化延续性延伸到基督教时代。在随后的黑暗时代,阿拉伯文化保持微弱的连续性,这几乎被认为是一个奇迹。希腊和印度的出版物在巴格达被翻译的这个过程,我们称为"传播"。从希腊和印度文化到阿拉伯,在当时并没有带来任何显著的数学进步。没有数学内部的遗传压力,传播到阿拉伯的希腊和印度数学似乎或多或少给人带来了一些智力上的满足感,但几乎没有点燃任何火花。而且,穆斯林文化显然没有足够的环境压力来刺激数学的进步。

怀尔德认为,由于古代教会对文化态度的控制削弱了,西欧文化中不同的教派兴起,最正统的学者也无法抗拒对实验科学日益增长的好奇心。随着科学的发展,数学也在发展。和希腊的情况一样,学者不仅仅是数学家,他们全神贯注于科学的各个方面,包括数学。专门从事数学工作的人,我们今天理解的"数学家",只是17世纪以来才出现的现象。在此之前,数学与其他兴趣(甚至神学!)一起被培养,有时人们(如费马)将数学纯粹作为一种爱好。重要的是西欧文化对阿拉伯数学传播到他们中间是一种接受的态度。人类思想的各个方面寻求新的世界通常不可抗拒地伴随着对新数学概念的探索,首先建立希腊人的遗产,最终凭借自身力量创造一种新的数学子文化,受当时一般文化的所有文化压力影响。就数学而言,那是一个环境压力很大的时期。这一点可从15世纪和16世纪的画家和建筑师对透视法的研究,以及最终对射影几何引入所产生的影响中观察到。与此同时,代数方法处理几何问题,导致了"逾期的"代数符号。为了解释"逾期的"一词所表达的意思,怀尔德通过符号表征主义在数学历史中的作用,来说明在计算和代数发展过程中一直活跃的力量,即文化滞后和文化抵抗。

怀尔德指出,16世纪代数学家的作品及其在几何学中的应用,导致费马和笛卡儿对代数和几何的整合,形成了我们通常所说的"坐标几何"或"解析几何",这是数学历史上最重要的整合之一。与此同时,作为从15世纪和16世纪透视作品的进化,出现后来被笛沙格和他的(少数)追随者称为的"射影几何",但后者被认为纯粹是希腊几何学的延伸,并没有积累足够的遗传压力与费马和笛卡儿的代数几何整合相竞争。结果,射影几何在17世纪末就被遗忘了。如今,专业评论家喜欢把15—17世纪的科学家作为数学家、物理学家、哲学家、工程师等完美结合的例证。毫无疑问,这种情况在思想从一个"专业"传播到另一个"专业"的过程中起到实质性的辅助作用。特别是17世纪科学技术给数学带来的环境压力,在很大程度上促进了微积分和分析的发展,牛顿、莱布尼茨及其追随者的工作就是例证。即使在今天,当数学被专门用于社会科学时,"应用数学家"一词很可能指的是受过微积分及后续分析学训练的人,一般来说,也指对技术应用感兴趣的人。随着18世纪几何学的复兴,在那些自称为"综合"几何学家的人身上存在着对立的力量,他们和他们的对手——"分析"几何学家之间也随之产生激烈的争论。坚持"综合"的一种方法被视为一种文化阻力,但它未能成功地阻止几何与代数几何、解析投影几何、微分几何等数学其他分支的整合。

　　怀尔德认为,随着现代数学的出现,另一种形式的文化阻力,虽不是新的但变得越来越明显,着重坚持只有那些涉及"真实"实体的数学概念才是被允许的。"真实"似乎通常指的是物质世界和经验世界。一个基本例子是负数要获得数学上的认可所遇到的困难,以及虚数、无穷小量、康托无穷集合等都是通过"概念压力"才迫使人们承认并获得数学上的认可。而非欧几何学则提供了环境和遗传压力相互作用的有趣例子。在整个 19 世纪,人们不仅可以在几何中,而且可以在分析和代数中发现一种新的数学"实在"概念,这种概念允许诸如四元数、抽象代数、新公理化定义的几何等创新。随着 20 世纪数学的发展,数学家们显然不再为古老的"现实"概念所困扰。特别是,数学概念不再需要在物理世界中接受可表征性的检验。如果一个概念在推进数学理论或解决以前无法解决的问题方面被证明是卓有成效的,那么它将被承认在数学上"存在"。就数学而言,"真理"似乎可以归结为"相容性"。即使在相容性受到威胁的情况下(如无穷悖论的例子),数学家们也会采取措施来修改有用的概念使得相容性看起来是确定的。

第六章

怀尔德的数学文化研究

怀尔德从思考数学的基础问题开始,通过数学家大会报告《数学的文化基础》提出了自己的数学文化研究主张,通过把文化人类学家怀特的文化体系理论运用到数学的历史研究中,提出了数学是"一个不断进化的文化体系"的研究理论,在美国数学界、数学教育界和文化人类学领域产生了积极的影响,催生了数学的人文主义思想,他也因此成为 20 世纪"数学文化研究"领域的先驱者之一,对我们今天开展数学文化研究与教学具有重要的启示意义。

一、数学的生物起源

1969 年,怀尔德发表一篇题为《数学的生物起源》的文章,[①]该文章在其学生雷蒙德的纪念文章著述目录中列出了,[②]但在各大数据库中无法检索到,而在得州大学奥斯汀分校多尔夫·布里斯科美国史中心保留的怀尔德手稿中有这篇文章的校对稿,只是题目略不一致。[③] 怀尔德首先举了乌鸦可以识别到数字 4 的经典例子,来说明很多生物具有数感。只不过在一个物种中,这个数字是 5,在另一个物种中是 10,在其他物种中可能是 15。 似乎所有高阶生命的物种,都有能力分辨只由一件事物构成的集合和包含不止一件事物的集合之间的区别,即使这只是应付环境

---

① WILDER R L. Mathematics' biotic origins[J]. Medical Opinion and Review, 1969, 5: 124-135.

② RAYMOND F R L. Wilder's work on generalized manifolds: an appreciation[C]// MILLETT K C. Algebraic and geometric topology: proceedings of a symposium held at Santa Barbara in honor of Raymond L. Wilder, July 25-29, 1977. Berlin Heidelberg: Springer Verlag, 1978: 7-22.

③ WILDER R L. The biotic origins of mathematics (1969) [A]// Raymond Louis Wilder Papers, 1914—1982, Archives of American Mathematics, Dolph Briscoe Center for American History, University of Texas at Austin. Box 86-36/16.

的一种最低限度的手段。无法分辨单个天敌捕食者和一对天敌捕食者的动物,在自然环境中生存的时间大概也不会太长。但人们几乎不会认为这是计算能力的一个例子。它确实表明了对一个集合大小的意识,在某些物种中,这种意识可能延伸到识别涉及多个对象的某种确定大小的能力(如独居黄蜂),但这绝不构成计数。

怀尔德指出,区分一个物体和一个以上物体的能力,可能是大多数高级生命形式的感觉器官所固有的。毫无疑问,人类在其整个生物进化过程中,足以应对自然环境的危害。人类最终为自己创造了一个额外的环境——文化环境,这注定对人类会变得更加重要。今天,这种文化环境由人类特有的社会习俗、哲学、法律制度、医学、各种技术知识等组成。即使是原始人,我们祖先把他们所有种类都称为"野蛮人"——也拥有由各种信仰、习俗、仪式、工具和风俗组成的复杂文化环境,为每个社会单元形成了独特的综合体。计数显然是在文化环境进化的早期发展起来的。事实上,计数可能与文化环境的进化有着密切联系,甚至积极参与了这一进化过程。所有的计数装置,无论是计数、数字、绳结还是其他发明,都有一个共同的概念"一一对应",这是现代数学的基本工具之一。当我们用数字 $1,2,3,\cdots$ 来计数时,我们遵循完全相同的模式。当然,对于原始人来说,这可能只是一种直觉,一种源于他对自己所生活的物质和文化世界的体验能力。要正确认识其深刻内涵,就必须认识到其符号特征。我们并不将"符号"限制为"数学符号",一个符号的意义可能只有特定的群体才知道。

怀尔德认为,符号能力究竟是如何在人体内进化的,以及它在人体解剖学中的本质,当前还不是科学知识能解决的问题。除了人类以外,没有任何其他生物具有这种能力的证据能得到令人信服的证明。其他生物似乎也有推理的能力——这方面的确凿证据已经积累起来了——但它们没有符号化的能力。人类的大脑,尤其是前脑,比猿类的要大得多,很有可能符号能力就是随着其体积增大而发展起来的。符号化是一个高度抽象的过程,大脑体积增大可能伴随着抽象能力的增强,符号化的发展可能伴随其偶然或自然的形成。当然,并不是说人类之所以具有符号能力是因为人类被赋予了一种特殊的语言工具。与环境压力相结合,符号能力就像计数过程中所显示的那样,无疑是数学的生物来源。只有当环境压力增加时,我们今天使用的计数才会进化。但是现在,物理环境的压力随着不断增加的文化压力而增加。对无限大数的表达需求迫使人们发明了一种数字系统,这是人类创造力的最大确证之一。这是在苏美尔-巴比伦文化中实现的。苏美尔-巴比伦文化的数字系统,除一些微小差异,和我们今天使用的一样好,完全基于相同的基础和位值思想。但它拥有一个数字系统,仅能用符号表达数字的大小或无限大的数字,很难满足后来建筑行业和天文学发展的文化需要。

怀尔德同时指出,数字神秘主义在数学发展中的重要性在于,它似乎对数学概念方面的发展做出了很大贡献,就像占星术对天文学的贡献一样。由于如此多的早期科学获得了神秘特性,有时还经历了神秘时期,所以类似的现象发生在数学领域也就不足为奇了。毕达哥拉斯学派在公元前 6 世纪把数字神秘主义作为其哲学的基础。有趣的是,对于计数数字 1,2,3,…许多数学家仍然持有类似的神秘观点,19 世纪数学家克罗内克的一句经典名言就很好地说明了这一点:"上帝创造整数,其他一切都是人的工作。"可能这都源于继承了所谓的"柏拉图式"哲学。然而,对于大多数现代数学家来说,尽管数字显然是一种不可或缺的传统文化发明,尽管它经过了几个世纪的时间才产生出来,但它并不比任何其他技术手段更具绝对性特征。此外,科学和现代技术的要求,使我们有必要发明出无数种数字系统(不光是我们从小时开始学到的数字系统)以及适当的符号工具来处置它们。

怀尔德认为,数学从最初的数字起源到后来的进一步发展,受到许多文化力量的影响。其中最主要的是环境压力,从一种文化向另一种文化的扩散,以及我们可以称之为"数学有机体"本身运作的力量。随着概念结构和技术的积累,数学已形成一种文化有机体,具有可恰当地称为"生物潜能"的东西,不断产生新的问题,并创造新的数学结构来回答这些问题。也就是说,数学文化不是一个简单的从青年到死亡的几个阶段构成的有机体,而是一个不断向前、向好的方向进化的有机体。[①] 虽然这些乍一看似乎与数学以外的领域没有任何联系,但事实证明它们在科学和技术领域中都很重要。来自科学、政治和各种社会来源的环境压力,继续迫使数学发明新的理论和技术来满足它们的需求。随着数学的发展,专业化变得不可避免,数学似乎还在分裂成许多专业,而这些专业的实践者彼此无法理解对方的语言。这种情况继续存在,但不可避免的是"整合"已经开始运作。通过留意一组专业的共同特征,可建立一个新的、更一般的结构。整合的结构不仅为处理其所包含的原有专业提供了一种手段,且具有更大的威力。正如活细胞的整合形成了能够更有效满足环境条件的有机体,而自由细胞聚合是不可能实现的一样,现代数学的整合结构也被证明是比形成这些结构的单个专业特性更为强大的工具。

二、数学的文化基础

1950 年国际数学家大会上,怀尔德做了题为《数学的文化基础》的演讲。他认为在 1900—1950 年间,人类学家在人类群体行为研究方面有了巨大进步,因为他们使用了值得划入自然科学的毫无感情色彩的客观方法,而不是诸如历史学这样的社会研究法。也许,文化概念的发展以及文化动力的研究可能将被列为人类精神的最高成就之一。这个概念尽管饱受非议,但近几年来还是得到了长足的应用。怀尔德提出文化这个概念,并不打算把它作为解决所有数学问题的药方。但他相信,只有承认数学的文化基础,才能对数学本质有更好的理解。此外,还可为其他

---

① BEDÜRFTIG T, MURAWSKI R. Philosophy of mathematics[M]. Berlin: Walter de Gruyter GmbH, 2018: 140-141.

各种问题特别是有关数学基础的问题提供启示。他并不是说这些启示可以解决这些问题，而是说它不仅显示出可期待的多种答案，且能指出获得这些答案的方向。此外，我们已经相信并且将之归于某种模糊的"直觉"的许多事情，在文化的基础上获得真正的合法性。[①]

怀尔德提出，作为数学家，我们共同享有所谓"数学的"那部分文化。我们受它的影响，反之数学家也影响着数学文化。作为个体，我们吸收文化的一部分，并通过教师、杂志、书籍、会议以及我们的同事与文化发生联系。我们通过对所吸收那部分进行个体的综合，进而对文化的进化做出贡献。作为一门知识体系，数学是人类的发明。数学不是我知、你知或任何个人所知道的东西，它是我们的文化和集体财富的一部分。我们可能会随着时间的流逝把我们当中个体的贡献遗忘，尽管我们很健忘，但这些贡献仍将保留在文化洪流之中。正如许多其他文化元素的情形一样，自从牙牙学语开始我们就接受数学的教育，并形成对所谓"绝对真理"的第一印象。其真实性的类型或许就像原始人对待神灵和仪式那样同样重要。

怀尔德认同奥斯瓦尔德·斯宾格勒（Oswald Spengler，1880—1936）在《西方的没落》第二章《数字的意义》中的有机进化论观点，斯宾格勒认为数学（虽然只有很少的人能够理解其丰富的深度）在人类心灵的创造活动中具有十分特殊的地位。数学是一种最严密的科学，就如同逻辑一样，但它比逻辑更易于为人理解，也更为丰富。数学是一种真正的艺术，是可与雕刻和音乐并驾齐驱的，因为它也需要灵感的指导，而且是在伟大的形式传统下发展起来的。如柏拉图尤其是莱布尼茨所说的，数学还是一种最高级的形而上学。迄今为止的每一种哲学的发展，皆伴随有属于此哲学的数学。数字是因果必然性的象征，和上帝的概念一样，数字包含作为自然之世界的终极意义。因此，数字的存在可以说是一种奥秘，每一文化的宗教思想都留有数字的印记。数字本身并不存在，也不可能存在。所存在的乃是多个数字世界，如同多种文化的存在一样。我们发现的是一种印度数学思想、一种阿拉伯数学思想、一种古典数学思想、一种西方数学思想，与每一种数学思想相对应的是一种数字类型，而每一类型根本上都是特殊的和独一无二的，是一种特定的世界感的表现，是一种有着特定的有效性，甚至能科学地定义的象征，是一种排列的原则，这原则反映着一种且仅仅一种心灵亦即那一特殊文化的心灵的核心本质。根本就不存在单一的数学，而只存在不同的数学。就如同有多种文化一样，有多个数的世界。数学如同文化中的其他元素一样例证了"心灵在其外部世界的描述中设法实现自身的方式"。[②] 受斯宾格勒的影响，美国数学家卡休斯·杰克逊·凯塞尔（Cassius Jackson Keyser，1862—1947）发表了有关数学作为文化线索的一些观点，

①　WILDER R L. The cultural basis of mathematics[C]// GRAVES L M, SMITH P A, HILLE E, et al. Proceedings of the international congress of mathematicians, Cambridge, Massachusetts, U. S. A. August 30-September 6,1950：Vol 1. Providence：American Mathematical Society，1952：258-271.

②　斯宾格勒. 西方的没落：第一卷[M].吴琼，译.上海：上海三联书店,2006：51-85.

包括对这个论题的解释和辩护:"在任何主流文化中,其数学的类型是文化整体不同特征的线索或钥匙。"①

在斯宾格勒和凯塞尔的理论基础上,怀尔德提出:"数学是文化的一部分,它受到其赖以创立的文化的影响。从这点来看,我们可以期待发现二者之间的关系。然而,关于它为文化提供了一把多好的钥匙,我不发表意见,它是人类学家回答的问题。因为文化支配着它的元素,特别地支配着数学,所以,对数学家来说,从这种观点去考察它们的关系似乎会更有效。每一个有自尊心的数学家都会给后人留下一个数学的定义。因此,数学家将不仅受到他的文化中称之为数学的影响,这些数学存在于现存的历史和被称为'数学的'著作中,而且也受到由所谓的数学家们发表的那类东西的影响。于是,他将承认我们业已表述过的,数学是他的文化的某个部分,并由此受到影响。"

对于数学的基础,怀尔德简要回顾了 20 世纪初三大基础主义论争到哥德尔不完备定理的简要历史。他指出,"文化的观点"并没有先进到可以取代这些理论。为了强调这点,演讲的标题用的是 *basis* 而不是 *foundation*。但似乎也有可能——承认数学的文化基础不仅为进一步的研究提供指导和动力,而且将消除基础理论的隔阂,它们在自身的辩护中提出了许多神秘而模糊的哲学论证。主导各种尝试数学基础的根本观点通常是很难理解的,提出者只是在脑子里决定数学是什么,他们所要做的一切就是阐述一下,大多数情形似乎都是他们完全忽略了数学的文化基础,正如他们所知,数学不可能一个世纪都是这个样子。如果主导他们事业的思想基础是他们将会成功地捕获神出鬼没的野兽,并把它关进牢不可破的笼子,那他们就过于天真了。假如文化概念告诉我们些什么,那它将首先教导我们,确立任何一个基础理论的规则是,只能尝试把我们文化中已知的该领域的特定部分包容进去。一个基础理论至多应被看成是一部有待修改的宪章。

怀尔德相信,在文化的基础上我们确立了对数理逻辑学家们正普遍接受之物的信心,即便是如"数学原理"中的材料意义和有效性与其他的纯形式系统完全一样。由数理逻辑学家构想且研究的数学基础问题在文化的意义上得到了极大的支持。因为就已经存在的不同文化、不同思维形式,不同的数学而言,似乎不可能认为数学是非人工的,也没有比其他文化特征更多的必然性或真理性。例如,数学存在性问题诉诸任何的数学信条都永远不能得到解决。的确,除了与特殊的基础理论有关外,数学存在的问题没有任何的有效性。例如,关于选择集的存在性问题,对直觉主义者和对形式主义者而言是不一样的。直觉主义者可以声称"象连续统这样的问题是不存在的",假如他补上"对直觉主义者而言"——否则他就是在胡扯。由于其文化基础,数学就没有绝对的事物,只有相对的。

---

① KEYSER C J. Mathematics as a culture clue[M]// KEYSER C J. Mathematics as a culture clue and other essays. New York: Scripta Mathematica,1947:45-70.

　　怀尔德强调,我们不应被这些因素所误导而草草做出如下结论:我们文化中的数学的组成成分是完全任意的。作为个体的数学家可以随心所欲地和公理系统打交道,但是只有当公理系统与他所在文化中的数学现实联系在一起时,才能被视为习以为常。类似的纽带,虽然没有这么明显,也将数学和其他文化元素连在一起。我们不能忽视这些纽带以及将我们每个人与各自的数学兴趣连在一起的纽带,即使我们想这样做。数学也可能非常公开地施加影响,正如数学家们投身于高速计算机,或者投身于发展其他新的前所未见的数学,可能都是由于我们文化中战争需要的刺激而产生的。或者其影响也可以是隐蔽的,正如由文化导致某些数学习惯并且在反映层次上已经达到了符号反射的水平。因此,虽然公理法可能成为建立理论的最普遍接受的模式,但是务必慎重使用,否则,所建立的理论就不可能作为我们文化一部分的数学成分。因为,承认数学的文化基础就不得不承认其不断发展变化的特征。数学与其他文化特征一样,并不是数学家个体完全任意的构造,因为数学家个体在表面上自由的创造中,受到他所处时代的数学现状和发展方向的制约。正是后者决定了当时什么才是"重要的"。数学进化的趋势和方向是由数学内部和外部文化动力的复杂综合体所决定的。

三、数学的文化背景

　　怀尔德于 1952 年出版的《数学基础简介》一书最后一章题为《数学的文化背景》,[①]试图对全书进行文化层面的总结。他认为,应该对数学的一般文化背景给予关注,毕竟数学是在文化环境中诞生和培养出来的。没有文化背景所提供的视角,就不可能正确理解当今数学的内容和状态。如果我们将数学与语言、宗教和服饰等文化因素进行比较,会发现一个显著的差异,后者的各种表现形式对于区域群体来说一般是特殊的,但数学似乎具有一种边界模糊的普遍性,这种普遍性似乎是它在各种文化元素中最显著的特点之一。

　　怀尔德认为,数学的本质不是普遍的、绝对的或预定的,它受到其他文化因素的发展规律影响,就像一般的艺术和科学一样。我们并不期望发现数学像其他文化元素一样,在文化的影响下发展,正如我们不期望发现不同的个体以同样方式对他们的环境做出反应一样。正像个体人格的发展,一部分是由于固有的品质,另一部分是由于个人在社会和文化中的地位。数学在现代社会似乎占据一个独特的位置。尽管数学家们在世界各地使用各种自然语言,但他们的数学语言实际上是通用的。然而,符号和术语的变化不仅发生在不同国家的数学家之间,而且也发生在同一地区的数学家群体之间。众所周知,通常可以有许多不同方法来解决一个给

　　① WILDER R L. Introduction to the foundations of mathematics[M]. New York: John Wiley & Sons, Inc. ,1952: 335-353.

定的问题。事实上,一旦某问题解决了,可能会发现许多新的解决方案,可能比原来的解决方案更简单或更基本。在可能的解决方案中,一些方案会被一些人喜欢,另一些方案会被另外一些人喜欢。也许有些解决方案是几何学的,有几何学头脑的人通常会更喜欢它们。如果有些解决方案是代数性质的,没有几何元素,它们几乎肯定会受到专门研究代数的数学家青睐。特别引人注目的一个例子是拓扑学史中,当时一些被称为集合论数学家的人喜欢使用集合论作为他们的主要工具,而另一些数学家则喜欢使用代数方法。

怀尔德提出,要从文化的视角看待"数学是什么"的问题。哲学家和数学家们试图给出的答案,但没有一个答案得到普遍接受。他们的问题似乎主要在于这样一种假设:数学本质上是一种绝对的东西,随着时间和地点的变化不发生变化,因此一旦天才的眼睛足够敏锐,能够感知和描述数学出现在人类的场景中,它就能够被识别出来。怀尔德则认为,今天的数学似乎被恰当地描述为一种活生生的、不断增长的文化元素,它体现了关于抽象结构和这些结构之间关系的概念。因此,它的内容是可变的,并受文化动力的影响,就像任何其他文化元素一样。即使是用于数学表达的符号,其意义也是可变的。传统上为数学所寻求绝对类型的定义可能是无法给出的。因为,文化变迁不尊重抽象的定义,易受定义影响可能是学科衰老的标志。而且数学在文化中的发展方向是由其宗教、哲学、农业、航海、工业以及对数学的文化需求或属性所引导的。希腊数学和中国数学的不同方向是由这些文化在史前时期普遍存在的原始文化条件决定的。数学子文化体系在受到某种方向上的初步推动后,无疑在一定程度上靠自身动力前进,主要在内部的进化(或来自一般文化其他部分的进化)动力和传播动力共同作用下运行。即数学是我们一般文化的子文化,它不仅是在其自身的进化势头下发展,而且还受到一些动力的影响,这些动力有时是隐藏的,从外部产生影响。数学就像其他文化实体一样,是人类沿着进化和传播的方向共同努力的结果。它将变成什么,不是由我们现在对隐性数学真理发现所决定的,而是由人类通过文化路径创造的东西所决定的。

对此,曾在 1947—1949 年做过普林斯顿大学高等研究院数学学科兼职研究员[1]的比利时数学家阿尔方斯·博格斯(Alfons Borgers,1919—2001)认为,《数学基础简介》这本书将会获得极大的追捧,很多学生第一次学习之后会有很大的收益。它的教育价值在于每章结尾都有建议的阅读材料和问题,还有精选的文献和检索。当然,这本书对大多数读者来说是很难理解的,这类著作也不会提供更多的技术细节。[2] 美国数学家奥林·弗林克(Orrin Frink,1901—1988)为该书做评论,指出怀尔德介绍了逻辑主义、直觉主义等学派的主要观点,介绍得非常完整、公平。他没选择立场,并试图为每种观点提供恰当的例子。他自己在全书最后一章表达

---

① 详见 IAS 网站介绍:https://www.ias.edu/scholars/alfons-borgers.

② BORGERS A. Book review of introduction to the foundations of mathematics by Raymond L. Wilder[J]. The Journal of Symbolic Logic,1954,19(3):225-227.

了自己的观点,数学发展由时代文化所决定的社会学观点,这种观点是如此广泛和宽容,以至于每个读者都能从中推断出自己需要的结论,这种观点也似乎不太可能引起争议或指责。① 美国著名的科学哲学家恩斯特·纳格尔(Ernest Nagel,1901—1985)评论怀尔德的主张是一种"数学文化决定论",他也因对数学存在的唯意志论而没能给出支撑的理由。怀尔德主张数学是人类努力的成果,数学不再由隐性"数学真理"的发现所决定,而是由人类的文化路径所决定。他也没能顺便给出更多、更好的建议,就其主张而言,显然怀尔德是不确定主义和神秘主义的。②

四、数学作为一种文化现象

1960 年,怀尔德在纪念人类学家怀特的纪念会议文集中发表了《数学作为一种文化现象》的文章,对怀特的"数学文化实在论"做了进一步阐述。③ 怀尔德指出怀特似乎从数学基础和数学哲学的著作中提炼出两个看似对立的观点:一是数学的存在和有效性独立于人类思维;二是数学真理的存在和有效性仅存于人类的头脑中。怀特注意到,对"人类的意识"适当做出解释后,这种明显矛盾就消失了。第一种类型的观点主要体现在英国数学家哈代身上:"认为数学的真实性独立于我们之外,而我们的用途就是观察或发现它。"如果"人类思维"指的是有机个体。假如把"人类思维"解释为人类物种独有,那么第二种观点是正确的。数学真理存在于个人出生的文化传统中,因此从外部进入人类的头脑。但文化本身,除了人类外,并不存在。数学是文化的一部分,每个人在学习和参与过程中都要吸收文化的其他元素。诚然,数学只在个别数学家头脑中发展,但这是通过个体头脑中数学元素(来自文化的)相互作用,从而成为文化过程中的催化剂。大量的数学"突破"是由多位工作者同时独立完成,对于这一点并不稀奇。一个数学或其他方面的天才,神经系统中发生了一个重要的文化综合,他便成为文化史上一个划时代事件的神经中枢。如果没有个体思维来形成集体文化模式,自然就不会有数学法则,就不会有语言、文化和宗教。

怀尔德认为对怀特阐述的数学文化本质观点最大的反对来自那些认为数学似乎是绝对的、普遍的、无可辩驳的东西的人。在他们看来,把数学的轨迹放在文化中,不管它是如何定义的,都剥夺了数学的这些性质,使数学沦为一种相对的、狭隘的和任意的地位。一个门外汉有这种感觉是可以理解的,因为对他来说,数学可能

① FRINK O. Book review of introduction to the foundations of mathematics by Raymond L. Wilder [J]. Bull. Amer. Math. Soc., 1953, 59(6): 580-582.

② NAGEL E. Book review of introduction to the foundations of mathematics by Raymond L. Wilder [J]. The Journal of Philosophy, 1953, 50(19): 591-593.

③ WILDER R L. Mathematics: a cultural phenomenon[M]// DOLE G E, CARNEIRO R L. Essays in the science of culture: in honor of Leslie A. White. New York: Thomas Y. Crowell Co., 1960: 471-485.

是一种神秘的确定性。一个能够理解和欣赏怀特观点的人更容易是一个"应用"数学家,"环境"不仅仅是纯粹数学,它还包括了"外部世界"的一部分。例如,可以研究波现象,建立具有明确预测目的的"定律"和微分方程。他相信描述的数学模型(微分方程等)本身是一个文化产品,每个人都必须承认的是,一个人的模型并不是一个"必要的真理",只不过是准确描述了外部世界的实际情况。但另一个极端是,如果一个人的数学思维从来没有超过基础数学或几何的水平,他可能在理解怀特的观点时遇到最大的困难。

怀尔德也担心怀特可能像大多数非数学家一样,比大多数数学家对所谓的数学"真理"更重视。因为大多数数学家很清楚他们大多数概念的传统特征。聪明而经验丰富的数学家回避使用"真理"这个词,除非他是在一种明显相对意义上使用这个词。数学家知道为了完成"证明"他必须应该怎么做,才能避免无限的回归。因此,在没有证据的情况下,采用某些陈述或公式,他所证明东西的"真实性"不仅与所采用的公理有关,而且与证明的方法有关。这种说法有时可能会给门外汉以深刻的震撼。在非数学家看来,数学证明方法的有效性存在任何问题都是不可想象的。然而,现代数学不仅没有把它的概念表示为"真实的",而且它也没有坚持把其证明方法确保从一组公理得到"真实的"结果。确实,随着数学的发展,认为一些证明方法存在很大的分歧,我们不得不重新认识它的传统特征。

总之,怀尔德认为"数学是一种不断进化的文化现象"。例如,某些基本算术和几何概念的研究模式与结构在某种意义上是由物理、社会、文化环境决定的。而且并没有就此停止,而是不断地在上述基础上构建新的概念,常常被迫发明新的方法来处理它们。虽然它建立在经验上,但它超越经验而形成一种文化活动,这种文化活动不具备绝对地位,也不追求"真理"或一致性。可以预见的是,数学不仅受惠于对其文化本质的广泛理解,而且这一过程不是单行道。因为,按照文化人类学家怀特的观点,似乎会发现并例证他的原则,数学是一个价值的领域,同时也是一个研究的沃土。可能在数学新创立的领域中有许多工具,它们具有非定量的性质和不必要的经典技术分析知识,适用于处理诸如亲属制度等文化人类学的相关问题。

五、数学作为一种文化体系

怀尔德在 1981 年出版的《数学作为一种文化体系》一书的序言中指出:①本书所提供的纵览数学的方式不是为了声称事物的"真实"状态。不过我确实认为,构思数学作为一个文化体系的确为许多我认为迄今为止并没有被哲学或心理学方法满意地解释的异常现象提供了一种解释。此外,从文化学观点考虑数学的进化并没有贬低作为个体的数学家,正如生物进化论并没有贬低作为个体的智人。我(或

---

①　WILDER R L. Mathematics as a cultural system[M]. New York: Peragmon Press, 1981: 1-20.

者任何人)并不想确证这种做法是否呈现一个真实的图景。这种做法对数学行为及其历史构成一个合乎逻辑的和令人满意的解释对我来说是真实的——我希望至少我的一些读者会认可这点。

怀尔德认为,数学家群体(连同自然科学家)对于社会科学一般不感兴趣,甚至经常蔑视。至少在某种程度上,这种态度无疑已由一些文章的时常出现而显现出来。这类文章意在证实对于社会图景的敏锐观察者来说已经司空见惯的社会事实。然而通过更深层次的反思,好像事实上数学家们也为将人类行为领域太多的东西认为"司空见惯"而感到内疚。作为一个天赋异禀的人,数学家很清楚自己对社会环境的感知和反应,也容易推断出自己的感知是完全清晰的而无需对行为基础进行解释。这种态度当然可以被辩护。与许多普遍的看法恰恰相反,现代数学家并不是一个狭隘领域的专家,并不只是他们自己的学术生活。怀尔德热爱音乐甚至具有演奏的技巧是众所周知的。音乐与数学在兴趣与欣赏层面的关系长久以来都是一个激动人心的话题,虽然从无明确的解释。对于艺术的广泛热爱,以及对人文和社会政治事务的兴趣在数学家中很普遍。由于通常不善于展示并且经常缺乏论辩能力,数学家往往满足于隐藏他们专业之外的天赋,甚至对他们的数学界同仁也是如此。只有在数学领域,他们才按规则从这种习惯中分离,不再隐藏他们的创造力。

怀尔德重申在《数学概念的进化:一个初步的研究》一书里将文化定义为"习惯、仪式、信仰、工具、风俗等由一群人所共有的所谓文化元素的集合。这些人由某(几)种聚合因子关联起来,如一个原始部落的成员、地理上相邻或者拥有共同的职业"。本应将"语言"包含在文化元素中,特别是因为它构成了将人们的世界观绑定在一起的黏合剂。群体中的任何个人都不可能拥有那个群体的所有文化,虽然所有的群体成员看上去思维相似。这显然是真实的,因为个体差异来源于遗传以及早期环境,没有任何两个个体是完全一样的(虽然有时两个人可能看上去相同)。再次重申群体的文化由个人世界观的总体组成,即使那些被嘲笑为"精神失衡"的人也由交流的纽带联结。

怀尔德强调将文化作为交流网络元素的集合,不仅仅是一个集合,例如,比齿轮、轮子等的集合更多的东西构成了引擎。在后一情形,引擎中的每一个齿轮以某种模式关联到机器的其他部分的整体,从而贡献于那个我们称为"引擎"的东西;并通过齿轮与其他及其组件的接触而实现运转。在文化中也有相似的关系模式,在个体与文化之间运转,我们称之为交流。文化中的交流基于符号——最终基于智人具有的符号能力。这一能力使得人类大脑的处理器发展一种命名功能;特别的如果一个以前从未观察到的新的特殊对象出现了,它就被赋予一个名称,这个名称以后就用来指代这个特定的对象。这一过程在数学里总是如此,在科学与工业里更加普遍。分配新名称的文章源源不断地进入市场。类似的评论对非物质的条目(如概念)也成立,我们从而能够沉浸在抽象思维之中。符号不仅以名称的形式

发生；几何图形——三角形、正方形等——也是符号；图形对形象思维者特别重
要。但是我们所使用的大多数名称不是由我们自己发明的，它们在我们出生很久
以前就被分配给了它们的指称。语言以书写符号来表示使哲学家和语言学家得以
追踪语言在多个世纪中的进化。语言无法保持稳定，因为就其固有的本性而言，语
言是个体之间交流的工具。正如在整个文化体系中的情况，即使是在单一的文化
内部，接触也无可避免地导致语言的变化（虽然文化之间的接触加速了这种变化）。
因此，文化是如何组成的呢？个人拥有的文化部分（信仰、风俗、语言等）通过交流
媒介与其他人拥有的部分持续联系。没有同侪的合作，个人就不能在文化中发生
改变。但语言的改变仅仅是文化经历的改变的一部分，因为它们通常不是在个体
层面上开始的，我们必须认识到它们发生在超有机体层面，我们称为"文化"。

关于文化的存在性有一个共识，正如科学家一致同意自然现象的存在性但
就其本质却不能达成一致一样。从科学的观点来看，最好选取一种文化理论，其
自身能最好地解释和预测文化事件。还没有哪门科学成功地建立一套基础哲
学，能够一蹴而就地解释所有的现象。这点可见证的不仅是自然科学中的物理
学、化学、动物学，数学也是如此。那些认为数学建立在牢靠的"真理"基础之上
的非数学家，不过是没有意识到所有数学基础之下那些漂移的沙子。数学家不
能就数学的本质达成一致，正如人类学家之于文化一样。尽管如此，数学在各种应
用中成功运作，类似地，文化的概念在社会科学中作为解释性的和预测性的方法也
被成功运作。我们不应因其与我们的行动和信仰的亲密关系而被误导，否认文化
的存在性，将一种文化理论宣判为"形而上学"。也应知道为什么人类作为一个个
体享受特定的信仰，遵循特定的习俗，作为一个成年人生活在其中的文化既支配后
来行为又为行为提供意义，由此才能在个人信仰中做些改变（例如关于数学的本质
认识）。我们的信仰、风俗和技术的主体已经凝结成了多种成分的集合，这些成分
的起源已经丢失在未书写的历史中。即使在数学领域，这里更加新进的发明有书
写的历史可查，仍然存在一个"传统"，其包括逻辑、数学传说、关于优先权的不成文
规则、发表模式（它在几个世纪以来由于新复制技术的发明已经发生了改变）、奖赏
系统等。

怀尔德认为，由于普通数学家对他的学科历史知之甚少或全然不知，必须在他
的传统史料库中加入某种传说。这一传统与数学本身一起构成其作为数学家生活
其中的一般文化的子文化，即数学文化。它的特征正如一般文化一样真实，作为一
个超有机的实体像一般文化一样高效运转。将文化作为一个超有机实体对待不仅
在实践上而且在理论上合理，它正如其子集语言一样依据自身的"规律"进化。关
于一种文化理论的最终判定不应当是它是否适合某人现实信仰，而是它是否作为
一个解释性的或者预测性的方法效果最佳。个人无法改变文化的方向，但却可以
相信他自己能改变；如果结果是个人仅仅在文化中异想天开，他仍然能够实现自
己的目的。历史里面充满了个人影响文化进程的例子，但是对他们的动机的分析

表明他们是文化决定因素的催化剂。然而需要指出的是,数学并不总是能够被视为一般文化的一个"子文化"。例如,在巴比伦和埃及,有证据表明数学没有获得可以被确切称为"子文化"的地位,它仅仅是一个文化元素。文化的另一必须强调的特征是它的"时间绑定"特性。人类与其他生命形式的显著不同在于前者的知识是累积性的。新一代的人不必重做或重新发明老一代创造的概念,而是新一代的人接管老一代留下来的问题,继续前行。如此,文化才能得以成长,或者说实现进化。

怀尔德为了阐述数学作为一种文化体系,利用图形表示数学结构,即所谓的"数学之树"。数学可以被表示为树形的布局,它的根是数学基础,它的枝干代表数学的各种子领域。在那里,图论这样的子领域从它的母体拓扑学分离出来,相应地表示为树的一个枝条从代表拓扑的大的枝条长出来。数学就是按照这样的历史生长起来——代数和几何是不同的树枝,公理体系和逻辑表示为根。但早在17世纪,费马和笛卡儿提出融合代数和几何形成解析几何的时候,"树形"表示就开始衰落了。因为在这里代数和几何重归一体,形成了一个新的数学分支——解析几何。此后,数理逻辑的基础领域的工作不仅带来了枝干与根的融合——如布尔代数——而且将根拔起帮助解决属于枝干的问题(如集合论的连续统问题等)。这些事件不仅使得树形的类比不能代表数学的成长方式,而且强化了数学所有分支的相互关联。当然,任何看待数学成长的方式都将陷入将特定数学定理归入正确位置的困难之中。

怀尔德指出,在人类学家怀特的将文化表示为一个文化体系或其分支的理论里,实体被构思为一个向量系统,其中每个向量代表一种特定类型的利益,例如,文化中的农业环节,或者宗教部分。其他向量可能代表石油利益、制造利益、教育利益等。每一种利益,依据考虑的状态,需要时可以分裂成多个向量。例如,每个特定宗教派别可以被认为是一个向量,取代表示宗教利益的全体的那个向量。正如向量在力学中的应用,每个向量都有长度和方向,长度可以用适用于探究问题的方式来测量。现在我们的文化中,一个可能的向量是科学,包括纯粹科学和应用科学。为了某种目的,我们可以把科学分裂成物理、化学、人类学、心理学、数学等向量。为此,怀尔德认为"数学是我们一般文化的子文化",将其表示为一棵树,将其视为一个向量系统。从而,几何构成一个向量,代数构成另一个向量,拓扑又是一个,如此等等。或者我们可以将向量系统建基于《数学评论》杂志的数学科学分类给出的学科。向量系统中的数学,其中每一向量都力求进一步的成长,不同的向量互相撞击,通过将想法传播到其他的向量而提供帮助,有时会导致新的融合,从而因其自身的优越性而成为新的向量。数学基础这一向量不再是从属性的树根,而是其他向量中的一个,以与其他向量完全相同的方式运转。向量的任务(状态)取决于研究的问题。向量的任务由按时间排序的时代控制,可将数学的进化想象成一个向量系统的排序系列,其中的向量以不同的量级速率成长。在某一时代,几何向量成长迅速而其他向量实际上保持静止;在另一时代,代表分析的向量开始加速成长；在 20 世纪，集合论向量从分析向量中分离出来；如此等等。

关于"文化的进化"和"概念的进化"，怀尔德认为大多数文化特别是现代文化，随着时间的推移而经历着变化，从文化习惯和风俗变化来看是显而易见的。社会中老年成员对年轻一代"新做法"的持续反对，为变化这一事实提供了证据。现代科学文化中的变化，特别是数学中的变化一直不断发生，这些变化构成我们所说的文化进化。用"文化历史"这一术语表达特定的文化事件记录，而通过"文化进化"术语来理解一种文化或几种文化形式所经历的变化。数学作为一种文化，一直以来主要被大家从历史的观点来研究。然而，它已经经历了进化，并且那种进化正如生物进化一样受到各种各样的动力和压力，数学发展的进化方面一般容易被忽视。在数学领域，我们将数学作为一个文化实体讨论其历史和进化的同时必须讨论概念的进化。一般来说，概念进化是指形式的发展，特别是这所导致的反映各种文化需求的变化，最终导致对这些定义和概念的当代理解。例如，考虑数学中"函数"的概念，在达成一致的现代形式以前，它呈现了多种多样的形式，其中一些是不同"思想学派"辩论的结果，其他的是为了符合特定需求而必须推广所决定的。这些变化的全体总和以及所以如此的原因，应当被恰当地称为函数概念的"进化"。于是我们将"历史"这一术语限定在"进化"中发生的实际事件记录，例如，简·勒让·达朗贝尔（Jean le Rond d' Alembert，1717—1783）、欧拉、约翰·伯努利（Johann Bernoulli，1667—1748）对振动弦问题的讨论，三角级数和傅里叶的工作，以及经由赫尔曼·汉克尔（Hermann Hankel，1839—1873）、彼得·古斯塔夫·勒热纳·狄利克雷（Peter Gustav Lejeune Dirichlet，1805—1859）、黎曼、魏尔斯特拉斯和其他人做出的贡献。从人类学的视角来看，数学史是不断累积的文化进化之经典案例，数学发展是一个不断进化累积的过程，每个进展都建立在先前的那些进展基础之上。[①]

怀尔德的《数学作为一种文化体系》出版后，得到众多数学家、数学史家、科学史家、科学哲学家和人类学家的评论。例如，美国芝加哥大学著名的数学家麦克兰恩在这本书出版的当年就写了题为《数学史上天才的洞见和文化氛围》的评论文章，他说这本令人信服的小书跟大家普遍接受的观点相反，主张数学及其历史可以通过把数学作为一个特殊文化体系来做最好的理解，数学发展根据一系列明确和可观察的规律，且由特定的文化因素所驱动。其中一些因素是内在的，来自特定的数学问题，或者当一个明显不合理的概念被证明非常有用时导致的"文化压力"所引起。其他的因素在这里被称为环境压力，来自包含数学文化的一般文化。为了支撑这些观点，怀尔德求助于文化人类学的观点，尤其是莱利斯·怀特的著作《文化体系的概念》中所提出的观点。麦克兰恩接下来对怀尔德30余年发展起来的数

① ADAMS J W, BARMBY P, MESOUDI A. The nature and development of mathematics: cross disciplinary perspectives on cognition, learning and culture[M]. New York: Routledge Taylor & Francis, 2017: 1-20.

学文化思想做了全面评价,包括怀尔德的数学文化实在性、影响数学发展的文化因素、数学家个体和群体的直觉、数学进化的 23 条规律等。麦克兰恩指出自己并不认同这些规律的有效性,怀尔德给出的证据有的是轶事,而不同轶事给出了相反的结论。例如,规律 6 要求数学的进化依赖中心问题得到最终解决,然而费马定理虽然还没最后解决(作者注:直至 1994 年才由安德鲁·怀尔斯解决),但对其精确解的失败尝试也引领了 19 世纪数学的生动实践,且正在继续引领代数数论的发展。再如规律 14 关于数学中的革命,可以看到 20 世纪初核心数学的公理化与抽象化发生了根本性革命。因此,麦克兰恩指出,对支持和反对这些规律及其替代品的证据进行系统检验将是有益的,为此,作为一个开端,麦克兰恩在怀尔德教授自己的拓扑学领域检验了“多重发现”这条规律,他要求 5 个知识渊博的同事,列举出拓扑学过去 30 年间最重要的进展,随后要求他们给出这些进展是或者不是“多重发现”,结果他们列举出 21 个主要进展,只有 4 个明显是“多重发现”,11 个明显由单独个体独立完成,而剩下的 6 个或许可称为“线性单打”——个体的连续性贡献,每个又都受到其前辈的影响。因此,对这一时期的拓扑学领域,“多重发现”并不是主导性模式。其他时间、不同领域可能也会不同,需要提供更多真实的信息。麦克兰恩猜测,对这类信息进行搜索将揭示怀尔德的严格文化观并不能充分解释个体洞察力的显著贡献。因此,在 20 世纪中叶,拓扑学发展很大程度上是由一个完全出乎意料的发现所推动。对任意维度的球体,都有一个标准“光滑”结构,说明球上哪些函数是可微的(即光滑的)。1955 年,米尔诺在七维球(因此被称为米尔诺怪球)上发现有若干种不同的“奇异”光滑结构。这个进展就不是多重发现!怀尔德的大多数数学进化规律可能都有问题,他关于数学文化发展依赖特定“因素”和“动力”的观点可能有点幼稚的机械论倾向。尽管如此,我们应该检验数学与更一般文化氛围间的关系,数学发展有特殊途径的想法也非常需要检验,同样需要检验的是数学家们惯用的观点:数学发展进程仅仅源于天才们的柏拉图式洞见。[①]

　　英国数学家伊恩·达克(Ian Darke)在美国数学协会的《数学杂志》发表评论,认为怀尔德这本书是对其 1968 年出版的《数学概念的进化:一个初步的研究》中论题的更广泛、更现代的处理,把数学看作是一种文化体系确实提供了解释许多异端观点的一种途径,在他看来,截至当时还没有得到哲学或心理学意义上的满意解释。怀尔德在描述文化的意义之后,再在第二章举例说明数学的文化根源,以及其如何影响数学实践。这是该书最有用的部分,包括一些启发性的见解。后续章节中讨论历史插曲和一些理论发展的因素——遗传压力、特殊个体、潜力和整合等。达克认为,考虑到拉卡托斯《证明与反驳》(1976)的彻底性和历史准确性,在怀尔德的书中只有一处非常简短的文献引用,这是一个遗憾。怀尔德自己只使用二级或

　　① MACLANE S. Insights of genius and cultural circumstances in the history of mathematics: book review of mathematics as a cultural system by Raymond L. Wilder[J]. Minerva: a review of science, learning and policy, 1981, 19(3): 515-517.

三级文献来源来支持他的想法。拉卡托斯是回到原始数据,因此他的写作具有怀尔德所缺乏的精度和优势。更不幸的可能是怀尔德没有提及大卫·布鲁尔(David Bloor,1942—   )的工作(如《知识与社会意象》,1976),怀尔德的工作看上去与布鲁尔的工作有更相似的目的,意图阐明数学的发展不能仅仅用参考文献描述其内容(即内史研究),还有外部因素、惯例和应用需要考虑。只不过怀尔德用的是人类学家的语言,布鲁尔用的是社会学家的语言。怀尔德与拉卡托斯和布鲁尔的不同之处在于,他毫无保留地假定了传统数学的有效性。必须要问的是,这种对现状的尊重是否合理,在这一点上这本书似乎很缺乏,没能真正以严谨方式处理数学本质和存在性的理论问题。例如,他从未处理过诸如"要么发表,要么灭亡"之类的实际问题。他对公理的作用也不持批判态度,不像莫里斯·克莱因为使用改善后的形式主义进行辩护。在怀尔德的书中,数学家是美德的典范,他们的艺术不受质疑,他们的工作只接受其他数学家的审视。这些保守特征在书的最后一部分被强调,就像怀尔德早期的工作一样,它包含了一系列支配数学发展的规律。在这期间,规律的数量已从 10 增加到 20。其他学者试图将库恩的著作应用于数学,这似乎刺激了规律的增长。大多数规律是由一位自我满足的纯粹数学家对数学所做的有益观察。正如作者所言,它们是否能很好地近似完整地描述数学的发展,这是一个至关重要的问题。在印象中保持对数学的保守主张,承认文化的影响,但没有对这个案例进行任何系统的发展。①

美国俄亥俄州立大学数学系的数学家斯瑞摩恩斯基在《数学信使》杂志发表述评,对怀尔德的著作及其中的哲学思想给予了高度的评价。② 他首先回顾了 20 世纪初数学哲学研究三大流派的论争,以及因哥德尔不完备定理所导致的停滞不前局面,进而促进人们对数学史兴趣的高涨,这方面的著作如潮水般涌现,尽管其水平仍不很高。怀尔德的书令他十分兴奋,如果说之前那些数学史基本上属于亚哲学(sub-philosophical)或前哲学(pre-philosophical)的范围,它们大多都还不太成熟,实际上也没能提出什么特定的主张。而怀尔德关于数学是一种文化体系的观点,却是很长时期以来出现的第一个成熟的数学哲学观。斯瑞摩恩斯基认为可以无所顾虑地不去理会维特根斯坦的《数学基础评论》,因为它根本与数学无关,他的哲学是一种语言哲学,与数学的关系就像数学家也使用表示数的文字一样。但拉卡托斯这种人物不能轻易弃之不理,他有一些很有趣的观点为科学哲学家所推崇。但拉卡托斯的哲学不能提供数学哲学本身,他固执地否认数学和科学之间的差异,

---

① DARKE I. Book review of mathematics as a cultural system by Raymond L. Wilder[J]. The Mathematics Gazette, 1982, 66(138): 333-334.

② SMORYNSKI C. Book review of mathematics as a cultural system by Raymond L. Wilder[J]. The Mathematical Intelligencer, 1983, 5(1): 9-15. 中文可参见:斯瑞摩恩斯基. 数学:一种文化体系[J]. 蔡克聚,译. 数学译林,1988(3): 47-48. 本书参考了该文的中文翻译,但也根据作者的理解进一步修改了部分词句的中文翻译。

这就决定其哲学的不完善性。因为数学并非是全部科学,它甚至并非是科学的一部分,数学有它独有的地位、独有的问题,不能只通过把"一般科学"哲学限定在"特殊科学"范围内进行分析。斯瑞摩恩斯基对贝尔、斯宾格勒和怀尔德三人关于数学的比喻进行了对比,贝尔认为数学就像一条偶尔出现一些小范围交流和某些逆流的"流动着的河流"。阿拉伯的数学就像这河流中的一部分慢慢流动着的水,它像一道只对蓄水有用的水坝,在很大程度上是令人感到遗憾的讨厌之物。至于中国数学,由于它在其基本内容被西方重新发现后很久才流入这一河流,因此几乎不值得一提。斯宾格勒认为各类文化就像人体内的各种有机物,它们经历了充满青春活力到衰老再到死亡的特定阶段。每一种文化都有它自己的数学,这种数学随着相应文化的死亡而死亡,在希腊人之后,阿拉伯人的数学具有完全不同的特色,事实上,它已是一种完全不同的数学了:希腊数学曾经是有空闲阶级的一种抽象思维活动,而阿拉伯数学却是游牧民族后代历经艰苦磨炼的一种具体实用活动。怀尔德又是怎样比喻数学的呢? 其实他的比喻并不真是一种比喻,但我们仍觉得确有一种比喻适合我们的目的,斯宾格勒把一种文化(如古典的希腊文化或现代的西方文化)想象为经历过几个特定阶段的有机体。而怀尔德则把文化(如数学文化)看成一种不断进化的物种。在他看来,希腊数学并没有因为阿拉伯数学的诞生而死亡,毋宁说是数学从希腊人之手转移到阿拉伯人那里去了,并且在不同的文化动力作用下,改变了它的发展路线,也就是说,它适应了新环境并沿着新的方向进化罢了。怀尔德提出了一种成熟的哲学,他的哲学并非只是通过被人引用而招致青睐,而是经过近 30 年时间才发展起来的一种"社会的数学世界观",他有时间去发展和检验他的概念,以弄清它们在解释事物时的广泛性和完美程度,然后得出结论。斯瑞摩恩斯基用怀尔德的理论解释了牛顿、莱布尼茨发明微积分的多重发现现象,以及数学在科学中可应用性的社会性解释。他认为怀尔德的数学史观点比克莱因的更客观,数学哲学方法比拉卡托斯的更有发展潜力。斯瑞摩恩斯基最后指出,数学家之间、数学家与科学家之间,已出现互不来往的迹象,有些数学家甚至感到他们与数学自身也失去接触。这种现象导致的一个结果,过去是、现在是、并将继续是促使人们对探索数学领域的根源和意义产生兴趣,即对数学的历史和哲学感兴趣。当前,数学家们试图表达对这些学科的关心,但他们的说服力还不强,他们的分析也不够精细。怀尔德的书是个例外,他的哲学并不是意外出现,而是在人们条理不清地尝试阐述这一问题的基础上,经过 30 多年的努力才发展起来的成熟数学哲学,这一哲学出现的正是时候。当然,并不是说怀尔德已提供了答案,他只是提出了迄今为止唯一一个考虑比较周到,且与 20 世纪初数学基础危机有关(不论是直接的或间接的)的讨论课题,他的观点值得我们辩论。

美国博林格林州立大学的数学教育家威廉·伦威克·斯皮尔(William Renwick Speer)在《数学教师》杂志中评论道:"大约 20 年前,我作为一名数学专业的学生,一门课程的主席告诉我他的课程正在失去其重要性,即将过时。这话让我很惊讶,因为我是这门课的学生,而他是教授。如果我当时能读到怀尔德的书,我可能会更好地理解这种说法的意思和意义。怀尔德的作品,将数学与社会联系起来,把它看作一个受文化影响的文化体系。尽管历史注记可能贯穿全书,但把这部著作归类为数学史是不公平的。更准确地说,它阐述了关于数学发展的相关讨论,类似其早期著作《数学概念的进化:一个初步的研究》(1968)所提出的大多数观点。该书提出许多具有启发性的概念,通常还附有帮助形成这些概念的具体趣闻。如果说缺点的话,就是过度使用某些历史事件,因其与所提到的一些理论有关。虽然该书可能不是那种让你'手不释卷'之类的书,但它应该是众多书中你应该拿起一读的书。"[①]

美国人类学家萨尔·雷斯蒂沃(Sal Restivo,1940—   )指出,怀尔德作为一个数学家的数学观点受到美国人类学家莱利斯·怀特和阿尔弗雷德·克罗伯(Alfred Louis Kroeber,1876—1960)的影响。把数学作为一种文化体系来研究,他有三个基本思想做指导:一是文化是一个"超有机体",遵循自己的进化规律;二是进化性变化是由环境(外部)和遗传(内部)压力造成的;三是"进化"是一个变化的过程,必须区别于"历史"以时间序列进行记录。怀尔德的分析是选择历史片段和插曲来炫耀、展示数学的文化模式,这些"预言的集聚"包括多样化、天才群集、文化阻滞、增长与衰退的模式,总共有23条规律,归功于克罗教授自己提出的数学发展规律及其对怀尔德早期工作的批评。怀尔德没有考虑自然和文化不变的规律,它们反映观察的规律且能被或多或少地用于预测。怀尔德的观点有很多张力,数学真理的相对主义和实用主义观念表明,数学中本来的东西与一种超有机主义结合在一起,让很多个体和群体成为数学命运无奈的棋子。他的文化学受到数学作为一种活动是受"主体文化"阻碍或帮助的中庸观点主导,但偶尔也会徘徊于更激进的建构主义观点——数学是数学家共同体的体现。当代科学研究中也有类似的情形,这种紧张表明我们可能正接近于历史学、社会学、科学哲学和科学概念重构(世界观转变)的关键时期。最后,怀尔德用数学的全部社会标准来捍卫它理应如此。按照怀尔德的观点,数学子文化的"工作"不需要被篡改,事实上也不能被篡改。怀尔德把我们带出了柏拉图式的伊甸园,却把我们带进了结构功能社会学和科学人类学的领域。在马克思主义、冲突主义、建构主义和斯宾格勒的科学和数学研究复兴之前,这将是一次更有前途的冒险。尽管如此,这是对不断增长的社会学、社会史和数学人类学文献的一个重要贡献。[②]

美国伊萨卡学院的人类学家、民俗数学专家玛西亚·阿舍尔(Marcia Ascher,1935—2013)在《美国人类学家》上撰写书评,首先向不熟悉怀尔德的人介绍了他对

---

① SPEER W R. Book review of mathematics as a cultural system by Raymond L. Wilder[J]. The Mathematics Teacher,1982,75(3):268.

② RESTIVO S. Book review of mathematics as a cultural system by Raymond L. Wilder[J]. Isis:a journal of the history of science,1982,73:450-451.

拓扑学的贡献,然后介绍他是如何通过直接观察、特定数学史,尤其是相关的人类学概念和洞见去建立自己的思想,这本书的目的是进行西方数学的文化学分析,主要观点是把数学作为一种子文化,是对《数学概念的进化:一个初步的研究》一书思想的扩展和改进,接下来对全书主要观点进行了简介式梳理。阿舍尔指出,怀尔德认识到自己给出的那些"规律"是对行为模式的概括,但相对于它们作为一般理解指南的价值,对其预言价值给予了过多的信任。他最不同意怀尔德的观点是,怀尔德认为"随着一个文化体系变得制度化和实现极大增长,不可避免会导致更高的抽象",这是支配数学子文化的规律,也是一个普遍的文化规律。然而,其他的文化研究表明,向抽象发展的运动并不具有普遍性。阿舍尔认为这本书值得被大力推荐。人类学家应该感兴趣的是,另一学科的杰出学者为阐明其学科的工作原理而依赖人类学的概念。它的更大的价值应该是对数学家,不管他们是否同意怀尔德的观点,这都将有助于他们了解数学的历史,并使他们进一步了解自己当时关注的一些问题。强烈推荐给那些从事数学子文化启蒙教育的数学家。在更大文化背景下成长起来的众多学生被数学吸引,是因为他们知道掌握数学子领域技能的人容易找到工作。教他们什么,怎样教他们,使他们对数学子文化变得有意识,对数学持续感兴趣,并有能力参与到持续的数学活动中去,这是数学家们(不管他们是否意识到)与其他少数群体应该共享的一个问题。[1]

　　以《西方文化中的数学》和《古今数学思想》而闻名数学界的美国数学史家莫里斯·克莱因对怀尔德有点惺惺相惜的感觉,为其在《科学》杂志上做了题为《艺术家的证明》的书评,克莱因首先回顾了文艺复兴之后,数学在艺术中的地位和作用,一直到傅里叶的数学在音乐中被广泛应用。然后他话锋一转,数学在西方文化中拥有的荣耀地位,只是部分因为它给予艺术和科学以伟大馈赠。事实上,很多人也仅是从"应用"角度理解数学:他们认为数学是物理学家寻找基本粒子、工程师建造大桥、电子专家改善立体声麦克风的有用工具。虽然数学真的如笛卡儿和弗朗西斯·培根(Francis Bacon,1561—1626)所言的,是帮助人类在理解、掌控物质世界,进而提高生活品质方面的有力助手,然而,那些更了解数学的人却认为,相对于数学仅仅是西方文化的一个"副官"、仅仅是一个工具而言,数学更是一个创造性活动。数学提出了深邃、饱含智力的挑战。克莱因指出,怀尔德直至去世的最后一个夏天,都是一个乐于学习、高创造力的数学家,认为数学应该被看作文化的一个分支,就如绘画、文学或者音乐。著作唯一的难题是无法进行逻辑的证明,因为很难定义文化的特性。就像"光""生活"和"艺术","文化"概念更易于应用而非定义。克莱因认同怀尔德的"遗传压力"和"环境压力"影响因素,也通过笛沙格的例子说明没有良好的文化氛围,数学家的贡献可能被忽略200年,通过罗巴切夫斯基、鲍

　　① ASCHER M. Book review of mathematics as a cultural system by Raymond L. Wilder[J]. American Anthropologist,1982,84(2):424-425.

耶、高斯相对独立地发明非欧几何,牛顿、莱布尼茨相对独立地发明微积分,说明文化需求对数学进化的积极影响。当然,数学因其高度抽象性和广泛的符号化,正远离文化的其他分支。这一点上可能音乐家比其他艺术家更接近数学家,众所周知数学家也热爱音乐,没有什么人类心灵成果像数学这样能普遍应用于物理世界,一个简单有力的公式能够刻画各种自然界的力、对象以及定义它们之间的关系。克莱因指出,可能会有人指责怀尔德描述的不必要的技术结论,也可能有任何惊讶于他没有讨论数学本身就是一种艺术的事实。数学的美学价值——想象、洞察、对称和比例,以及很多数学家所崇尚解的简单性,这是数学对人类文明的主要贡献。如果数学能被看作一种艺术,那我们有确定的理由足以将数学作为我们文化的一个分支。①

　　加拿大渥太华大学哲学系自然哲学研究教授安德鲁·勒格(Andrew Lugg)在《哲学评论》杂志中对怀尔德的理论大加批判,他认为,对于复杂文化的研究通常受益于对细节的关注,但如果过于自由发挥地进行概括的话,研究就会陷入困境。当文化减少到几个所谓的特征,会让其值得研究的意义也丧失。如果说文化折射社会现实,而且折射的是如此不够详细明了,这种说法无疑是陈词滥调。而且如果有人说文化进化是这样或那样的内部压力和外部压力作用造成的,也将是无益的。可能问题在于我们还没能发现适合于分析文化的一般性方案,但很可能是根本找不到这样的方案。怀尔德作为一个成功而且有着很长职业生涯的数学家,当然拥有显赫的地位,可以向大家展示数学共同体的习俗。个人经验或许不是最好的证据,但他能证明其在"数学文化"这一领域进行初步探索的特殊作用。然而,怀尔德在书中将数学作为文化体系的一系列尝试,结果并未比以往的研究更有价值。更糟糕的是,他选择了忽略数学家们那些更为平凡的工作,而把精力集中于他们的数学思想。就仿佛一个人类学家对特罗布里恩群岛(属于巴布亚新几内亚)的文化感兴趣,关注岛民的史前文化器物是如何被排斥在他们自己的实践、习俗和态度之外的。怀尔德讨论文化体系的主要贡献是把文化的一系列组成部分根据其利益看作一系列向量。即便这样,向量思想的努力、刺激和提供的辅助并未更有助于我们进行解释。这个批评同样也适用于怀尔德对他所谓的"超前于时代"现象的处理,即便数学进化在时机成熟的时代诞生,也几乎不能论证向量系统的概念"是一个非常有用的解释模式"。在他书中另一个主线是讨论数学思想的发展,怀尔德引证说明创新通常或多或少是由不同科学家同时提出的,发现偶尔提前发生,全部数学逐渐变得越来越抽象,特定研究领域的发展通常会提出新问题,数学思想在特定的社会群体间传播,实用的迫切需求偶尔促进数学发展,数学理论能合并或整合为更普遍、更有力的理论。然而,怀尔德提出的这些没有值得尤为惊奇或有理论象征意

---

① KLEIN M. Artists' proofs: book review of mathematics as a cultural system by Raymond L. Wilder[J]. Sciences, 1983, 23(1): 39-40.

义。同样需要注意的问题是怀尔德尝试提供支配数学文化进化的一般规律。在他早期《数学概念的进化：一个初步的研究》中就提出的这些规律只是一种猜测性的经验概括。但不像开普勒三定律概括的那样，怀尔德的 23 条规律的出名仅仅是因为它们的模糊性表述。例如他的第 10 条规律或第 13 条规律，难道把它们说成"当数学家们知道不同领域的思想而且需要它们，就会运用它们；当数学家们开始意识到矛盾通常试图去消除矛盾"不是更好吗？最后一章题目尽管是《20 世纪的数学：它的角色与未来》，但跟先前那些标题比是如此乏味和呆板。而且怀尔德忠告有抱负的数学家们不要因第一个获得结果而烦扰，不要害怕某个感兴趣的领域已变得"衰竭"，这也不太可能激励更多的人。就勒格个人而言，发现被怀尔德著作告知"纵览数学的道路，不是为阐明事物的'真实'状态"，他会很沮丧，他也不偏爱诸如"宗教智慧""文化学的""早熟"等值得商榷的词语。勒格认为，可能关于数学作为一种文化体系有些普遍和重要的东西值得讨论，但在这本令人失望的书中并未展现出来。①

国内学者郑毓信教授是最早介绍和评述怀尔德观点的哲学家、数学教育家，他认为怀尔德所列举的 23 条规律在总体上表明了数学的发展在很大程度上是通过"数学传统"与"数学知识"这两者的辩证运动得以实现的。这就是说，正是传统的力量使得数学家们不满足于已有的工作，而是不断地去从事新的研究，如追求新的更大的普遍性、新的更大的严格性、新的更高层次上的和谐性等。反之，则又正是已有的数学工作为这种新的研究提供了必要的基础和实际的动力，因为，数学家并不是盲目地去从事一般化、严格化、一体化、系统化等研究的，恰恰相反，这种研究在很大程度上是由数学发展的现实情况所决定的。除去"数学知识"与"数学传统"的辩证统一以外，我们还应看到在数学与整个外部环境之间所存在的辩证关系：如果已有的数学工作未能有效地满足外部的需要，这就将促使数学家积极地去从事新的研究。② 进而他给出数学发展的 5 条辩证性质：抽象化与具体化的辩证统一，一般化与特殊化，多样化与一体化，证明与反驳，连续性与间断性。由于数学的发展在很大程度上是由其内部因素所决定的，并且数学具有自己特殊的发展规律，因此，我们应将数学看成是一个相对独立的文化系统。然而，数学发展又依赖于外部环境提供必要的动力和调节因素，从而，我们又应明确地肯定数学系统的开放性，即应把数学看成是整个人类文化的一个子系统。显然，这也就是一种更高层次上的数学文化观念。③

①　LUGG A. Book review of mathematics as a cultural system by Raymond L. Wilder[J]. Philosophy in Review，1982，2(1)：37-39.

②　郑毓信. 数学的文化观念[J].自然辩证法研究,1991(9)：23-32.

③　郑毓信,王宪昌,蔡仲. 数学文化学[M].成都：四川教育出版社,1999：100-120.

六、数学的角色与地位

怀尔德主张"今天的纯粹数学将是明天的应用数学"[①]。他通过维布伦与物理学家詹姆斯·金斯(James Jeans,1877—1946)争论在数学课程中是否该保持群论的例子,来说明金斯认为"在物理学中永远不会有任何用处的学科",在后续的发展中却成为物理学的核心理论。因而,他引用了里查德·贝文·布雷斯维特(Richard Bevan Braithwaite,1900—1990)的观点:"……纯粹数学家应该被赋予比科学家早50年的天赋。"[②]随着数学的进化,数学家个体会陷入文化流之中,他不仅能从文化中借用思想,而且还受到其他数学家传递给他的内在因素影响。维布伦是一位"纯粹"的数学家,也是一位训练有素的公理论支持者。毫无疑问,他已经意识到了群论的统一性特征,也可能意识到数学核心概念是如何影响物理和哲学思维的。物理学家金斯精通古典数学在物理学和天文学方面的应用,在1910年左右,群论还不是"经典"数学,但它代表了一种本质上是结构的,而不是算法性的数学,在当时这无疑被认为是哲学的边缘。从维布伦和金斯这两个人的背景和训练知识来看,我们可以准确地预测他们各自在本科课程中对群论所持的态度。遗憾的是,大多数大学都没有表现出普林斯顿大学那样的远见。美国大学的群论课程直到20世纪20年代末或30年代初才普遍开设起来,群论对现代代数和其他科学的重要性开始显露出来,迫使这些大学将群论纳入大学课程中。

怀尔德认为数学在其他学科中的应用主要有两种:一是作为一种"工具"或"语言",二是作为一种概念结构的来源。他引用控制论创始人维纳所称的"数学在自然科学领域不可思议的有效性"观点,维纳指出数学的语言能够恰当地表述物理定律,这一奇迹是一份我们既不能理解也不配得到的奇妙礼物。我们应该对此心存感激,并希望它在今后的研究中仍然有效,无论好坏,尽管它也许也会使我们感到困惑,但它都将增加我们的乐趣,扩宽学习的领域。怀尔德认为数学在社会科学中的作用,才仅仅处于发展的起点,虽然有证据表明它们与数学之间的关系日益密切,尤其是在经济学等较老学科中。很可能这种关系最终将产生一种类似于今天数学和自然科学之间存在的情况,但数学和物理之间存在的密切关系,在社会科学中是不可复制的,维纳所说的这种不可思议的有效性"奇迹",也很可能不会在社会科学中发生。

怀尔德指出,科学发展的一个看似矛盾的特点是,它的概念离外部现实越远,

---

①   WILDER R L. Mathematics as a cultural system[M]. New York: Peragmon Press, 1981: 153-160.

②   BRAITHWAITE R B. Scientific explanation: a study of the function of theory, probability and law in science[M]. New York: Harper and Row Publishers, 1960: 49.

在人类环境的控制下就越成功。[①] 以物理学为例，它的概念已经变得如此抽象，一个人需经过多年的训练来欣赏和理解它们。一个人可能不得不采取一种态度，这种态度与他对待环境中物质上可感知的对象的态度大不相同。但现代物理学"管用"，无论它的概念变得多么抽象和不真实，都使我们能够达到有望成为一场新革命的门槛——原子时代的门槛。数学和物理的关系不论在过去、现在还是未来，一直非常密切，而且物理学一直是最为重要的数学文化压力的来源之一，尤其是在过去的几个世纪。在这两个领域之间的关系中可以观察到的最有趣的现象之一是，数学理论的发展有时远远超出了物理学的需要，朝着物理学家不感兴趣的方向发展，而物理学家最终在新创立的数学理论中找到了修改或扩展自己的概念框架所需的数学工具。数学概念最初是对自然或文化现象进行抽象而产生的，后来在数学内部的进化动力影响下发展，直到它们进化并形成适合自然和文化现象的新模式，或能提供工具或研究这些新模式的方法。进化动力的本质决定了它们最终会导致具有文化意义的概念结构。

怀尔德认为数学的分化是如此之细，随着数学的进化和学生人数的增加，统计学、精算学和逻辑学已经从数学母体分离出来。早在 1920 年，一些大学就出现"纯粹数学"和"应用数学"的分歧。19 世纪以来，所有的科学都变得更加抽象。今天的物理学和 19 世纪的数学一样抽象，理论物理学和现代数学一样抽象。但这并不能否认理论物理学在概念上与最抽象的数学理论的概念相去甚远。抽象作为一种数学进化的动力，跟其他动力一样，是自然的、基本的。数学作为科学家族中最古老的成员，受其影响的时间最长。那么，数学这门最古老的科学达到这样一种抽象状态就不足为奇了。但是，现代数学是不是像希腊数学那样走错了方向？我们是否应该更多地关注物理环境，因为它形成了数学诞生的最初压力，并给数学以滋养？这样做将会忽视一个事实：几个世纪以来，对数学的主要环境压力一直是文化上的，而不是物理上的。具体地说，是姊妹科学的需要。数学学科早已离开了实用艺术的舞台，本身就是抽象的。现代数学所达到的高度抽象性，很难说是一个错误的转折。它是进化的自然产物，正如科学趋势的全貌所揭示的那样。然而，可以预料的是，数学将永远对科学其他的需要保持警觉。

现代数学呈现出一种不断创新的过程，出现了新的分支。今天的数学家要熟悉整个数学体系是多么的不可能。生命太短暂了，由于这种巨大的多样化，有必要求助于专业化。许多人谴责专业化，但我们面临着一个不可避免的事实：当一个领域变得非常庞大和多样化时，有限的人力资源就会被迫"紧缩"，而专业化是取得进步的唯一途径。在先进的现代文化中，这是对职业极端专业化的数学类比。正如任何领域（如政治、金融、机械等）的专家都必须在某种程度上跟上文化发展对他

　　① WILDER R L. Evolution of mathematical concepts：an elementary study[M]. New York：Wiley & Sons，Inc.，1968：176-188.

们的影响一样,数学的一个分支的专家也必须花些时间熟悉数学的其他分支(以及他自己分支的分支)的发展。专业化是现代数学的巨大多样化和人类思维能力有限之间的自然妥协。它已经成为遗传压力中一个越来越重要的因素,它促进了整合,作为一种手段,它可能使个人能够掌握更广泛的概念材料。巨大的多样化和由此产生的专业化影响,不仅在数学方面,而且在整个科学的广阔领域,创造了一种被称为应用数学的专业。

图 6-1 中的阴影部分代表数学,阴影最深的部分表示的是现代数学的核心。核心可以被认为是数学的心脏——纯粹的——其中学科自身的发展是主要核心。阴影较浅的部分代表数学与其他科学或多或少有联系的领域。无阴影的外部代表物理、生物、社会科学和哲学(哲学受到数学思想的强烈影响)。在阴影和非阴影区域之间不做任何突然对比是为了强调在实践中没有突然的分界线。物理学家可能发现自己在研究纯粹数学,而数学家有时可能在研究物理。虽然一所大学可能有"纯粹数学"和"应用数学"两个系,但这并不意味着这两个系成员的背景,尤其是数学训练有很大的差别。"应用"部门的成员强调与其他科学直接相关的数学概念研究。除数学核心的背景知识,他还必须熟悉其他科学,特别是它们的问题和方法。他也许和在"纯粹数学"部门的同事一样有资格从事纯粹数学工作——这种情况经常发生,但他的兴趣与其同事是有很大不同的。

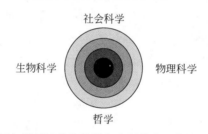

图 6-1　怀尔德阐述纯粹数学与应用数学及其他科学的关系

搞"纯"数学的人可能会无意中创造出应用数学家认为对其他科学有用的新概念,尽管他对其他科学不感兴趣。同样,搞"应用"的数学家发展出新的概念,并最终形成数学核心的扩展。在这里起作用的进化动力相当明显,不同专业对彼此施加的文化压力,但这个过程也涉及从一个专业向另一个专业的传播,整合之后进一步的多样化(反之亦然),抽象和概括——难怪像"纯"这样的标签常常很难适用于单个数学家或数学作品。纯粹的数学家,就像我们说的"为了数学本身而做数学的人",不管他创造的东西是否会在大多数人所说的现实世界中有任何应用,他总是惊奇地发现他的概念在这个所谓的现实世界中,以一种纯粹的数学家做梦也想不到的方式发挥作用。换句话说,似乎无论数学多么抽象,看起来多么脱离物理现实,它仍然有效——它可以直接或间接地应用于"现实"。但这种现象只能证明数学的文化性和科学性。尽管如此,人们的印象仍然是,应用数学为生活事务提供了实用的功能,纯粹的数学是象牙塔的努力,只有审美功能。毫无疑问,"纯"或任何其他类型的数学确实给了它的爱好者一种审美上的满足。事实上,这可能是大多数人追求它的唯一原因。但并不能说这是它唯一的功能,从数学的文化本质来看,它还有另一个功能,即科学功能。

怀尔德认为,今天被认为是"应用数学"的东西,明天可能会与通常的过程相反,以一种奇怪的方式变成"纯"数学。而且在任何给定的时刻,"纯"和"应用"之间都没有明显的区别。即使是"最纯粹的"数学也可能突然发现"应用"。例如,利用集论拓扑的方法可以解决电力工业中一个工程师无法解决的重要问题。矩阵论、拓扑学和集合论中的主题已经应用于生产和分配问题。现代代数的抽象概念应用于电子学中,数理逻辑应用于自动和计算机理论。在古希腊时代,数学一方面被认为是一种试图描述人们在环境中所发现的数量和几何形式,随着19世纪代数学家的抽象和非欧几何的引入,数学的这种二重性被改变了。虽然人们可以认为数学提供了概念框架,人们或多或少可以成功地适应自然和文化现象,但这些概念不再是独立存在的思想领域的体现。在这些概念被发现之后,数学成为一个不断建构概念的世界,但在创造它们的数学家头脑中构想出来之前这些概念是不存在的。这个概念世界的轨迹现在可以精确定位,即文化本身。"应用"数学家和"纯粹"数学家的主要区别在于他们处理的是现实的不同侧面。

怀尔德指出,由上述问题就引出了数学自由的问题,随着19世纪数学的发展,世界开始感到它不再受现实世界的限制,可以创造出更多、更抽象数学概念,而不受经验世界或理想世界的限制。这让怀尔德想起一位同行数学家,他对一个落后的世界将科学概念付诸实践的做法感到厌恶,惊叹道:"感谢上帝,我的工作没有被付诸实践的危险。"他表达了19世纪以来数学世界所感受到的那种"自由"的表达。这位先生可能不太了解现代数学的本质,否则他不会对自己的兴奋如此自信。没人能逃离他的环境,尤其是没有数学家能逃离他的文化环境。尽管他可能认为数学不是一门科学,而是一门艺术,尽管他的动机可能是艺术的,但他所创造的任何数学都只能受到他所受训练的数学环境的制约:简而言之,他的自由受到他的文化中数学存在状态的限制。他作为一名数学家的成功,将以他对解决那些在他活跃时表现突出之问题的贡献质量来衡量。没有人能否认,作为一个个体,他有自由沉浸在他喜欢的任何数学幻想中;但如果这些幻想对当时数学的概念状态没有意义,将不会得到其他数学家的认可。数学上的自由,就像所有的自由一样,受到它所处文化的限制。只要这位"纯"数学家从当前重要的数学领域中选择研究领域,就可以确信他的成就是有意义的。他也是一位应用数学家,但他的案例中只有应用于理论数学部分,即图6-1的黑暗区域。此外,纯粹数学家的作品迟早会不可避免地直接或间接地"应用"到文化的非数学方面(有时是在最意想不到的地方)。

1969年,美国数学教师协会出版的年刊文集中,怀尔德详细梳理了现代数学的发展。①怀尔德首先指出,在人类活动的时间尺度上选择分点,并将其划分为不同的"时代",是一种武断的行为。它不可避免地受到选择者的视角、经验和目的影响。所以把任何指定的一个具体日期作为标志数学"现代时代"开始的日子,都将受到特定人的数学兴趣影响。怀尔德认为,直到19世纪,现代数学与17—18世纪的数学之间似乎存在着明显区别。在柯西和其他19世纪早期数学家的著作中,对数学严密性的关注导致了数学研究背后的哲学变革。直到19世纪下半叶,我们才清楚地看到,现代数学与早期科学形式的区别。

怀尔德指出,现代数学区别于早期数学的一个显著特征是讨论了数学本质的新概念。从这个观点来看,数学并不是对外在现实世界的描述,也不仅仅是研究这个世界的工具,而是数学自身作为一门科学。数学不再仅仅是自然科学的仆人,它似乎已经取得了独立于自然科学的地位,同时仍服务于自然科学。早期数学依赖自然现象来获取新概念的灵感,现在对新概念的大部分刺激则来自数学自身。当然,数学取得这种地位并不是有人要宣布数学独立于自然现象,更确切地说,这是一种自然进化的结果。当数学发展到一定程度时,它就会产生一种让数学爱好者无法抗拒的魅力,并引起观察者想知道"为什么"会这样的强烈愿望。"为什么"这个问题可能与现代数学中的新观点发展关系最大,与欧氏几何平行公理的"独立性"问题有关。非欧几何的成功让汉密尔顿和格罗斯曼意识到可以将几何公理化的方法用于代数问题,这种影响最终不仅在科学领域,而且在哲学和文学领域,在人类思想的所有领域都能看到。数学实践结果导致公理化方法的现代形式开花结果,后来它被证明对数学研究是如此重要,并且被认为是19世纪的主要成就之一。公理化方法的新形式自然伴随着更高层次的抽象,现代数学的特征就是越来越抽象。应该强调的是,这不是"柏拉图主义",数学抽象并不是独立于具有广泛特殊性和具体性的现实世界的超越性"形式"。数学处理的概念是人类文化遗产的一部分。迄今为止,还没有一项数学发现或发明与当时存在的数学文化没有联系。

怀尔德认为,"集合"概念的诞生是现代数学的重要特征之一。集合论真正发挥以及最终使其在现代数学中处于关键性地位,可从康托对实数连续性的研究中发现,这也促使他继续研究数的本质。在现代算术教学中,教师运用集合概念主要是为了阐明数的本质。通过对集合及其运算(并、交等)的考察,可以更好地直观理解自然数的性质及其运算。甚至像弗雷格和罗素这样的逻辑学先驱,他们(徒劳地)试图证明数学只是逻辑的一种延伸,也运用集合概念作为定义基数和序数最合适的工具。另外,"群"的概念不仅为代数和几何形成一种强大的统一力量,且还有助于发挥公理化方法的力量,从而促进了现代数学的抽象。

现代数学与早期数学区分开来的另一个方面是更加强调"自足的"严密性,在

---

①　WILDER R L. Development of modern mathematics: an overview[C]// BAUMGART J K, DEAL D E, VOGELI B R, et al. Historical topics for the mathematics classroom: thirty-first yearbook. Washington: NCTM, 1969: 460-476.

证明定理和验证理论的有效性时需要更严谨。毫无疑问,现代公理化方法的发展促成了这一点,因为该方法使得作为证明基础的假设更加精确,并且较少发挥模糊直觉的作用(除了有助于发现)。数学理论似乎是独立于物理世界的,数学的自足性为自己打下基础。

怀尔德指出,对数学基础和严谨性的信心在 20 世纪初受到打击,这种打击逐渐演变成一场危机,开始引起越来越多的数学家的注意。在集合论悖论出现之后,布劳威尔继承了克罗内克的直觉主义数学哲学,并有一群有影响力的信徒,如庞加莱和外尔。拒绝接受直觉主义的数学家包括罗素、怀特海和希尔伯特。罗素的逻辑主义、希尔伯特的形式主义都被哥德尔的理论所终结。这场危机还没有得到解决,其结果对现代数学的影响相当大,但它并没有像之前的危机那样使数学变得呆滞,最终的影响是有益的。20 世纪初,现代数学达到了全盛时期。尽管存在逻辑学和集合论的危机,但人们有信心,认为分析和几何的新基础,以及抽象代数的开端,可用来建立新理论。而且巧合的是,这些新理论得到了应用。长期以来,数学发展的一个方面一直困扰着历史学家,也让哲学家难以解释,那就是最初纯粹为数学目的而发明的数学理论最终在其他科学领域得到了应用。经典的例子是非欧几何在相对论中的应用,测度论在概率论中的应用,群和矩阵理论在量子物理中的应用。

怀尔德主张,实现文化进化的最重要力量之一是"传播",概念通过传播从一种文化传递到另一种文化。他列举了"二战"时期欧洲数学家到美国寻求庇护,E. H.莫尔领导的芝加哥数学学派,普林斯顿大学高等研究院的成立,新数学期刊的出版等例子,来说明"传播"在数学发展中的重要影响。第二次世界大战对数学发展的影响,极好地说明了文化环境对科学发展的影响。只要看一看著名数学家冯·诺依曼出版著作的完整清单,就会发现战争及其后岁月对一位有创造力的数学家所产生的影响有多大。博弈论、信息论等新领域的迅速发展受到强有力推动。线性规划、运筹学等受到战时和战后需求的强烈影响。数值分析、概率统计、矩阵理论、集合论、布尔代数、数理逻辑等方面也有了新发展,并有了新应用。与此同时,数学在社会科学中的应用不断增长,不仅仅是统计方法,还有更抽象的代数和拓扑学应用。除了数学的广泛应用外,数学本身的性质也在迅速扩展和变化。回顾 19 世纪以来数学发展史,人们对数学经历的成熟过程感到震惊,但成熟的最好标志之一是意识到自己的局限性,希望为数学建立一个没矛盾但又足以满足所有需要的基础已不再现实。也许幸运的是,大多数现代数学家把自己的精力投入到日常工作中,而不用担心数学基础中的危机。由于我们目前对数学性质和局限性的理解,似乎数学不仅会变得越来越严谨,而且随着它不断生长出新分支并结出丰硕果实,它还会表现出其结构的有机统一性。数学永远不会穷尽,数学研究总会有新的前景。对一个具有开拓精神的人来说,数学永远不会停止对那些有能力探索其奥秘之人的挑战。

怀尔德在 1959 年被密歇根大学授予亨利·罗素讲席教授,他做了题为《现代数学的本质》的演讲，①后来在他的《数学概念的进化：一个初步的研究》一书出版后，又丰富了一些新的数学进化论思想重新发表。② 怀尔德指出，任何关于数学本质的讨论都必须强调其不断变化的性质。这可能是数学在非数学家中最不为了解的一面，尽管它对数学其他方面的形成有基础性影响。例如，似乎家长们普遍错误地相信数学是静态的，并以此来为他们对中小学引入所谓的新数学之反感进行辩护。数学的起源跟宗教一样，可以追溯到史前的原始文化，在人类学文献中能找到其起源。研究数学从原始到现代形式的进化过程，我们就能对现代数学的本质有更好的认识。数学基本概念和理论的建立是一个创造的过程。从 20 世纪数学发展的广阔视野来看，我们看到数学的一种不断创新的过程：如数学逻辑、博弈论等现代理论开始出现在数学领域，而拓扑学等领域则逐渐地处于成熟发展阶段。分析等更老的领域不断地被拓扑学和集合论增添活力。数论和古典几何等古老的领域，虽年代久远但远未消亡。

怀尔德认为，从数学的角度来看，希腊文化的成就是伟大的。希腊人把几何学引入数学，逻辑作为副产品被引入数学，公理化方法开始出现，并在现代作为最富有成效的研究工具之一。希腊人把数学带到了更高的抽象层次，使得数学获得如下双重特征：一方面，数学是一门科学，因为它的理论为处理天文学、物理学、音乐、光学等方面的问题提供了方法；另一方面，数学是对理念世界的描述，一种柏拉图式的理念世界。随着代数符号的发明，笛卡儿和费马能够实现代数和几何的融合，解析几何使得角色互换了，希腊人用几何来做算术和代数的工具，现在算术和代数被用来表达几何。更重要的是，数学家可以用新的视角和概念框架来开展数学研究工作。解析几何之后，微积分成熟了，它并不是完全由牛顿和莱布尼茨发明的，而是在他们给予微积分一个合适的符号和运算基础之后，长期进化的结果。然后在 19 世纪早期，为获得欧氏几何体系中平行公理的独立性，非欧几何由高斯、鲍耶和罗巴切夫斯基提出。非欧几何对数学的影响是巨大的，使人们认识到，如爱因斯坦所说的，数学是人类智慧的自由发明，从而取代了柏拉图式的数学概念。数学不再受经验或一些虚构的理念世界所束缚，它变得像任何人类活动一样自由地创造自己的概念，所有的自由都受到文化成就水平的限制。此外，公理化方法在这一蜕变过程中被共享，公理不再是"必要的真理"之类的东西，而只是一些基本的假设，从这些假设中人们可以推导出一个理论，这个理论在实际应用中可能适用，也可能不适用。没有这些发展，我们所知道的现代数学几乎不可能存在。最后，在 19 世纪晚期，集合论（无穷集合论）被提出。不幸的是，虽然它为数学提供了一个有力的新工具，但它带来的矛盾需要很长时间来解决，需要发明新的证明原理。

① WILDER R L. The nature of modern mathematics[J]. Mich. Alumnus Quarterly Review. , 1959, 65: 302-312.

② WILDER R L. The nature of modern mathematics[M]// LAMON W E. Learning and the nature of mathematics. Chicago: Science Research Associates, Inc. , 1972: 35-48.

怀尔德列举了影响和刺激数学进化的动力：①文化压力（环境的、遗传的）；②符号化；③传播（人类学意义上）；④抽象；⑤概括；⑥整合与多样化；⑦文化滞后与文化抵制；⑧选择的过程。对于现代数学的本质，怀尔德认为数学首先是一门科学，尽管有许多数学同仁更喜欢把数学作为一门艺术，数学也确实有很多艺术和人文特征，但必须首先坚持他是一门科学。科学是一种解释现实的特殊方法，它既有理论的部分，也有应用的部分。在理论中形成概念，为应用提供指导和方向。科学的一个看似矛盾的特征是，它的概念越是远离外部现实，它在控制人类环境方面就越成功。随着数学的进化，更高层次的抽象出现了。数学逐渐将自己的概念应用到现实世界，不仅包括物理环境，还包括文化（也包括概念）环境。所谓的应用数学家和纯粹数学家的主要区别在于他们各自处理了现实的不同方面，试图把数学分成纯粹数学和应用数学的做法是不科学的。无论数学变得多么抽象，看起来多么脱离现实，它都可以直接或间接地应用于外部世界，这种现象恰恰证明了数学的文化和科学本质。没有人能逃离他所处的环境，特别是没有数学家能逃离他所处的文化环境。每个数学家都必须认识到，无论他从事何种数学活动，都与他所处时代的数学文化有着显著联系。数学作为人类的一种创造，它是通过文化压力的作用而进化的，而文化压力本身是文化进化的必然产物。在数学的进一步发展过程中，受环境和内部遗传压力的影响，数学变得越来越抽象，同时在处理现实问题的能力上也变得越来越强大。

七、数学的人文主义

1961 年，怀尔德在美国佛罗里达州立大学做访问教授期间（1961—1962），曾为美国大学优等生荣誉学会（Phi Beta Kappa，PBK）[①]做了一次题为《数学：科学还是人文？》的演讲。[②] 这是怀尔德"数学人文主义"思想逐渐成熟的阶段，显然受到当时查尔斯·珀西·斯诺（Charles Percy Snow，1905—1980）等人在科学史研究领域，关于"科学文化"和"人文文化"分离问题的争论影响。怀尔德在演讲开篇即指出，虽然每个文明人都在一定程度上使用数学，即使只是为了增加他的收入，而且在他生活的几乎所有阶段都受到数学的间接影响，但也许没有哪一门学科是如此

---

① 美国大学优等生荣誉学会（Phi Beta Kappa，PBK）于 1776 年在威廉玛丽学院（College of William and Mary）成立，是美国历史最悠久、最负盛名的本科荣誉组织，Phi Beta Kappa 来源于 Φιλοσοφία Βίου Κυβερνήτης（philosophia biou kybernētēs），意即"对智慧与知识的热爱是人生道路的指南"，该学会的成员大学或学院意味着在人文学科和科学领域取得了优异的学术成绩，受邀成为会员的大学高年级学生意味其在学习能力、领导能力、社会服务意识和个人品性方面非常出色。详见 PBK 网站介绍：https：//www. pbk. org/About.

② WILDER R L. Mathematics：Science or Humanity？（1961）[A]// Raymond Louis Wilder Papers，1914—1982，Archives of American Mathematics，Dolph Briscoe Center for American History，University of Texas at Austin. Box 86-36/26. 怀尔德这里的 Humanity 指的是人文学科（科学），为了在中文表述上与"科学"对仗方便，后续有的地方我们简称"人文"。

不为人们所理解的。数学的本质并没得到普遍的理解,很少有人能指望熟悉它的技术细节,因为很少有人选择它作为自己的职业。但是,向感兴趣的门外汉介绍数学的本质一点也不困难,尽管对其技术细节可能仍不熟悉。怀尔德认为,数学家从抽象思考中抽出时间来解释他们所做的工作是很重要的。

为紧扣演讲的主题,怀尔德阐述了自己对"科学"和"人文"概念的理解。他认为,科学是对物理或其他(如社会)现实的理论或模型建构,以期适应现实并对其进行预测,可能包括描述性和经验性的活动,旨在检验理论并为其提供依据。大多数科学都是从描述性和经验性研究开始的,随着这些研究材料的积累,理论也逐渐发展起来。考虑到大多数科学都已发展成熟,目前最好把重点放在理论建构上。今天的许多科学家在一项研究尚未发展出丰富的理论结构之前,不会把它称为"科学"。怀尔德认为,"人文"作为一种美学追求,通常包含艺术、文学和音乐等内容,简而言之,运用某类符号可以获取美感、简洁、和谐,以及其他类型令人在美学意义上得到满足的特点。怀尔德指出自己并没有将之作为一个定义,而只是描述在何种意义上使用"人文"一词,由于涵盖的足够广泛,所以任何人都会觉得自己是一个"人文主义者"。

怀尔德认为,古代巴比伦人的"数字科学"似乎已经发展出人文主义特征,他们的数字显示出和谐、简洁等特点。古希腊毕达哥拉斯学派显然走得更远,他们用亲和、完美等词语来刻画自然数的性质,他们对数字所展现出来貌似无穷无尽的各种特征,以及各种新应用(如音乐)是如此着迷,以至于他们最终将其归结为一种神秘性特征,并在他们的哲学中给予其突出的地位。毫不夸张地说,毕达哥拉斯的数学(我们一定不要忘记它还包括一些几何)与其说是一门科学,不如说是一门人文学科。如果转向几何学的进化,我们会发现同样的趋势:从科学主义到人文主义。古希腊人从泥瓦匠、木匠、天文学家和测量员所使用的模式中抽象出三角形、矩形、多边形、正多面体以及类似概念,最终进化并建构成一种基于几个简单公理和逻辑演绎方法的优秀理论。几何学现在是一门真正的科学,因为它似乎很好地表现了物理世界中存在的模式。不仅表现出人文主义特征,而且这些特征在其发展过程中发挥了重要的作用。毕达哥拉斯学派发现正方形对角线不可公度,芝诺关于直线段上有无穷多个点的悖论,冲击了希腊数学的科学合理性。希腊人并不满足于不完美,着手修正这一理论并提出一些解决方案,对后来所有将其作为工具的数学和科学产生了深远的影响。对希腊人具有强烈审美吸引力的演绎方法被其他科学所采用,有迹象表明,今天即使是社会科学也会利用公理化方法来发展其理论。人们对完美的追求导致了一种理论建构方法的发展。没有公理化方法,现代数学和科学就很难发展。怀尔德通过非欧几何创立及其在相对论中的应用来阐明"数学的人文主义"(mathematical humanism),以及从古希腊倍立方体到核裂变等案例的数学美学追求,来说明数学的人文方面是如何对其科学的另一面做出贡献的。他引用了雅各布·布朗诺斯基(Jacob Bronowski,1908—1974)的类似观点:"科学的毁灭性使用可归因于这样一个事实,即纯粹科学家工作所必备的那些道德价值观,不幸没能在现代文化中广泛传播。"[1]

怀尔德认为,数学因其概念和符号化表达无疑是一门科学,而它的人文主义一面对其信徒而言比科学一面更为重要。随着物理、化学和生物学等其他科学变得越来越数学化,它们也因此获得了人文主义品质,这一点在今天的理论物理中尤其明显。这种观点正好用来解释所谓的"纯粹"和"应用"数学家之间的分裂问题,这也是更广泛的大学群体中"科学"与"人文"分裂威胁的一个缩影。显然,定义"应用数学"一词是不可能的。在数学的"美好过去"区分应用与纯粹没有必要的,因为自从"数学家"一词成为一个有意义的名称,直到现当代,"纯粹的"和"应用的"数学通常是由同一个人实践着。问题是我们该不该强迫所有想成为专业数学家的学生培养所谓的"应用"品味呢?怀尔德认为应该让他们选修一些物理科学或应用数学课程,然后让他们根据自己的爱好选择专业。如果不这样做,可能会违背我们称为"数学进化的自然过程"。数学在所谓的"现实"世界中增加自己的概念,其应用领域不仅包括物理环境和社会环境,还包括文化环境。我们的文化环境比物质环境更重要,应用数学家和纯粹数学家的主要区别在于他们处理的是现实的不同侧面。无论数学可能变得多么抽象,看起来多么脱离物理现实,它都是有效的。它可以直接或间接地应用于外部世界,如广播、航空旅行等,如果没有数学这些都是不可能实现的。但这一现象恰恰证明了数学的文化本质和科学本质。

怀尔德不赞同将数学划分为纯科学和人文两方面的观点,二者是不可分割的。数学在一个时代"纯粹",但在另一个时代变成了"应用"。在一个时代被称为"应用"的东西,在后来的时代也可能会变得"纯粹"。怀尔德主张在初等教育阶段提倡"数学的人文主义",使数学变得更简单,同时使它成为一种更强大的工具,并在概念上变得更美。在数学中,简单和美似乎总是相伴而行,这将鼓励更多有能力的学生进入数学和其他科学领域。数学的人文主义特征在今天比以往任何时候都更加明显。对许多数学家来说,数学就是一门艺术,怀尔德举了埃米尔·阿廷(Emil Artin,1898—1962)的例子,阿廷到密歇根做过关于拓扑学纽结理论方面的演讲报告,怀尔德的一位非数学家同事问阿廷:"你的演讲非常有趣。但是这样的工作到底有什么用呢?"阿廷的回答是:"我以它为生!"[2]怀尔德因此认为数学的"人文"方面比"科学"方面更宝贵,但数学的"科学"和"人文"两方面不能分开。如果一个极权政府试图将数学中的"人文主义"倾向分离出来,只留下裸露的"科学"骨架,那么数学研究就会消亡,真的希望这种情况永远都不会发生。

———————

① BRONOWSKI J. Science and human values[M]. New York: Harper & Row, Publishers, 1956: 52-73.

② 得州大学奥斯汀分校保存的怀尔德手稿显示,他曾在一个"数学文化学与历史"的研究注记中,试图把数学家进行分类。第一种是创造型(inventive type)的数学家,如菲利克斯·伯恩斯坦(Felix Bernstein, 1878—1956);第二种是哲学型(philosophic type)的数学家,如布劳威尔;第三种是艺术型(artistic type)的数学家,如埃米尔·阿廷。详见:WILDER R L. History and culturology of mathematics[A]// Raymond Louis Wilder Papers, 1914—1982, Archives of American Mathematics, Dolph Briscoe Center for American History, University of Texas at Austin. Box 86-36/23.

附 录

怀尔德著述目录

一、已出版[①]

（一）著作

1. Lectures in topology: the university of Michigan conference of 1940[M]. Ann Arbor: The University of Michigan Press，1941.[②]

2. Topology of manifolds[M]. New York: American Mathematical Society，1949.

3. Introduction to the foundations of mathematics[M]. New York: John Wiley & Sons, Inc. ,1952.

4. Evolution of mathematical concepts: an elementary study[M]. New York: John Wiley & Sons, Inc. ,1968.

5. Mathematics as a Cultural System[M]. New York: Pergamon Press, Inc. , 1981.

---

① Raymond Louis Wilder Papers, 1914—1982[A]. Archives of American Mathematics，Dolph Briscoe Center for American History，University of Texas at Austin. 怀尔德的手稿等全部生前资料收藏于美国得州大学奥斯汀分校的多尔夫·布里斯科美国史中心，档案清单详见网站列表：https://legacy. lib. utexas. edu/taro/utcah/00247/cah-00247. html。本书综合了该资料及笔者 2017 年在 UBC 访学期间在 AMS 数学评论 MathSciNet 等能检索到怀尔德已发表的全部论文，但此著述目录也不一定完整，请读者见谅。怀尔德在数学评论中对他人论文的短评、书评以及部分讲座演讲稿等也没能列入其中。

② 这是 1940 年在密歇根大学召开的拓扑学会议论文集。这次会议是当时美国拓扑学领域第一次这种类型的重要会议，影响力非常大，也奠定了密歇根大学拓扑学派在美国的地位。文集共收录了 21 篇报告，包括怀尔德本人，以及大名鼎鼎的莱夫谢兹、斯廷罗德、艾伦伯格、麦克兰恩、惠特尼、贝格尔、霍普夫等人的报告。

（二）论文

1. On the dispersion sets of connected point-sets[J]. Fund. Math. , 1924,6：214-228. ①

2. On a certain type of connected set which cuts the plane[C]// FIELDS J C. Proceedings of the International Mathematical Congress held in Toronto, August 11-16，1924：VOL. I. Toronto：The university of Toronto press,1928：423-437.

3. Concerning continuous curves[J]. Fund. Math. ,1925，7：340-377. ②

4. A theorem on continua[J]. Fund,Math. ,1925，7：311-313.

5. A property which characterizes continuous curves[J]. Proc. Nat. Acad. Sci. U. S. A. ,1925,11(12)：725-728.

6. A theorem on connected point sets which are connected im kleinen[J]. Bull. Amer. Math. Soc. , 1926，32：338-340.

7. A connected and regular point set which has no subcontinuum[J]. Trans. Amer. Math. Soc. , 1927，29(2)：332-340.

8. A point set which has no true quasicomponents，and which becomes connected upon the addition of a single point[J]. Bull. Amer. Math. Soc. , 1927，33：423-427.

9. The non-existence of a certain type of regular point set[J]. Bull. Amer. Math. Soc. , 1927，33：439-446.

10. A characterization of continuous curves by a property of their open subsets[J]. Fund. Math. ,1928，11：127-131.

11. On connected and regular point sets[J]. Bull. Amer. Math. Soc. ,1928，34：649-655.

12. Concerning R. L. Moore's axiom $\sum_1$ for plane analysis situs[J]. Bull. Amer. Math. Soc. ,1928，34：752-760.

13. Concerning zero-dimensional sets in Euclidean space[J]. Trans. Amer. Math. Soc. ,1929，31：345-359.

14. Review of Fraenkel on Grundlegung der Mengenlehre[J]. Bull. Amer.

---

① 这应该是怀尔德纯粹数学研究公开发表最早的论文,发表于波兰国家科学院数学研究所杂志《数学基础》(*Fundamenta Mathematicae*),该杂志创刊于 1920,当时怀尔德在奥斯汀的博士生导师 R. L. 莫尔也经常在上面发文章,还有一些著名的数学家如柯尔莫哥洛夫、亚历山大洛夫、豪斯道夫、巴拿赫、谢尔宾斯基等。

② 这是怀尔德在美国得州大学奥斯汀分校博士论文中的一部分,指导教师 R. L. 莫尔,1923 年 6 月。同卷中还有他评论导师 R. L. 莫尔论文"*A characterisation of a continuous curve*"(第 302-307 页)的文章"*A theorem on continua*"(第 311-313 页),数学家克纳斯特在同卷也有对他文章的评论"Sur un problème de M. R. L. Wilder"(第 191-197 页)。

Math. Soc. ,1929，35：405-406.

15. Characterizations of continuous curves that are perfectly continuous[J]. Proc. Nat. Acad. Sci. ,1929，13：614-621.

16. Analysis situs （position analysis）［C］//Encyclopedia Brittannica. Chicago：William Benton publisher，1929，1：865-867. [1]

17. Point sets［C］//Encyclopedia Brittannica. Chicago：William Benton publisher,1929，18：117-118.

18. Concerning perfect continuous curves[J]. Proc. Nat. Acad. Sci. U. S. A. ,1930，16(3)：233-240.

19. A converse of the Jordan-Brouwer separation theorem in three dimensions[J]. Trans. Amer. Math. Soc. ,1930，32(4)：632-657.

20. Concerning simple continuous curves and related point sets［J］. American Journal of Mathematics，1931,53：39-55.

21. Extension of a theorem of Mazurkiewiez[J]. Bull. Amer. Math. Soc. ，1931,37：287-293.

22. A plane，arcwise connected and connected im kleinen point set which is not strongly connected im kleinen［J］. Bull. Amer. Math. Soc. ,1932，38：531-532.

23. Point sets in three and higher dimensions and their investigation by means of a unified analysis situs［J］. Bull. Amer. Math. Soc. ,1932，38：649-692.

24. On the imbedding of subsets of a metric space in Jordan continua[J]. Fund. Math. ,1932,19：45-64.

25. On the linking of Jordan continua in E_n by $(n-2)-$cycles[J]. Ann. of Math. ,1933，34(3)：441-449.

26. On the properties of domains and their boundaries in E_n ［J］. Mathematische Annalen，1933，109：273-306.

27. Concerning a problem of K. Borsuk［J］. Fund. Math. ，1933，21：156-167.

28. Review of S. Lefschetz，Topology[J]. Amer. Math. Monthly,1933,40：232-233.

---

[1]　怀尔德为《不列颠百科全书》（又称《大英百科全书》）撰写"拓扑学"词条（当时仍叫"位置分析"，后来修订时候怀尔德改为 General Topology)和"点集"词条的时候，曾向导师 R. L. 莫尔征求意见，二人有通信往来，详见 R. L. Moore Papers, 1875, 1891—1975［A］. Archives of American Mathematics，Dolph Briscoe Center for American History，University of Texas at Austin. https：//legacy. lib. utexas. edu/taro/utcah/00304/cah-00304. html♯a0.

29. Concerning irreducibly connected sets and irreducible regular connexes [J]. Amer. J. Math. ,1934, 56: 547-557.

30. Generalized closed manifolds in n-space[J]. Ann. of Math. ,1934,35 (4): 876-903.

31. On free subsets of E_n[J]. Fund. Math. ,1935, 25: 200-208.

32. On locally connected spaces[J]. Duke Math. ,J,1935,1: 543-555.

33. A characterization of manifold boundaries in E_n dependent only on lower dimensional connectivities of the complement[J]. Bull. Amer. Math. , Soc, 1936, 42: 436-441.

34. The strong symmetrical cut sets of closed Euclidean n-space[J]. Fund. Math. ,1936,27: 136-139.

35. Some unsolved problems of topology[J]. Amer. Math. , Monthly, 1937,44: 61-70.

36. Sets which satisfy certain avoidability conditions [J]. Časopis pro pěstování mathematiky a fysiky,1938,67: 185-198.

37. The sphere in topology[C]// Semicentennial addresses of the American Mathematical Society. New York: American Mathematical Society, 1938: 136-184.

38. Property S_n[J]. Amer. J. Math. ,1939, 61 (4): 823-832.

39. Review of M. H. A. Newman, Plane Topology[J]. Science,1939,90: 354-355.

40. Uniform local connectedness[C]// WILDER R L, WILLIAM L A. Lectures in topology: the university of Michigan conference of 1940. Ann Arbor: The University of Michigan Press, 1941: 29-41.

41. Decompositions of compact metric spaces[J]. Amer. J. Math. ,1941, 63: 691-697.

42. Uniform local connectedness and contractibility [J]. Am. J. Math. , 1942,64: 613-622.

43. The nature of mathematical proof[J]. Amer. Math. Monthly,1944,51: 309-323.

44. The cultural basis of mathematics[C]// GRAVES L M, SMITH P A, HILLE E, et al. Proceedings of the international congress of mathematicians, Cambridge, Massachusetts, U. S. A. August 30-September 6, 1950: Vol 1. Providence: American Mathematical Society, 1952: 258-271.

45. A generalization of a theorem of Pontrjagin [C]// GRAVES L M, SMITH P A, HILLE E, et al. Proceedings of the international congress of

mathematicians, Cambridge, Massachusetts, U. S. A. August 30-September 6, 1950: Vol 1. Providence: American Mathematical Society, 1952: 530-531.

46. The origin and growth of mathematical concepts[J]. Bull. Amer. Math. Soc. ,1953, 59: 423-448.

47. On certain inequalities relating the Betti numbers of a manifold and its subsets[J]. Proc. Mat. Acad. Sci. ,1954, 40: 207-209.

48. Review of H. Hasse, Mathematik als Wissenchaft, Kunst and Macht [J]. Bull. Amer. Math. Soc. ,1954, 60: 181-182.

49. Review of W. Sierpinski. General Topology[J]. Scripta Mathematica, 1954, 20: 84-86.

50. A type of connectivity[C]. GERRETSEN J C H, GROOT J D. Proceedings of the international congress of mathematics, 1954, Amsterdam, September 2-September 9: Vol. Ⅱ. Amsterdam: North-Holland Publishing Co. , 1954: 264-265.

51. Concerning a problem of Alexandroff[J]. Mich. Math. J. , 1955, 3: 181-185.

52. Review of J. L. Kelley. General Topology [J]. Scripta Mathematica, 1956,22: 255-256.

53. Some consequences of a method of proof of J. H. C. Whitehead[J]. Mich. Math. J. ,1957,4: 27-31.

54. Some mapping theorems with applications to non-locally connected spaces[C]// FOX R H, SPENCER D C, TUCKER W. Algebraic geometry and topology: a symposium in honor of S. Lefschetz. Princeton: Princeton University Press, 1957: 377-388.

55. Monotone mappings of manifolds[J]. Pacific J. of Math. ,1957,7: 1519-1528.

56. Monotone mappings of manifolds Ⅱ [J]. Mich. Math. ,J. ,1958, 5: 19-23.

57. Local orientability[J]. Colloquium Mathematicum,1958, 6: 79-93.

58. Review of R. L. Goodstein[J]. Mathematical Logic. Math. Rev. , 1958, 19: 1-2.

59. The existence of certain types of manifolds[J]. Transactions of the AMS,1959, 91: 152-160.

60. Axiomatics and the development of creative talent[C]. HENKIN L, SUPPES P, TARSKI A. The axiomatic method with special reference to geometry and physics. Amsterdam: North-Holland, 1959: 474-488.

61. The nature of modern mathematics[J]. Mich. Alumnus Quarterly Review,1959, 65: 302-312.

62. Mathematics: a cultural phenomenon[C]// DOLE G E, CARNEIRO R L. Essays in the science of culture: in honor of Leslie A. White. New York: Thomas Y. Crowell Co. ,1960: 471-485.

63. A certain class of topological properties[J]. Bull. Amer. Math. Soc. , 1960,66: 205-239.

64. Extension of local and medial properties to compactifications with an application to Cĕch manifolds[J]. Czech. Math. J. , 1961,11: 306-318.

65. A converse of a theorem of R. H. Bing and its generalization[J]. Fund. Math. ,1961,50: 119-122.

66. Material and method[C]// MAY K O,SCHUSTER S. Undergraduate Research in Mathematics: Report of a conference held at Carlelon College, Northfield, Minnesota June 19 to 23, 1961. Minnesota: Carleton Duplicating Northfield, 1962: 9-27.

67. Freeness in n-space[C]// FORT M R. Topology of 3-Manifolds and Related Topics. New York: Prentice-Hall, 1962: 106-109.

68. Partially free subsets of Euclidean n-space[J]. Mich. Math. J. ,1962 (9): 97-107.

69. Topology: Its nature and significance[J]. The Math. Teacher, 1962, 55: 462-475.

70. Axiomatization[C]// NEWMAN J R. The harper encyclopedia of science. New York: Harper and Row, 1963: 128.

71. Axiom of Choice[C]// NEWMAN J R. The harper encyclopedia of science. New York: Harper and Row, 1963: 128.

72. Topology[C]// NEWMAN J R. The harper encyclopedia of science. New York: Harper and Row, 1963: 1193-1194.

73. General Topology[C]// Encyclopedia Britannica. Chicago: William Benton publisher, 1964, 22: 298-301.

74. Point Sets[C]// Encyclopedia Britannica. Chicago: William Benton publisher, 1964, 18: 187.

75. A problem of Bing[J]. Proc. Nat. Acad. Sci. ,1965,54: 683-687.

76. An elementary property of closed coverings of manifolds[J]. Mich. Math. J. ,1966,13: 49-55.

77. The role of the axiomatic method[J]. Amer. Math. Monthly,1967,74: 115-127.

78. The nature and role of research in mathematics[C]// THACKREY D E. Research: definitions and reflections, essays of the occasion of the university of Michigan's sesquicentennial. Ann Arbor: The University of Michigan, 1967: 96-109.

79. The role of intuition[J]. Science,1967,156: 605-610.

80. Addition and reduction theorems for medial properties[J]. Trans. Amer. Math. Soc. ,1968,130: 131-140.

81. Mathematics' biotic origins[J], Medical Opinion Review, 1969, 5: 124-135.

82. Trends and social implications of research[J]. Bull. Amer. Math. Soc. , 1969, 75: 891-906.

83. Development of modern mathematics[C]// BAUMGART J K, DEAL D E, VOGELI B R, et al. Historical topics for the mathematics classroom: thirty-first yearbook. Washington: NCTM, 1969: 460-476.

84. The nature of research in Mathematics[C]// THOMAS L S. The spirit and uses of the mathematical sciences. New York: McGraw-Hill, 1969: 31-47.

85. The beginning teacher of college mathematics[C]// MORRIS W H. Effective college teaching: the quest for relevance. Washington: American Council on Education, 1970: 94-103.

86. Historical background of innovations in mathematics curricula[C]// BEGLE E G. Mathematics education: the sixty-ninth yearbook of National Society for the Study of Education: Part I. Chicago: University of Chicago Press, 1970: 7-22.

87. The beginning teacher of college mathematics[J]. CUPM Newsletter, 1970, No. 6.

88. The nature of modern mathematics[C]// LAMON W E. Learning and the nature of mathematics. Chicago: Science Research Associates, Inc. , 1972: 35-48.

89. History in the mathematics curriculum: its status, quality and function [J]. Amer. Math. Monthly,1972,79: 479-495.

90. Relativity of standards of mathematical rigor[M]// WIENER P P. Dictionary of the history of ideas: studies of select pivotal ideas: Vol. 3. New York: Charles Scribner's, 1973: 170-177.

91. Recollections and reflections[J]. Math. Mag. ,1973,46: 177-182.

92. Mathematics and its relations to other disciplines[J]. The Math. Teacher,1973,66: 679-685.

93. Hereditary stress as a cultural force in mathematics[J]. Historia Mathematica，1974，1：29-46.

94. Review of "Africa Counts" by Claudia Zaslavsky，Boston，1973[J]. Historia Mathematica，1975，2：207-210.

95. Commentary on Norbent Wiener's 4 papers（[23a][20e][22b,c]）[C]// Norbent Wiener collected works with commentaries：Vol. 1. Cambridge：MIT Press，1976：239-319.

96. Robert Lee Moore，1882—1974[J]. Bull. Amer. Math. Soc. ，1976，82：417-427.

97. Evolution of the topological concept of "connected"[J]. Am. Math. Mon. ，1978，85：720-726.

98. Some Comments on M. J. Crowe's Review of Evolution of Mathematical Concepts[J]. Historia Mathematica，1979，6：57-62.

99. Wilder，Raymond Louis[C]// PARKER S P. McGraw-Hill Modern Scientists and Engineers：Vol. 3. New York：McGraw-Hill，1980：318-319.

100. The mathematical work of R. L. Moore：its background，nature and influence[J]. Arch. Hist. Exact Sci. ，1982，26（1）：73-97.

101. Review of The emergence of number By John N. Crossley[J]. Historia Mathematica，1982，9(2)：57-62.

二、未出版

（一）著作

1. Anthology，1978—1982：Correspondence，notes，drafts，Notes for chapter on multiple discoveries [A]// Raymond Louis Wilder Papers，1914—1982，Archives of American Mathematics，Dolph Briscoe Center for American History，University of Texas at Austin. Box 86-36/21.

（二）论文 [①]

1. Consolidation：Force and Process[A]// Raymond Louis Wilder Papers，1914—1982，Archives of American Mathematics，Dolph Briscoe Center for American History，University of Texas at Austin. Box 86-36/15.

2. Historical Sketch of the Highlights of the Development of Concepts of Set

---

① 前面三篇论文在怀尔德档案目录中明确标记为未出版的(unpublished)，而后面三篇手稿虽标记了年限，但也不是正式出版的期刊论文，看扫描件可以判断应该都是怀尔德曾做过的演讲稿。感谢张溢同学帮忙申请复制了这些稿件的扫描件。

and Function[A]// Raymond Louis Wilder Papers，1914—1982，Archives of American Mathematics，Dolph Briscoe Center for American History，University of Texas at Austin. Box 86-36/15.

3. Note on the Evolution of Pure Mathematics[A]// Raymond Louis Wilder Papers，1914—1982，Archives of American Mathematics，Dolph Briscoe Center for American History，University of Texas at Austin. Box 86-36/15.

4. An Evolutionary View of Mathematics(1976)[A]// Raymond Louis Wilder Papers，1914—1982，Archives of American Mathematics，Dolph Briscoe Center for American History，University of Texas at Austin. Box 86-36/17.

5. Why did a Seventeenth Century Field of Mathematics Disappear? (1976) [A]// Raymond Louis Wilder Papers，1914—1982，Archives of American Mathematics，Dolph Briscoe Center for American History，University of Texas at Austin. Box 86-36/17. [①]

6. Singularities in the History of Mathematics，with special reference to Girard Desargues(1977) [A]// Raymond Louis Wilder Papers，1914—1982，Archives of American Mathematics，Dolph Briscoe Center for American History，University of Texas at Austin. Box 86-36/17.

---

① 这是怀尔德于 1976 年在得克萨斯州的圣安东尼奥举办 AMS 会议上的演讲稿。